Falsch verstandene Freiheit im System

Der Weg zur Klärung von SARS-COV-2 = COVID-19 = CORONA-VIRUS einschließlich Lösung

Thomas Schreyer

Thomas Schreyer

Falsch verstandene Freiheit im System

Bibliografische Information der Deutschen Nationalbibliothek:
Die Deutsche Nationalbibliothek verzeichnet diese Publikation in der Deutschen Nationalbibliografie, detaillierte bibliografische Daten sind im Internet über http://dnb.dnb.de abrufbar.

Herstellung und Verlag:
BoD – Books on Demand, Norderstedt

ISBN: 978-3-7519-8341-9

Inhaltsverzeichnis

1. Einführung

Die Logik hinter den Dingen ist oftmals eine andere, als wir ihnen bereit sind zuzuschreiben. Es ist fernab dessen ein mehr als vergeblicher und vor allem aussichtsloser Versuch, Lösungen für Probleme jedweder Art finden zu wollen. Dass deren Notwendigkeit gegeben ist, steht außer Frage. Doch irgendwie will es uns auf wundersame Weise nicht gelingen. Und so hält man am ewig Gestrigen geleitet in dem vermeintlichen Glauben, dass das Wissen vergangener Tage uns zum Vorteil gereichen wird, fest. Doch das ist eine Illusion, denn dieses birgt nie die Kraft in sich, um die Gegenwart als auch die Zukunft aller Menschen positiv zu gestalten. Das Begreifen des Systems Mensch ist essenziell für unsere Existenz. Solang wir uns dem verweigern, können wir auf die Probleme in dieser Welt keine Antwort finden.

Vielmehr offenbart sich mit harschem, ungestümen Schritt, dass echte Innovation gefragt ist. Innovation heißt jedoch, sich konsequent von dem völlig fehlgeleiteten und ewig anmutenden Kreislauf, welcher Modifikation auf Modifikation folgt, bedingungslos und gänzlich loszusagen. Es ist diese plumpe Abwandlung der bereits existierenden, deren Trugbild einem Geschäftsmodell folgt, welches man ohne jegliches Gewissen als die Sensation der Sensationen anpreist. Mit Innovation hat das nichts zu tun und so bleibt eine diesbezüglich als Entwicklung deklarierte und hochgelobte Leistung mehr als fraglich.

Das kann zu keinem Erfolg führen und erst recht nicht den Dingen ihren wohlverdienten und angestammten Sinn verleihen. Innovation ist immer neues Wissen, welches genau in der Form noch nicht existiert und in aller Endkonsequenz zu der Lösung führt, die sich außerhalb eines uns bekannten Lösungsraums bewegt.

Und so ist es ein Desaster, dass wir dem Bestehenden und im Volksmund dem als so bekannt Altbewährten immer noch Tribut zollen. Wir scheinen einfach vergessen zu haben, wann es geraten ist, Neuem, gänzlich Neuem liebevoll und von Vernunft getragen den Weg zu bereiten. Eine mehr als sinnvolle Aufgabe, wie man meinen sollte. Irgendwie scheint die Notwendigkeit dazu auf Abwegen zu sein.

Wissen der Neuzeit ist damit nur ein Abbild von längst vergangenem Glanz und vollends abhandengekommener Gloria. Ein mehr als fragwürdiges Bild im Nachhinein, welchem wir bedingungslos zu folgen scheinen. Obwohl wir uns dazu berufen fühlen, jederzeit Herr der Lage zu sein, sind wir es am Ende nicht. Es ist offensichtlich ein Gräuel mit uns in einem allumfassenden System, welches es erst noch vollständig und im vollen Umfang zu verstehen gilt. Dass es in irgendeiner Form existieren muss, erahnen wir bereits.

Auch wenn wir das von Tag zu Tag mehr und mehr begreifen, zeichnet sich wider unseren Talenten, Gaben und Fähigkeiten das am Horizont bereits schier Unaufhaltsame und Unabdingbare mit Riesenschritten ab. Es ist das, was wir am meisten insgeheim fürchten, aber wir haben es so gewollt. Untergang, ein mehr als unschöner Begriff, trifft es wohl am ehesten und er scheint mittlerweile von realer Bedeutung zu sein. Das System Mensch ist in der Form, wie wir es handhaben, überholt.

Folgend dem, dass wir uns dieser Erkenntnis verschließen, was innerhalb eines allgegenwärtigen Systems umfassend gegeben und eindeutig definiert ist, ist das finale und globale Scheitern der Menschheit nur noch eine Frage der Zeit.

Doch wollen wir das wirklich oder ist es an der Zeit, die Dinge zu überdenken und damit unsere letzte Chance, diese als das zu begreifen, was sie ihrem tatsächlichen Inhalt nach sind? Es ist damit die Frage, ob wir für das, was uns am Nächsten und Liebsten ist, bereit sind, Verantwortung zu übernehmen. Und diese beginnt üblicherweise immer bei uns selbst. Wie schwer es uns fällt, darauf die richtige Antwort zu geben, wissen wir geflissentlich. Gefunden haben wir diese schon längst, auch wenn wir diese noch nicht im vollen Umfang verstanden haben, aber wir haben uns immerhin bereits auf den Weg begeben. Das Weitergehen ist eben auch mit Anstrengung verbunden und genau diese scheuen wir.

Doch warum ist es so? Wir haben im Zuge dessen scheinbar gelernt, die richtigen Fragen zu stellen, auch wenn uns dabei noch nicht alles klar ist und wir uns regelmäßig sträuben, nach weiteren Antworten darauf zu suchen. Aber es ist auch so unentwegt schwer, sich das einzugestehen und diesem hohen Anspruch über die Zeit hinweg auf Dauer gerecht zu werden. Wir verzweifeln damit zwangsläufig an dem, was wir im Hier und Jetzt; in der Gegenwart sind.

Jedoch der schlichte Begriff des humanen Versagens, der uns wohl immer erneut und auf seine unfehlbare Art und Weise hin unentwegt begleiten wird, lässt die Dinge letzten Endes zunehmend mehr als endlich erscheinen. Die Unendlichkeit im Sein scheint von daher unerreichbar für uns zu sein, auch wenn der ein oder andere Heroe davon überzeugt ist und in seiner mehr als spärlich gesäten Wissenheit uns das Blaue und Grüne vom Himmel herunterlügt. Hauptsache, man kann eine Rechnung stellen, wer auch immer diese zu tragen bestimmt ist oder diese zu tragen hat. Dass man diese oftmals dem falschen Empfänger zustellt, ist uns bekannt. Es hält uns jedoch wissentlich dessen nicht davon ab, nach wie vor daran festzuhalten. Die logische Ursache für die weltweite Schräglage und die damit einhergehende fehlende Lösung für diese liegt prinzipiell bei uns, egal für was.

Doch ist es nicht unser aller Aufgabe, dass hierfür unabdingbare Wissen anzustreben und dem, was unserem gemeinsamen Wohl und Wehe entgegensteht, friedlich und liebevoll mit Vernunft zu begegnen? Ein vielleicht abwegiger Gedanke, doch sei es drum. Einen Versuch wäre es zu mindestens wert, es zu erlangen, denn es könnte uns genau in diesem Punkt beginnen zu einen. Nur ein schöner Gedanke oder einer seinem Inhalt nach völlig berechtigter und machbarer? Wissen besitzt die Besonderheit, sich zu jedem Zeitpunkt neutral zu verhalten und damit ist es prinzipiell gangbar, denn es ist im Ergebnis unangreifbar und unantastbar für alle Zeit.

Warum? Wissen ist Macht und dies haben wir wohlweislich nur vergessen. Rationalität ist eine logische Folge resultierend aus bewusst Erkanntem und den unzähligen Verbindungen und Abhängigkeiten, die innerhalb diesem in irgendeiner Form existieren. Damit steht Kausalität, welche man der Einfachheit halber eine sinnvolle Begründung nennen kann, im Vordergrund. Emotionalität können wir in der Diskussion entfalten, wenn man der Gedanken Inhalte kennt.

Alles zu seiner Zeit, denn diese hat eine mehr als unangenehme Eigenschaft, die uns oftmals über das Ziel hinausschießen oder unsere Hoffnung vorzeitig in einem düsteren und kalten Kellerloch begraben lässt. Ganz schnell verfallen wir in grenzenlosen Übermut oder auch in das blanke Gegenteil. Einem grundlegenden Hemmnis, welches Verzagtheit in sich birgt und im schlechtesten Fall nur zu Angst und im gnadenlosen Gegenteil zu endloser und zu Grenzen verneinender, ungezügelter Maßlosigkeit führt. Wie so oft sinnlos getrieben oder besser völlig durchtrieben oder noch besser von Kopf bis Fuß vollständig durchtränkt vor der daraus entstehenden und der unsäglichen und unfassbaren blinden Wut und dem sich ergebenden grenzenlosen Hass sehen wir das Ergebnis, wenn wieder einmal etwas, was einst mit Liebe und voller Hingabe errichtet und lebendig gewesen ist, in Schutt und Asche und auf immer und ewig am Boden liegt. Und somit ist es ein Sterben in vollen Atemzügen, wo sich Sauerstoff keinen verlässlichen Weg mehr zum Atmen weiß. Dass Rationalität und Emotionalität in einem Gleichgewicht Bündnispartner sind, ist damit ein notwendiges Muss; eine unabdingbare Notwendigkeit.

Der sprichwörtliche Optimismus sollte uns prinzipiell bis zuletzt begleiten, da Verzweiflung noch niemanden vorangebracht hat, geschweige denn empor. Angst und Übermut führen immer zu dieser, auch wenn man das Positive im Übermaß als solches nicht begreift. Es ist genau so schädlich wie das aus einem generellen Verdruss heraus in einem Überfluss entstehende negativ Motivierte. Und am Ende stellt sich heraus, dass wir nicht bereit waren, die richtigen Fragen zu stellen. Doch was hindert uns daran, genau das zu tun? Trägheit, Unwissenheit oder pure Teilnahmslosigkeit? Es werden wohl alle drei im Verbund sein, die einen nicht unwesentlichen Beitrag hierfür leisten. Und so nehmen die aufblühenden Affären unweigerlich und unverhohlen ihren steten Lauf, obwohl man sie ändern könnte. Das ist wahrhaft kein von Hoffnung und Zuversicht geprägter Ausblick.

Und das geschieht uns vollends zu Recht, dass es so ist, wie es ist. Dass wir selbst die spürbare Ursache geliefert haben, dem kann man sich nicht länger verschließen, doch wir tun es. Irgendwie scheinen wir bei all dem sträflichen Tun nicht die notwendige Bremse zu finden. Und so stellen wir uns vehement dem entgegen, was uns in ewiger Hoffnung, absolutem Wohlstand und bedingungslosem Glück einen und zum Vorteil aller gereichen könnte.

Eines steht doch fest, dass wir immer das, was ganz tief in uns schlummert, allzeit mit Füßen getreten haben und pausenlos treten. Es scheint uns grenzenlose Freude zu bereiten. Und so schreckt man in dem gleichen Maß bei aller von uns selbst heraufbeschworener Verzweiflung und dem daraus resultierenden Elend auch vor anderen nicht zurück. Ein mehr als erbärmliches Ergebnis, welches merklich aus dem inneren Disput, den wir führen, emporgekrochen und zugleich in ihm versunken ist. Mangels fehlender Bereitschaft wir uns weigern, diesen einer sinnvollen Klärung zuzuführen. Heldenhaft und rühmlich kann das nicht sein.

Und somit ist es unser Irrglaube, dass die Dinge sich magisch wie von einer Geisterhand geführt, schon irgendwie klären werden. Er hat uns wenigstens gemeinsam, da er zu mehr nicht fähig ist, an den Ort zu führen vermocht, den man bedenkenlos die Hölle auf Erden nennen kann, denn nichts Geringeres ist er.

Doch wem werden wir dieses Mal die Schuld in die Schuhe schieben? Die ehrliche Antwort darauf lautet: "Wir waren es selbst." Aber wir werden andererseits irgendeinen vermeintlich Schuldigen finden, denn das haben wir stets getan. Es wird uns nicht schwerfallen für den Irrsinn, den wir selbst betreiben, jemanden zur Kasse zu bitten, auch wenn es ihn unverhofft und vollends unberechtigt trifft. Das hat es fast immer getan.

Es muss schön sein, sich in dieser vom Mensch selbst errichteten Hölle zu suhlen, statt dem demütig Folge zu leisten, was der Menschheit Gabe, Talent und Fähigkeit ist. Verantwortung ist ein Elixier, dem man sich verbal nur zu gern verschreibt, obwohl es oftmals gänzlich an dem notwendigen Inhalt fehlt. Sie ist nichts anderes als eine Aufgabe, der wir uns immer und immer wieder auf das Neue verschreiben und im selben Atemzug dennoch entziehen. Ungeachtet dessen, dass es so dringlichst notwendig wäre, dieser mit Vernunft und Liebe zu begegnen, handelt man wissentlich danach nicht. Es sind genau die Begriffe, die wir so gern und so unentwegt für uns selbst gebrauchen, obwohl wir deren Bedeutung nie zu schätzen gewusst haben und anderen aus Prinzip heraus nicht zugestehen.

Ein armseliges Urteil, doch irgendwie wird es uns mehr als gerecht. "Mir das Meiste und der Rest ist mir egal!", bricht es aus der Menschheit hervor. Es ist ein kolossaler Ausbruch völlig falsch verstandener Freiheit, der uns begleitet. Reue und Demut kennen wir dabei nicht, Hauptsache ich.

Dass unser ewiger Drang, den leichteren Weg gehen zu wollen, niemanden voranbringt, scheint uns letztlich am Verstehen zu hindern. Es ist unser eigenes Fehlurteil, welches uns letzten Endes immerwährend nur uns selbst entgegensteht, um dauerhaft über einem Abgrund zu schweben und unentwegt dem entgegenzustreben, wo es für niemanden einen Halt mehr gibt. Darin sind wir wahrhaft Meister!

Und so geht es im strömenden Regen einem Bach voller Tränen Schritt für Schritt immer schneller und schneller werdend völlig regungslos entgegen. Es sind unsere eigenen, die dort fließen, doch das haben wir scheinbar vergessen. Wohl Wehe dem, der es jetzt verstanden hat, denn das waren nur wir. Es sind auch die derer, die uns fehlen und gegangen sind, warum auch immer eine Entscheidung hierfür notwendig gewesen oder einfach gefällt worden ist. Sie werden uns einfach nur fehlen.

Es sind die unzähligen Tränen getrieben aus einem Meer, so schwarz wie Pech. Unentwegt und unaufhaltsam sind diese, doch die uns wohlgesonnene Stimme aus Kopf und Herz vernehmen wir nicht. Wir wollen sie nicht. Wir sind blind, stumm und taub gegenüber dem, was uns vom wirklichen Leben, unserem einzigen Auftrag in einem unendlichen, von Liebe und Vernunft getragenen System abhält, dem wir uns stets verwehren. Von all den Dingen, die uns Freude bereiten, ist uns nur ein Hauch;

eine Ahnung geblieben. Soll das der Weg sein? Der Weg sein, um getragen von unerreichbarem Glück ein Leben zu bestreiten? Das kann es und das sollte es nie sein.

Und so ist es dieser kleine und doch so große Funken Hoffnung, der in jedem von uns schwillt. Der sich jederzeit zu einem ungestümen Feuer, einem Flammenmeer entfachen lässt weit entfernt von jeglicher Angst, jeglichem Hass und jeglicher Wut. Dessen reinigende Wirkung ist unfehlbar, ein Geschenk. Doch wir begreifen es nicht, da der Mensch ist, wie ein Mensch eben ist. Es ist eine Ausrede, nicht mehr.

Ist diese banale Antwort nicht vielleicht ein wenig zu einfach darauf? Warum wollen wir das einfach nicht wahrhaben, warum sehen wir das nicht, wenn es uns doch so nah und vertraut ist? Vielleicht auch am Ende verständlicher ist, als wir uns seit eh und je erhofft haben? Und so ziehen wir unfreiwillig unsere Bahnen in einem Leben, welches so nicht zu uns gehört. Wir haben das allzeit für uns genau so verstanden und zweifelsfrei auch gelebt. Warum eigentlich? Dass Leben in einem schier unendlichen System einfach Glück verheißt, akzeptieren wir nicht.

Doch was ist Verstehen und wo beginnt es? Üblicherweise lassen wir oftmals den lieben Gott den frommen Mann sein und sind von der grundlegenden Überzeugung geprägt, dass es schon irgendjemand für uns richten wird. Eine extreme und völlig abwegige Haltung! Doch so ist es auf der einen Seite und der anderen, dass wir uns wem oder was auch immer überlegen fühlen. Einen kausalen Grund hierfür gibt es nicht, auch wenn man es leugnet und himmelhoch errichtete Lügen als Rechtfertigung gebraucht.

"Es kommt nicht darauf an, mit dem Kopf durch die Wand zu rennen, sondern mit den Augen die Tür zu finden.", sagte einst Werner von Siemens und wie recht er hat. Dass das System Mensch einer grundlegenden Logik folgt, haben wir längst verstanden. Doch was sind die elementaren Regeln, obwohl diese mehr als offenkundig sind?

In einem ersten Anlauf ist das Offensichtliche zumeist schwer zu erkennen, auch unabhängig davon, dass wir es gewohnt sind, uns über Gott und alle Welt zu stellen, denn mit Geringerem messen wir uns nicht. Gott ist gerade groß genug, um unserer würdig zu sein. Doch mit dieser Haltung kommt man nicht weit und so begeht man Fehler auf Fehler in der Behandlung der Dinge. Die Blindheit, mit der wir geschlagen sind, hindert uns daran, eine liebevoll gemeinte Absicht auch als solche zu erkennen und zu begreifen. Und so beginnen die Dinge bereits im Kleinen, ohne dass wir uns einer Schuld hierfür bewusst sind. Wir sind es gewohnt, auch über diese vehement zu streiten, obwohl wir die richtige Antwort darauf kennen. Wir wollen sie nicht, wir hören sie nicht und wir sehen sie nicht.

Welcher Thor muss uns befallen haben, dass wir Medizin nebst Virologie als Wissenschaft begreifen? Im Fall des zurzeit bestehenden Problems eine Idiotie sondergleichen, da es doch um so viel Wichtigeres geht. Lösungen in den Vordergrund zu rücken, statt an Banalitäten festzuhalten, sollte die einheitliche Devise in Zeiten wie diesen sein. Und so zieht ein nicht enden wollender Disput durch das geliebte Land, ob es sich bei Medizin nebst Virologie um Handwerk oder Wissenschaft handelt, eine mehr als bis zum ad absurdum geführte Diskussion nach sich, welche allenfalls tiefe Furchen und Einschnitte in der menschlichen Gesellschaft hinterlässt.

Medizin ist zum jetzigen Stand der Dinge, was allein durch den hippokratischen Eid hinreichend beschrieben und eindeutig definiert ist, Handwerk. Doch Letzterem scheint man abgeschwört zu haben. Und so geraten die einst wohlbedachten Lehren und Prinzipien ad infinitum mehr und mehr in Vergessenheit und verkommen zu einem aus Dummheit und Ignoranz heraus geprägten Geschäftsmodell. "Gesundheit bringt keinen Gewinn!", lautet die ernüchternde Antwort. Und so wird über Management & Co diktiert, wie wir Leben und damit vor allem Gesundheit unter diesem Aspekt zu verstehen haben. Denn Krankheit ist ein Umsatzbringer, von dem man nur schwer die Finger lassen kann, ein gewinnträchtiges Modell. Dass das medizinische Handwerk an die Spitze gehört, will man dort weder hören noch wissen. Jedoch genau da gehört es hin. An die wohlverdiente Spitze, um dort wahre Wunder zu wirken. Dass diese uns fehlen, wird uns immer nur dann bewusst, wenn die Zöglinge der Unwissenheit laut krakeelend nach Gehör verlangen, um hoch vom Thron ihre Ungereimtheiten in die Welt zu posaunen. Eine mögliche und vor allem notwendige Lösung rückt damit in weite Ferne.

Was ist schlimm daran, sich das einfach einzugestehen? Der möglichen Verbündeten gibt es doch mehr als genug, man muss sie nur sehen wollen. Sie hören auf die Namen Biologie, Chemie, Physik, Psychologie und den der alles vereinenden Mathematik. Man muss sie nur ganz, ganz leise und liebevoll rufen und sie werden gesichert ihren angestammten Platz einnehmen, um all denen, die ihrer so dringend bedürfen, Hilfe und Unterstützung zu gewähren. Denn etwas Schöneres gibt es nicht, als das kostbare Wissen miteinander zu teilen und gemeinsam davon zu profitieren.

Diese fünf Wissenschaften mit dem Handwerk der Medizin vereint wären ein Bollwerk von unerschütterlicher Standfestigkeit und Kraft, wie man es sich besser nicht wünschen könnte. Doch wo auf weiter Flur sind diese? Man hat sie vertrieben und bis auf Mark und Bein gedemütigt. Bis aufs Messer, bis auf das die Letzten unter ihnen das sinkende Schiff wehmutsvoll und voller Widersinn sich sträubend gegen die bestehende Doktrin aus Dummheit und Ignoranz und einer aus diesen heraus mehr als fragwürdig praktizierten Realität verlassen haben.

Der stets erhobene Zeigefinger einer echten und von Erkenntnisstreben beflügelten Wissenschaft konnte uns nicht daran hindern, einen unüberwindbaren Keil zwischen diese und Handwerk zu treiben. Und so leben wir im 21-ten Jahrhundert eine geldwerte Wissenschaft, die wie das Handwerk, die wie der Handel, die wie die Bildung und die wie die Politik nur noch einem individuellen Geschäftsmodell folgt.

Doch Lösungen findet man so nicht. Es wird immer an deren Vollständigkeit und Wahrheitsgehalt etwas fehlen, denn das Geschäftsmodell hat sich eiskalt und ohne Skrupel über die Gesellschaft gesetzt. Gemeinsam knechtet man das Modell derer, die das Leben als eine kollektive Idee begreifen. Es ist das Diktat einer völlig entarteten Welt, die den Einzelnen nur noch vom Menschsein abhält. Doch wie können wir uns den Mensch erklären, da zu dessen grundlegendem Verständnis offensichtlich noch so einiges fehlt? Es ist somit die Frage der Fragen, die man schon längst hätte beantworten müssen:

"Was ist der Mensch?"

Doch Wissenschaft ist unter die Räder gekommen und Lichtjahre von dem entfernt, was sie ihrem Inhalt und ihrer Befähigung nach zu leisten vermag. Und so bestimmt unser aller Leben ein mehr als verschwindend kleiner Lösungsraum, der dem allgemeinen Anspruch im Hier und Jetzt nicht gerecht werden kann. Klein, beengend und grau sieht er aus, ohne jedwede Entwicklung in sich zu bergen. Eine mehr als düstere Vorstellung, dass es so ist und nicht nur so ist, sondern vielleicht auch auf alle Ewigkeit hin so bleibt. Es wäre doch so ein Leichtes, sich in der Mitte zu treffen. Man müsste nur wollen.

Doch daran scheitert es in der Regel bereits, bevor eine Idee überhaupt zum Leben erweckt worden ist. Und so vegetieren die einzelnen Akteure in ihren zum Teil selbstauserkorenen stillen Kämmerlein leise und von außen aufoktroyierten Gefängnissen ungeachtet dahin. Welch eine Verschwendung von Potenzial!

Doch woher kommt dieser Drang, sich immer wieder das eigene Grab zu schaufeln und dem Fass ohne Boden sein Fundament zu bereiten? Ist es denn so schwer zu verstehen, dass ein Fundament auch eine gemeinsame Basis sein könnte, derer wir so dringend bedürfen?

Und damit ist es der ewige Kampf mit unserem Ego und genau immer dann, wenn wir wieder einmal mit dem Kopf durch die Wand rennen wollen. Im Nachhinein stellt man jedoch oftmals fest, dass dieser dort kein Loch hinterlässt. Üblicherweise sollte diese schmerzhafte Erfahrung hinreichend dafür Genüge sein, die Dinge trotz alledem vielleicht doch zu überdenken. Aber nein und immer wieder abermals nein, wir versuchen es immer, immer und immer wieder. "Immer feste drauf, bis nichts mehr geht!", lautet unser Slogan. Rühmliche Ausnahmen ihrer gibt es nur wenige. In einem auf einem Gleichgewicht beruhenden System ist das die falsche Entscheidung.

Doch was ist das System, über welches wir uns erheben? Wir beschreiben unser Leben in der Regel über fünf Komponenten systemischer Natur, die man als Breite, Länge, Höhe, Zeit und Verantwortung definieren kann. Wir entscheiden damit zum Beispiel, in welchem Raum wir uns gerade bewegen. Wann es angebracht ist, diesen einer Veränderung zu unterziehen und mit welchen Konsequenzen und Erwartungen wir in einem neuen möglicherweise zu rechnen haben beziehungsweise welche sich allgemein ergeben. Gesetzmäßigkeiten existieren nicht nur dort, wo sie unlängst beschrieben sind, sondern auch da, wo man sie nicht vordergründig zu sehen vermag. Ein System betrifft immer die Gesamtheit und da bleibt nichts außen vor.

Der Begriff Verantwortung ist eine rein systemische Entscheidung, die auf einem Gleichgewicht zwischen Zeit und Raum beruht. Die praktizierte und oftmals politisch motivierte Zweckentfremdung dieser Begrifflichkeiten ist eine Verkehrung der Tatsachen, da Verantwortung eine systemrelevante Größe physikalischer Natur ist. Wir haben dieser damit schon immer die falsche Bedeutung beigemessen, und zwar von Beginn an. Es waren immer nur der vielen Worte um der Worte Willen ohne klaren Inhalt und ohne jegliches Gewissen, eine trügerische Leere und nicht mehr. Doch diese und Orientierungslosigkeit sollten niemals unser Leben bestimmen, niemals.

Verantwortung steht respektive für ein systemisches Gleichgewicht, welches über Zeit und Raum definiert ist. Es stellt sich die grundlegende Frage, wie wir mit Letzteren umgehen wollen. Im Endeffekt sind es die wissenschaftlichen Größen, innerhalb derer sich unser Leben abspielt. Im Idealfall getragen von Verantwortung, einer unstrittig zu verstehenden physikalischen Größe. Dass man allein im Umgang mit Zeit und Raum bereits ein Problem hat, ist uns bekannt.

Daraus folgt, dass jedes System einer klar strukturierten und eindeutig definierten Logik folgt, die wir aber vorzugsweise ignorieren. Systeme sind damit immer einhergehend mit dem, welcher Ordnung wir diese überführen können und ob wir deren elementare Logik annehmen.

In der Regel gibt es untergeordnete als auch übergeordnete Systeme, die es auszubalancieren gilt, um ein systemisch bedingtes Gleichgewicht in der Mitte zu erzeugen. Die grundlegende Theorie hierfür stammt übrigens von Stephen Hawking, der die Dinge über der Zahl 1 definiert hat und auch er hatte recht. Richtig ihm zugehört haben wir zu seinen Lebzeiten nicht. Und so ist es mehr als beschämend, dass man beginnt erst aufzuwachen, wenn das Genie eines Einzelnen uns auf ewig verlassen hat. Traurig, aber wahr könnte man sagen und so hören wir auf die vielen Stimmen, die sich im Wissen von überall her beginnen zu einen, im Zweifelsfall nicht.

Systemorientiert betrachtet steht die Zahl 1 für ein Gleichgewicht, welches sich über alle Komponenten, die uns in irgendeiner Form einschließlich uns selbst tangieren, erstreckt. Sie ist damit die grundlegende Basis für das Verständnis zu unserer Existenz. Doch Zeit und Raum basierend auf der Dominanz einer physikalischen Größe zu akzeptieren, heißt auch, dass wir dem Namen Gott, der in diesem Zusammenhang nichts anderes ist als die Bezeichnung für eine übergeordnete und allumfassende Systemkomponente, zu seinem Recht verhelfen.

Gott hat mit Glauben allein, den wir diesem üblicherweise zuschreiben, nichts zu tun. Er ist vielmehr die logische Konsequenz, die sich aus der Gleichung, dass Glaube + Überzeugung = 1 ist, ergibt. Die Eins führt zu Wissen, welches im Ergebnis steht und in seiner Entstehung zu keiner Zeit einem wachstumsorientierten Geschäftsmodell folgt, in dessen Anwendung hingegen schon.

Das heißt im Umkehrschluss, dass eine Idee, welche auf Wissen basiert, perspektivisch in ihrem Optimum keine Steigerung mehr erfährt. Das Ziel ist erreicht und das zugrundeliegende Geschäftsmodell wird spätestens zu diesem Zeitpunkt in Anbetracht einer fehlenden darüberhinausgehenden und zu erwartenden Wissensmehrung obsolet. Es geht nicht weiter und so folgt Modifikation auf Modifikation, die im Ergebnis zu keiner Verbesserung führt. Reale Leistung und monetärer Erfolg driften auseinander und führen lediglich zu einem wirtschaftlichen Ergebnis. Doch was hindert uns, dass bereits vorhandene Ergebnis auch als solches zu akzeptieren und dem so bedingt künstlichen Wachstum an dieser Stelle Einhalt zu gebieten? Wir verstehen dabei nicht, dass die Lösung uns vollständig trägt. Es macht im Ergebnis keinen Sinn, an der einst formulierten und rein wirtschaftlich motivierten Idee weiterhin festzuhalten. Es geht somit in Folge um die simple Besicherung einer generellen Betriebsbereitschaft. Mit anderen Worten, das System steht und muss lediglich seiner prinzipiellen Funktionsfähigkeit nach hin aufrechterhalten werden.

Was wir nicht sehen, dass diese Lösung es ermöglicht, uns ab diesem Zeitpunkt bedenkenlos anderen Dingen und gänzlich Neuem zu widmen. Wir schaffen uns den notwendigen Freiraum und begeben uns in Folge auf das nächsthöhere Niveau basierend auf der bereits existierenden Lösung in der Ausgangssituation, welche man dort und nur dort am Leben erhalten sollte. Eine ebensolche Vorgehensweise kann nur Entwicklung in sich bergen. Die systemische Gleichung hierfür lautet: Annehmen + Loslassen = 1. Die Eins ergibt sich für Entwicklung. Wir lassen los, da das Ergebnis steht und wir richten ab diesem Zeitpunkt unser Augenmerk auf die Zukunft, denn diese gilt es, optimal und positiv zu gestalten. Wir begeben uns von einem bestehenden und erfolgreich gemeisterten Ausgangsniveau auf das nächsthöhere. Wir lassen die Vergangenheit zurück und lassen sie wohlverdiente Vergangenheit sein, denn die zu errichtende und notwendige Lösung ist erbracht. Es gibt damit keine Notwendigkeit, diese in irgendeiner Form weiter zu modifizieren und ihrem Wesen nach zu verändern.

Das Wunderbare ist, dass eine andere systemische Bedingung bereits miterfüllt ist, die Vergangenheit + Zukunft = 1 lautet. Dahinter verbirgt sich nichts anderes, als dass man die Sachlage in der Vergangenheit regelt, um die Zukunft zu gestalten. Damit ergibt sich für die Eins im Gleichgewicht unsere Gegenwart, das sogenannte Hier und Jetzt.

Wir regeln damit die Dinge im Hier und Jetzt, denn Zeitreisen sind uns nicht möglich, und nicht in der Vergangenheit oder in der Zukunft, sondern immer genau jetzt. Die Notwendigkeit, sich mit der Vergangenheit befassen zu müssen, ergibt sich aus dem einfachen Sachverhalt, dass der Grundstein für unsere Gegenwart dort gelegt worden ist. Daraus erklärt sich, dass unsere Existenz einer prinzipiellen Logik; einem System folgt.

Daraus folgt, dass Gott, wenn man ihn so nennen will, seinem Charakter und damit richtigerweise seiner Funktionsweise nach eine rein numerisch basierte Systemeinheit analog einer Maschine ist, die über der Zahl 1 errichtet beziehungsweise gegeben ist. Ein notwendiges Muss innerhalb eines numerisch basierten Systems, welches kausal nur einem Zweck dienen kann, dem der Stabilität und dem der Konformität in einem schier grenzenlos großen Raum. Raum bedarf einer neuen Interpretation, einem Urverständnis und das fehlt uns. Folgerichtig geht es bei einer Lösung immer um Systemerhalt und damit um den Erhalt und die Aufrechterhaltung eines Gleichgewichts. Es ist eine der Menschheit zugedachte Aufgabe von Beginn an, die man noch nicht verstanden hat, weil man sie nicht verstehen will.

Das Prinzip 1 kennen wir beispielsweise auch von einem Computer, der im Wesentlichen zwischen den Zahlen 0 und 1 operiert. Da wir Menschen das System hinter uns nicht bereit sind, als das annehmen zu wollen, was es ist, ist die unausweichlich logische Folge, dass in absehbarer Zeit eine systemische Nullsetzung erfolgen muss, welche der Existenz der Menschheit in ihrer Gesamtheit prinzipiell entgegensteht. Und das verstehen wir am besten gemeinsam jetzt, denn es ist die logische Konsequenz der Missachtung eines systemischen Gleichgewichts, dass der Logik Ursache + Wirkung = 1 folgt und ein Ergebnis liefert. Dieses richtet sich nach einer einfachen Kausalität, dass der Mensch nicht dazu auserwählt worden ist, diese Logik in einem System willkürlich zu interpretieren und frei seinen Unzulänglichkeiten Genüge leistend zu missbrauchen, sondern vielmehr dazu angehalten ist, diese zu verstehen und dankbar anzunehmen. Dankbarkeit kennen wir dem Begriff nach, aber danach handeln ist ein zweischneidiges Schwert. Und so müssen wir uns gegenseitig eingestehen, dass wir nichts, wirklich nichts, aber auch gar nichts im Hier und Jetzt und damit unserer Gegenwart verstanden haben.

Wir haben zum Beispiel nicht verstanden, dass unsere Verfehlungen nicht nur unseren Heimatplanet Erde treffen, sondern über die Grenzen unseres Sonnensystems hinausragen und weit darüber hinauswirken. Das, was wir als Realität begreifen, ist also nicht das, was es in Wirklichkeit hinter den Kulissen ist. Das sollten wir akzeptieren, denn es ist etwas völlig anderes, ein komplexes und auf Endlichkeit angelegtes System.

Unendlichkeit ergibt sich in einem riesengroßen und unüberschaubaren Raum immer nur, wenn man die Logik, welche sich dahinter verbirgt, nicht bereit ist, annehmen und verstehen zu wollen. Dann regiert Unendlich. Unendlich stellt das systemische Gegengewicht, welches es zu erklären gilt. Die Existenz einer grundlegenden Gleichung hierfür ist genau so gegeben wie für alles andere auch. Und so stellt sich die Frage zwingender Natur, warum Endlich + Unendlich = 1 ist und für ein System den Zahlenwert Eins ergibt.

Machen wir ein Beispiel: Die Kuh Klaudia steht vorm neuen Scheunentor und versteht nicht, dass dahinter möglicherweise das Paradies bereits auf sie wartet. Damit wissen wir, dass es immer nur darauf ankommt, wie man einen Raum, der auf einen ersten Blick nicht zugänglich ist, erkennen und verstehen will. Dass ein Raum hinter dem vertrauten Scheunentor existiert, weiß die Kuh Klaudia. Sie scheut sich jedoch, diesen zu betreten, und braucht damit Hilfe. Es fehlt ihr eine entsprechende Hilfestellung, um den ersten Schritt zu gehen. Der zweite Schritt würde infolge leichtfallen, bis man dazu in der Lage ist, es selbständig immer wieder zu tun und ohne jedwede Bedingung stellend vonstattengehen lässt. In der Psychologie beschreiben wir das mit der einfachen Logik, dass die Dinge ihren Lauf nehmen. Doch mit dem sich gegenseitig Hilfe zu gewähren, hat es bereits so seine Bewandtnis. Es liegt also an uns selbst, ob man dazu bereit ist oder auch nicht vergleichsweise wie die Kuh Klaudia unter der Voraussetzung, dass diese die ihr gewährte Hilfe auch annimmt.

Und so verhält es sich auch mit dem Begriff Bedingung. Wir fordern Tribut, bevor das hierfür notwendige Werk überhaupt errichtet oder im Vorfeld hinreichend besprochen worden ist. Im Ergebnis zieht sich ein grauenvolles Band des Scheiterns durch unser Land. Die Notwendigkeit, dafür einstehen zu müssen, nimmt man nicht an und so entspricht eine lapidar und mit Müh und Not formulierte Entschuldigung in diesem Zusammenhang nur noch einer reinen Formalität, die wir im Volksmund eine Lüge nennen. Doch die Schäden sind unübersehbar und so werden aus einem bestehenden Problem gefühlt 1000 neue und mehr. Doch der Fehler liegt im System, welches es zwingend zu verstehen und zu überdenken gilt.

Das Wissen zum Beispiel über unser Sonnensystem, unser Universum, unsere Galaxie und damit auch der Summe aller Galaxien im Eon ist jedoch eine unabänderliche Notwendigkeit in einem auf ein Gleichgewicht ausgerichteten System, um das System Mensch überhaupt verstehen zu können wie bei allen anderen Dingen auch. Das Eon ist damit das systemische Haus Gottes, wenn wir so wollen und somit eine rein numerisch aufgebaute Schaltzentrale, die allen anderen Dingen übergeordnet ist. Damit ist es ein auf Zeit angelegtes Gleichgewicht grundlegender Natur, welches es einzuhalten gilt, denn dieses ist die Basis innerhalb eines jedweden Systems und damit auch zutreffend für das System Mensch.

Empire of none ist eine schöne Bezeichnung stellvertretend für die Logik, die sich dahinter verbirgt. Die richtige Übersetzung hierfür könnte ein Königreich über dem systemischen Nichts lauten und es würde ihm nur gerecht, welches man unter dem Begriff der Ewigkeit subsumieren könnte. Die Null, das systemische Nichts, trägt damit einen systembedingten Wert, den wir bis zum heutigen Tag in der Wissenschaft nie beachtet haben. Und so wird man eine hinreichende Begründung finden müssen, die in der Gleichung Unendlich + Endlich = 1 enden muss, denn das ist das Ziel.

Diesem Thema wenden wir uns im weiteren Verlauf dieser Arbeit zu. Es braucht seine Zeit, bis wir bereit sind, die bereits für uns vorhandene Lösung vernünftig und vor allem liebevoll anzunehmen und bedingungslos zu akzeptieren. Die systemische Voraussetzung hierfür lautet, dass Vernunft + Liebe = 1 ist und damit steht für unsere Eins der Begriff Verantwortung.

Das übergeordnete System trägt also den Namen Gott und damit ist es sein Name. Dies respektieren wir nach Möglichkeit in unser aller Interesse. Insofern daran zu zweifeln, ergibt keinen Sinn, denn es ist so. Die Begründung hierfür erfahren wir später. Der Irrglauben, dem wir diesbezüglich in der Regel folgen, ist nichts anderes als das widerliche Gesicht eines unzulänglichen Geschäftsmodells. Gott selbst ist es völlig egal, ob man ihn vorzugsweise Gott, Allah, Jehova oder auch "Ich glaube nicht an Gott." nennt, da ER die Quelle unseres Lebens ist und es ist am Ende alles 1, wie wir bereits von Stephen Hawking wissen. Es macht keinen Sinn, die Menschheit aus Glaubensgründen heraus spalten zu wollen. Und wenn uns das ganze Universum gerade groß genug erscheint, um davon überzeugt zu sein, was sollte uns daran hindern? Die einzig richtige Antwort darauf lautet: "Nichts."

Daraus folgt unter anderem, dass unsere Mutmaßungen über die Entstehung des Menschen falsch sind. Das Leben auf der Erde ist nicht auf dieser entstanden, sondern es wurde eingebunden in das große Ganze systemisch auf dieser installiert und damit zu dieser gebracht. Neuere Vermutungen der Astrophysik, die genau in diese Richtung laufen, sind damit richtig, dass mittels Asteroiden, auf denen die Basis für Leben bereits vorinstalliert gewesen ist, der Weg hierfür geebnet wurde.

Dass der Mensch zum Beispiel vom Affen abstammt, auch wenn man das bei dem Ein oder dem Anderen vermuten könnte, ist eine völlig kuriose Idee. Bekanntermaßen hängt dieser am liebsten in den Bäumen und bleibt uns hoffentlich noch lange Zeit dort erhalten. Wenn der Eine oder der Andere immer noch davon überzeugt ist, dass ausgerechnet diese Theorie zur Entstehung des Menschen beigetragen haben soll, nur zu und viel Spaß da oben. Aber keine Angst, diejenigen unter uns, die nach wie vor von der bestehenden Theorie überzeugt sind, kommen von ganz allein auf den Boden der Tatsachen zurück, denn irgendwann fällt jeder; selbst ein Affe.

Was den Weg vom Homo habilis über die vielen evolutionsbedingten Etappen bis zum Homo sapiens beschreibt, ist das ebenfalls eine irrige Theorie, denn eine Kausalität zwischen den einzelnen Evolutionsstufen ist zu verneinen. Es gibt keine logische Verbindung zwischen diesen und hat es auch nie gegeben.

Kann man sich tatsächlich vorstellen, dass Menschenaffe und Urmensch unsterblich ineinander verliebt gewesen und sich gegenseitig seufzend, anschmachtend und hingebungsvoll begegnet sind, um eine gemeinsame Nachkommenschaft zu erzeugen? Nein, denn das entbehrt jeglicher Logik. Aber dieser vollständige Unsinn wurde via Evolutionstheorie jahrzehntelang erfolgreich an die Menschheit verkauft. Diese waren ausschließlich untereinander zu "Gange", was Begegnungen anderer Natur zwischen diesen nicht ausschließt. Was sollen sie auch voneinander gewollt haben? Die Evolutionstheorie ist damit falsch.

Wollten wir eine logische Begründung hierfür finden, bewegen wir uns am besten zurück zu uns selbst und damit zu uns Menschen. Wie uns die Auffassung und Wahrnehmung über Äußerlichkeiten bereits davon abhält aufeinander zuzugehen, ist uns bekannt. Üblicherweise entspricht das unseren Vorstellungen über das andere Geschlecht, die im System Mensch verankert sind und zum Beispiel unter dem Begriff des Schönheitsideals vorausgesetzt werden. Und da gehen bekanntermaßen unsere Vorstellungen bereits weit auseinander. Haben wir diese Hürde erfolgreich genommen, ist man gewillt, sich die Person dahinter anzuschauen und nicht anders. Was haben also Affenmensch und Urmensch miteinander gemein? Die richtige Antwort darauf lautet auch hier: "Nichts."

Der systemische Weg, um diese Aussage annehmen zu können, reduziert sich auf die Systemgleichung Glaube + Überzeugung = 1 und 1 = Wissen und entspricht damit der Ursprungsgleichung, denn diese ist es. Ursprung in diesem Zusammenhang heißt, dass diese elementare Gleichung jeden von uns definiert, da diese im System Mensch von Beginn an fest verankert und gegeben ist und somit von Geburt, richtigerweise mit Zeugung, an. Dahinter verbirgt sich, dass Glaube und damit nichts anderes als eine Vermutung über etwas beziehungsweise eine Ahnung von etwas zu haben, zu einer Überzeugung führt, und zwar genau der, die in einem Ergebnis endet, welches über beide Wege und nur in einer vorhandenen Gleichgewichtssituation, wenn Glaube = Überzeugung ist, zu diesem führt. Dieses Ergebnis nennt man Wissen und hat in dieser Systemgleichung nichts, aber auch gar nichts mit Religiosität zu tun. Es geht immer "nur" um einen rein systemisch basierten Zusammenhang, der fernab irgendwelcher Interpretationen stattfindet. Glaube ist immer Interpretation, aber niemals vollendetes Wissen genau so wie Überzeugung, denn ohne Glaube ist diese nichts wert wie dieser ohne Überzeugung. Ein ganz einfacher und systemisch bedingter Zusammenhang.

Diesbezügliche Irritationen entstehen immer nur dann, wenn Politik sich darüber hinwegsetzt, man einem starren Geschäftsmodell folgt oder schlechtestenfalls beides betreibt. Die religiöse Verankerung von Menschen ist niemals das Problem, sondern immer nur das, was man daraus macht. Woher ein Mensch Kraft schöpft, sollte niemals ein Diskussionsgegenstand sein, denn am Ende ist alles 1; ein und dasselbe. Auseinandersetzungen jedweder Art resultierend aus Glaubensgründen heraus ergeben keinen Sinn. Wir stellen uns gedanklich die Frage, was so schlimm daran wäre, wenn Anhänger zweier Glaubensrichtungen sich irgendwo auf dieser Welt zu einem gemeinsamen Gebet einfinden würden. Das lassen wir so stehen.

Zurück zum Thema. Die einzelnen Entwicklungsstufen resultieren damit aus einer systembedingten Entwicklung. In der Wissenschaft definiert man das als Experiment beziehungsweise Studie, welche unterschiedliche Etappen durchläuft und gemessen am Erfolg, der sich innerhalb einer Zeitachse ergibt oder auch nicht, zu Entscheidungen führt. Diese lauten prinzipiell wie folgt und es sind ihrer immer drei:

1. Ein Experiment weist keine Entwicklung auf und die Entscheidung lautet über kurz oder lang, dass das Experiment eingestellt wird.
2. Ein Experiment weist eine Entwicklung auf und wird weiterverfolgt.
3. Ein Experiment scheitert und wird eingestellt.

Allein vor diesem Hintergrund ist es mehr als begreiflich, dass die als Evolutionsstufen bezeichneten Etappen bis zum Jetztmensch dieser Logik folgen. Es ist ausgeschlossen, dass sich die einzelnen Vorstufen des Neuzeitmenschen miteinander gepaart hätten. Dass diese sich ohne jeglichen Zweifel begegnet sind, steht außer Frage, da Experimente auch parallel betrieben werden können.

Vergleichsweise wäre das der Fall, dass der allseits beliebte und geschätzte Hund Karsten die Stute Jessica besteigen will und darauf vertraut, dass sein Körbchen zu Hause demnächst Belebung erfährt. Es wird nicht passieren! Aber wir lassen lieber die Stute Jessica besser Stute Jessica sein und den Schoßhund Karsten Schoßhund Karsten, denn die sollten ganz genau wissen, wo sie hingehören. Genauso wie sich der Schoßhund Karsten nicht für die Kuh Klaudia motiviert fühlen sollte, nur da er sie vom Bauernhof her kennt. In diesem Fall wird es wohl oder übel eine Reaktion vom Bullen Thomas geben, welcher Schoßhündchen Karsten vorzeitig das Hundeparadies eröffnen und an die Himmelspforte vor seiner ihm angestammten Zeit klopfen lässt. Und die Hundediva Manja, die dem Schoßhund Karsten stets zugetan gewesen ist, wird es nun nie und nimmer mehr erleben, dass Schoßhund Karsten ihr die wohlverdienten schönen Blumen bringt. Bärin Ines und Bär Jörg machen es richtig, welche auch auf dem Bauernhof zu Hause sind und lassen sich von all dem Zirkus, den Karsten veranstaltet, nicht beeindrucken. Der alte Brummbär Jörg gehört zur Bärin Ines, die Stute Jessica zum Hengst Matthias, der die Weide tagtäglich für sich in Anspruch nimmt, die liebreizende Kuh Klaudia zum Bullen Thomas und das Schoßhündchen Karsten zur Hundediva Manja. Systembedingte Zuordnungen und Einordnungen erfolgen immer über eine Gleichgewichtssituation wie bei Tieren, Menschen und überall anders auch. Der Urmensch wusste also, dass er zu seinem weiblichen Äquivalent gehört.

Und dieses Wissen allein genügt uns, um davon überzeugt zu sein, dass alle bisherigen Annahmen über die Evolution des Menschen ins Leere laufen und gänzlich falsch sind. Der Urmensch hatte, wie wir jetzt wissen, mit dem Affenmensch nichts gemein, geschweige denn, dass diese sozialen Kontakt untereinander gepflegt hätten. Verteilungskämpfe hinsichtlich des Lebensraumes zwischen diesen wird es gegeben haben, denn das machen wir ja heute noch. Damit hat Wissenschaft es genau so wie Handwerk verdient, ab und an ordentlich an den Ohren gezogen zu werden. Es bringt nichts, wenn man völlig verquere Vorstellungen über uns selbst als Basis für Lösungen in Anwendung bringen will. Man findet damit immer nur zur halben Wahrheit oder zu gar keiner, solang wir nicht bereit sind, alles in irgendeiner Form in Frage zu stellen und damit im Ergebnis auch uns selbst. Nur so kann man zu einer sinnvollen Lösung finden.

Der Mensch ist nichts anderes als eine systemische Einheit, die über einem biologischen Körper errichtet und die innerhalb ihrer Gesamtheit, die man als Menschheit bezeichnet, über die Komponenten Kopf und Herz systemisch miteinander und untereinander verbunden ist. Systemerhalt kann von daher nur stattfinden, wenn man das Gleichgewicht innerhalb der menschlichen Matrix, wenn man sie so nennen will und allen korrespondierenden Komponenten wiederherstellt. Der Mensch ist formal gesehen eine Konstruktion und damit künstlichen Ursprungs. Das, was wir als natürlich begreifen, ist nicht existent. Dass es so sein könnte, hat man schon immer heimlich befürchtet, doch jetzt hat man langsam Gewissheit, dass es so ist. Die Menschheit, so wie wir sie uns vorstellen, gibt es nicht beziehungsweise nicht mehr. Man wird sich wohl im Größenwahn und im mangelnden Verständnis für systemisch bedingte Logik mit jemand in der Vergangenheit angelegt haben, der haushoch überlegen gewesen ist. Aber das machen wir in irgendeiner Form immer, auch heute. Wir sind gezwungen, uns mit dieser Vorstellung anzufreunden, ob man will oder nicht.

Wenn wir das Geschriebene in einem ersten Anlauf verstanden haben und für uns annehmen können, dann können wir auch zum Beispiel alle Krankheitsbilder dieser Welt einer Lösung überführen. Wir müssen nur die Regeln, die in einem System vorhanden sind, akzeptieren und in ein Gleichgewicht überführen. Machen wir natürlich nicht, wozu auch. Es geht ja nur um unser Leben.

Doch vorerst widmen wir uns dem Virus, welches uns im Augenblick zu schaffen macht. Wir vertrauen darauf, dass für jedes von uns erzeugte Problem eine Lösung existiert. Gemeinsam tauchen wir in die Welt der Wissenschaft und damit stellvertretend für Wissen schaffen, eine Aufgabe, die es wirklich ist und uns Lösungen jedweder Art verspricht und ermöglicht, ein. Jeder von uns kann das. Es gibt nichts, was uns in unseren diesbezüglichen Fähigkeiten, Gaben und Talenten unterscheidet oder voneinander trennt. Das System Mensch ist seinem Kern nach und im vollen Umfang identisch aufgebaut. Daraus folgt, dümmer und klüger gibt es somit nicht. Spaltungen innerhalb der Menschheit hat man aus anderen Gründen vollzogen und die sind alle nicht sehr ehrenwert, sondern eher beschämend.

Was uns am Verstehen hindern könnte, ist allein der Tatsache geschuldet, dass sich jeder von uns in einer Art systemischen Ungleichgewicht befindet. Richtig, jeder von uns bewegt sich ein stückweit außerhalb des uns angestammten systemischen Gleichgewichts und damit dem, was innerhalb dessen für uns vorgesehen ist.

Das wird uns spätestens dann begreiflich, wenn wir wieder einmal so richtig die Fetzen zwischen uns fliegen lassen, warum auch immer wir dem Freude abgewinnen. In einem vollständig systemischen Gleichgewicht gibt es das übrigens nicht. Der Begriff Auseinandersetzung, egal welche Form er annimmt und unter welchen Akteuren er stattfindet, kommt dort nicht zum Tragen. Es existiert in diesem nur ein Miteinander und kein Gegeneinander.

Aber dieser katastrophale Istzustand lässt sich ändern, indem man gemeinsam versteht, das Verstandene anwendet und vielleicht auch in absehbarer Zeit miteinander erlebt. Die systemrelevanten Begriffe hierfür lauten schlichtweg der Himmel auf Erden oder einfach und ergreifend das Paradies. Auch diese Begrifflichkeiten haben nichts mit Religion zu tun, sondern stehen für einen systemischen Auftrag und damit ein Ziel. Und dieser beginnt immer zwischen uns in der kleinsten Einheit, die wir als Familie oder grob gefasst als in einer Beziehung befindlich bezeichnen. Und da ist bereits der Teufel los, wenn man das so formulieren darf.

"Schauen wir uns bitte mal ganz unvoreingenommen gegenseitig an!" Das häufig zwischen uns in Anführungszeichen bestehende Kriegsgebiet zeigt es deutlich. Wir haben offensichtlich etwas verwechselt und gehören kausal betrachtet so nicht zusammen, halten jedoch unbeirrt daran fest. Mann + Frau = 1 lautet die grundlegende Gleichung in einem systemischen Gleichgewicht und steht stellvertretend für die Logik, welche sich ausschließlich über unsere Beziehungsebene hinweg definieren lässt. Beziehung hat nicht nur etwas mit dem zu tun, was wir üblicherweise darunter verstehen, sondern mit dem, was es aus einer systemischen Sicht heraus tatsächlich ist und da liegen Welten dazwischen.

Aber das klären wir in Ruhe ein anderes Mal, denn das ist ein Thema, obwohl es auf einen ersten Blick als überschaubar und einfach gelten könnte, ist es genau das am Ende nicht. Dass die Notwendigkeit dazu besteht, ist selbstredend, da alles Übel in dieser Welt immer bei uns selbst beginnt und damit gibt es Erklärungsbedarf. Wir sollten uns diesem Thema in unser aller Interesse stellen. Es wird dem Ein oder dem Anderen auch wehtun beziehungsweise wehtun müssen. Nicht weil man das primär forcieren will, sondern weil die systemische Logik dahinter unsere eigene Entscheidung im Leben oftmals in Frage stellt. Doch zurück zum Thema.

Da ich Wissen schaffen mein zu Hause nenne, werde ich nicht immer die richtigen Worte finden, aber das verzeihen wir mir bitte. Im Zweifelsfall liest man mehrmals. Ich bin jedoch bemüht, die Dinge so einfach wie möglich zu erklären.

Es ist aber auch nicht notwendig, dass man alles in einem ersten Anlauf versteht und sofort aus allen Dingen als Meister hervorgeht. Wichtig ist, dass wir die ersten Schritte gemeinsam bewerkstelligen. Der Rest kommt dann ganz wie von allein. Wir nehmen die ersten Hürden also zusammen.

Dabei gehen wir wie folgt vor: Wir nehmen das Grundgerüst der zugrundeliegenden wissenschaftlichen Arbeit und schreiben die notwendigen Erläuterungen einfach dazu. Dabei wird es unzählige Randthemen geben, die uns den Weg dorthin erleichtern und auf diesem begleiten. Diese Vorgehensweise folgt einem einfachen Grund, denn wir wollen niemanden im Verstehen zurücklassen oder gar abhängen. Das haben wir viel zu lange auf dieser, unserer Erde getan. Wir nehmen uns also im besten Fall gegenseitig etwas an die Hand, denn nur so geht es. Wir beschreiten den nun folgenden Weg gemeinsam, und zwar von Beginn an.

Das Wir verwendet man deshalb, da der Eine schreibt, was der Andere liest. Damit leben wir für die kommenden Momente den Begriff, der sich hinter einem Team verbirgt und damit ein herzliches Willkommen!

Für meine persönliche Motivation steht eine einfache Gleichung, die wir mit Glaube + Überzeugung = 1 definieren können und die Eins steht für Wissen, ein elementares Gleichgewicht und damit das Ursprungsgleichgewicht schlechthin.

Und jetzt treiben wir die Dinge bewusst noch etwas auf die Spitze, damit sich jeder in irgendeiner Form motiviert fühlt. Wir provozieren bewusst und man darf darauf vertrauen, dass die nachstehenden Fragen richtig und völlig berechtigt sind.

1. Warum können wir für den Namen Gott stellvertretend generic operating time table schreiben?
2. Warum führt none in empire of none zu n-one und damit one und negative one?
3. Warum steht Wasser für die höchste Systemkomponente im Eon?
4. Warum besteht der Mensch zu circa 70% aus dieser?
5. Warum beginnt und endet alles in der systemischen Null?

Wir werden im Laufe dieses Buches alles Notwendige erfahren, um selbst zu den richtigen Antworten auf diese fünf Fragen zu gelangen.

Von Kopf + Herz = 1 viel Erfolg!

2. Vorbetrachtung

Wenden wir uns der entscheidenden Gleichung zu, die man für ein grundlegendes Verständnis der Zusammenhänge in einem System braucht. In der Einführung hatten wir bereits erfahren, dass es übergeordnete und untergeordnete Systeme gibt. Ein System ist immer etwas, was auf einen ersten Blick vollkommen in sich geschlossen ist und wo innerhalb dessen Grenzen, die man in der Einzahl in der Wissenschaft als Systemgrenze beschreibt, irgendetwas stattfindet. Um ein System seinem Wesen nach verstehen zu können, reduziert man es auf das, was es in seiner kleinsten logischen Einheit tatsächlich ist. Im wissenschaftlichen Sprachgebrauch nennt man das Simplifizierung beziehungsweise logischem Rationalismus folgend.

Beide Vorgehensweisen stehen für ein und dasselbe und entsprechen in einem systemischen Gleichgewicht dem Systemwert 1. Dahinter verbirgt sich nichts anderes, als jedwedes System auf seinen kleinsten gemeinsamen Nenner herunterzubrechen, bis es nicht mehr weitergeht. Der unkompliziertere Begriff steht für den der Vereinfachung und dieser ist aus dem täglichen Sprachgebrauch bekannt. Die Gleichung lautet somit, dass

Simplifizierung + logischer Rationalismus = 1 ist
und die Eins steht für Vereinfachung.

Der Begriff der Vereinfachung ist für ein grundlegendes Verständnis notwendig, damit die, etwas salopp ausgedrückt, bis zum get no aufgeblasenen uns umgebenden Systeme auf ihr Minimum reduziert werden können, denn nur dann können wir sie verstehen und einer sinnvollen Analyse überführen, die zu einem Ergebnis führt. Das, was man zum Beispiel unter global versteht, können wir in der Form, wie es in der Realität stattfindet, nicht mehr begreifen und damit sinnvoll und logisch nachvollziehen, da es viel zu umfassend und komplex geworden ist. Wenn etwas so ist, hat man keine Chance, das zu verstehen und die Fehler, die vorhanden sind wie anderswo auch, zu erkennen und einer Korrektur zuzuführen. Dass es so ist und nicht anders ist, erleben wir in unserem täglichen Leben nur zu oft und man braucht dafür auch nicht erst einen wissenschaftlichen Beweis, um es zu akzeptieren.

Also runter mit dem ohnehin nicht notwendigen Ballast und man wird sie verstehen. Wenn man sie verstanden hat, kann man auch immer zu einer Lösung finden und diese anderen als Angebot offerieren. Man sieht, dass hinter dem Begriff der Systemtheorie nur eine einfache Gleichung stehen kann und erklären uns das in knappen Worten: Man sucht in einem ersten Anlauf zwei Systemkomponenten, die ihrem Sinn nach zusammenpassen. Wenn man diese gefunden hat und diese stehen immer links in der Gleichung, überlegt man sich, welche Systemkomponente beziehungsweise welcher Systembegriff rechts in der Gleichung sich hinter der Eins, einem Systemwert, verbirgt. Damit sieht unsere Gleichung in ihrer einfachsten Form wie folgt aus, dass

A + B = 1 ist und die 1 für C steht, einem Ergebnis.

Die Aufgabe besteht nunmehr darin, für A, B und C die richtigen Begriffe beziehungsweise Systemkomponenten zu eruieren, die zusammengehören und gemeinsam Sinn ergeben.

Nimmt man den uns bekannten Verbrennungsmotor, welcher chemische Energie in mechanische Arbeit umwandelt, ergibt sich Folgendes: Das zündfähige Gemisch, bestehend aus Kraftstoff und Luft, wird verbrannt und mittels Wärmeausdehnung des entstehenden Heißgases setzt es die Kolben in Bewegung. Bei Motoren mit innerer Verbrennung wird nach jedem Takt das an diesem Prozess beteiligte Gas ausgetauscht. Das heißt, dass das auch als Abgas bezeichnete Gas auf der einen Seite ausgestoßen und auf der anderen neues wieder zugeführt wird. Dieser Prozess wird fortwährend wiederholt und mehr ist es nicht: Wärmeenergie, die in mechanische umgewandelt wird, führt zur kinetischen und damit zu Bewegung.

Wenn wir uns das vor Augen halten, ergibt sich, dass der Motor ein untergeordnetes System darstellt, welcher mit einem übergeordneten offensichtlich in Verbindung steht. Dieses übergeordnete System bezeichnen wir in diesem Fall richtigerweise als Umwelt. Man macht somit nichts anderes, als dass Benzin, welches aus veredelten Bestandteilen der Erdölraffination hergestellt wird, unserer Umwelt zu entnehmen, zu verbrennen und entlässt es am Ende in diese wieder in Form von Abgas.

Da unsere Umwelt um ein Vielfaches größer ist als zum Beispiel unser Auto, handelt es sich bei dieser um das übergeordnete System und bei unserem Auto um das untergeordnete. Hält man sich diesen Zusammenhang bildlich vor Augen, ergibt sich die Gleichung, dass das

übergeordnete System + das untergeordnete System = 1 ist.

Hinter dieser Gleichung verbirgt sich nichts anderes, als dass es sich um ein prinzipielles Gleichgewicht handelt, welches immer zur Zahl Eins führt. Diese sieht man rechts in der Gleichung stehen und ist ihrem Wesen nach eine Konstante. Konstanten besitzen die Eigenschaft, dass man sie nicht verändern kann. Unsere Eins bleibt somit immer rechts in der Gleichung stehen, und zwar so wie sie ist. Es kommt dort also auch nichts hinzu.

Schauen wir uns an, was links in unserer Gleichung steht, handelt es sich um zwei einfache Summanden, die wir als übergeordnetes und untergeordnetes System definiert haben. Einen Summand können wir in diesem Zusammenhang auch als Element, Bestandteil oder einfach als Systemkomponente bezeichnen. Und damit machen wir ein Beispiel zur Veranschaulichung, denn es ist notwendig.

Wir haben zum Beispiel einen Wald, der aus Birken und Kiefern besteht. Würden wir diesen Zusammenhang mit obiger Gleichung in seiner kleinsten logischen Einheit ausdrücken wollen, ergibt sich, dass

Birke + Kiefer = 1 im Ergebnis ist.

Unsere Eins rechts in der Gleichung steht damit für Wald, denn dieser besteht bekanntermaßen zum Beispiel aus Birken und Kiefern. Wenn sich dieser, unser kleiner Wald in einem Gleichgewicht befinden soll, müssen Birke und Kiefer gleich vertreten sein. Das heißt, wir müssen unsere Eins, welche rechts in der Gleichung steht, durch die Zwei, denn wir haben 1 Birke + 1 Kiefer links in unserer Gleichung, teilen und erhalten den Systemwert 0,5 für beide. Die Gleichung sieht jetzt wie folgt aus:

0,5 (Birke) + 0,5 (Kiefer) = 1

Man sieht, dass wenn man die linke Seite der Gleichung addiert, eine Eins wie auf der rechten steht. Und damit handelt es sich um ein Gleichgewicht, welches in jedem System erfüllt sein sollte. Dieses lautet schlicht und ergreifend, dass für den Fall von zwei existierenden Systemkomponenten im übergeordneten System und im untergeordneten System Eins gleich Eins gilt und auf der linken Seite im untergeordneten für diese jeweils der Systemwert 0,5 angenommen wird. Damit ergibt sich für das Gleichgewicht die Gleichung, dass das untergeordnete System gleich dem übergeordneten entspricht. Ein derartiges Gleichgewicht ist somit immer auf Dauer angelegt. Mit anderen Worten, es gilt in einem System bis in alle Ewigkeit und sollte für uns immer unantastbar sein.

Logischerweise sollte ein Wald nicht nur aus zwei Bäumen bestehen, aber wenn man den weltweiten Nachrichten diesbezüglich Glauben schenken darf, arbeiten wir fleißig daran, dass es so wird. Doch zurück zum Thema und damit zurück zu unseren Bäumen. Die zwei Bäume stehen in der Systemtheorie für das untergeordnete System. Das übergeordnete System ist unser Nadelwald plus unser Laubwald. Die Gleichung für das übergeordnete System ergibt folgerichtig, dass

Laubwald + Nadelwald = 1 ist.

Die Eins steht nunmehr für den uns bekannten Mischwald, welcher sich aus Laubwald und Nadelwald zusammensetzt. Im Ergebnis ergibt sich, dass das übergeordnete System hinreichend beschrieben ist und der Logik im untergeordneten in seiner kleinsten Einheit folgt, die wir als eine Birke + eine Kiefer = 1 beschrieben haben. Würde man zum Beispiel einen Wald mit 100 Bäumen analysieren, müssten in einem systemischen Gleichgewicht gemessen am Beispiel fünfzig Birken und fünfzig Kiefern stehen. Ein prüfender Blick lässt uns wissen, dass dem oftmals in der Realität nicht so ist.

Betrachten wir noch ein gegenteiliges Beispiel, damit die Dinge sitzen. Wir haben einen Wald, der zu 70% aus Birken besteht und zu 30% aus Kiefern. Gemäß unserer Gleichung ergibt sich, dass

0,7 (Birke) + 0,3 (Kiefer) = 1 ist.

In Prozent ausgedrückt sind es 70% (Birke) + 30% (Kiefer), die zu 100% führen. Brechen wir die 100% auf ihren kleinsten Nenner herunter, ergibt sich wieder eine Eins. Wie wir aus der Mathematik wissen, kann man 50% einfach mit dem Wert 0,5 angeben. 50% und der Wert 0,5 sind am Ende ein und dasselbe und entsprechen exakt der Hälfte von einem Ganzen und damit dem Wert Eins oder 100%. Betrachten wir uns die linke Seite in der Gleichung, stehen 70% für Birke und 30% für Kiefer. In verkürzter Form erhält man den Wert 0,7 für Birke und 0,3 für Kiefer. Damit sind in der Summe 70% Birke gleich 0,7 plus 30% Kiefer gleich 0,3 gleich Eins beziehungsweise 100%. Wie wir bereits wissen, müssten links in der Gleichung in einem systemischen Gleichgewicht die Werte 0,5 für Birke und 0,5 für Kiefer beziehungsweise jeweils 50% für diese stehen. Man erkennt, dass es sich nicht mehr um ein Gleichgewicht links in der Gleichung handelt und die hierfür notwendige Bedingung nicht erfüllt ist. Wir sind also bei Birke um 20% über das Ziel beziehungsweise um den Wert 0,2 hinausgeschossen und auf der Gegenseite bei Kiefer im Keller gelandet, denn der Wert beträgt um 0,2 beziehungsweise um 20% zu wenig, da der Wert 0,5 beziehungsweise 50% in einem Gleichgewicht gegeben sein muss.

Hinter dieser einfachen Logik verbirgt sich die grundlegende Theorie von Stephen Hawking, einem allseits geachteten und anerkannten Wissenschaftler, welcher leider von uns gegangen ist, dass alles Eins ist und damit ein und dasselbe. Vor diesem Hintergrund stellt sich die Frage, ob hier noch etwas in dieser grundlegenden Theorie fehlt. Und das ist logisch, dass es so ist. Die Eins steht in der Mathematik, wenn man sie betragsseitig betrachtet, nicht ausschließlich für die plus Eins, sondern auch für die minus Eins. Hat er das bereits gewusst? Natürlich, aber er hielt es wohl noch nicht für angebracht, uns das an die Hand zu geben. Er hat einen Grundstein gelegt, auf dem wir aufbauen sollen.

Stellen wir uns hierzu in einem ersten Anlauf zwei Kinder vor, die auf einer Wippe toben. Das eine hängt in der Luft (Kind 1) und das andere (Kind 2) freut sich hämisch, dass es sein Gegenüber da hinaufbefördert hat. Es befindet sich also am Boden. Geht man davon aus, dass das Kind 2 diese Situation gewollt hat, dann muss der systemische Wert bei diesem ein Plus als Vorzeichen tragen. Wenn seine Absicht eine andere war und das andere lässt es im Gegenzug nicht, dann steht ein Minus vor dem Systemwert. Im Extremfall springt Kind 1 von oben herab und Kind 2 fehlt das dazugehörige Gegengewicht. Es bleibt in diesem Fall im systemischen Minus. In beiden Extremsituationen erhält man für Kind 2 jeweils 100%, einmal mit einem negativen Vorzeichen und einmal mit einem positiven. Für Kind 2 stehen folgende zwei Optionen damit zur Verfügung:

1. "Ich bleibe unten." = + 100% = Entscheidung 1
2. "Ich will nach oben." = - 100% = Entscheidung 2

Kind 2 hätte vor dem tollkühnen Sprung von Kind 1 die Möglichkeit gehabt, seine Sitzposition auf der Wippe zu verändern, um nach oben zu kommen. Wenn es am Boden ist, lässt es sich in der Regel nach hinten etwas überhängen. Diese Sitzhaltung wird verändert und es richtet sich ein stückweit auf. Kind 2 verlässt im konkreten Fall die + 100% und es werden zum Beispiel nur noch + 70%. Die Wippe fängt an sich zu bewegen, da Kind 1 auf der Gegenseite entsprechend reagieren wird. Die Entscheidung von Kind 2 führt zu nachstehendem Ergebnis, ohne dass wir die Gegenseite betrachten.

1. + 100% ist das Maximum im System Wippe. Es folgt das Plus bei Maximum als Vorzeichen und dieses steht für Entscheidung 1.

2. Diese lautet jetzt gemessen am Beispiel, dass + 30% für "Ich will nach oben." und + 70% für "Ich bleibe unten." im System gegeben sind.

3. Im Ergebnis erhält man (+ 100%) + (- 30%) = + 70%.

4. Wir formulieren die Gleichung deshalb so, da für Entscheidung 2 - 100% im System gegeben sind und die - 30% von dort kommen.

5. Die Systemgleichung lautet Entscheidung 1 + Entscheidung 2 = ± 0%, da wir uns auf der einen Seite vom Plusbereich aus auf das systemische Gleichgewicht in der Mitte und damit auf die Null zubewegen und auf der anderen Seite vom Minusbereich aus. Die Entscheidung, die Null mit einem Plus als auch einem Minus im Vorzeichen zu versehen, ist damit richtig.

Die gegenläufige Interpretation zur Entscheidung von Kind 2 bedarf ebenfalls einer Erläuterung.

1. - 100% ist das Minimum im System Wippe. Damit steht ein Minus als Vorzeichen

bei Minimum und folgt Entscheidung 2.

2. Diese lautet jetzt gemessen an unserem Beispiel, dass - 70% für "Ich bleibe unten." und - 30% für "Ich will nach oben." im System gegeben sind.

3. Im Ergebnis steht (- 100%) + (+ 30%) = - 70%.

4. Wir formulieren die Gleichung deshalb so, da für Entscheidung 1 + 100% im System verbleiben, da die + 30% von dort kommen.

5. Die Systemgleichung lautet auch hier Entscheidung 1 + Entscheidung 2 = ± 0%.

Es stehen sich im Ergebnis zwei Gleichungen, die offensichtlich einem systemisch bedingten Kreislauf folgen und in Abhängigkeit davon, welche Entscheidung Kind 2 getroffen hat, gegenüber. Wir suchen die sich daraus ergebende.

Gegeben:

1. (+ 100%) + (- 30%) für Entscheidung 1
2. (- 100%) + (+ 30%) für Entscheidung 2

Gesucht:

Ergebnis aus 1. und 2.

Lösung:

Da die zwei systembedingten Entscheidungen korrespondieren, handelt es sich bei Entscheidung 1 und 2 um eine Addition der Werte. Das führt zu der Gleichung, dass (+ 100%) + (- 30%) + (- 100%) + (+ 30%) = ± 0% ist. Die Lösung ist in Kurzform ± 0. Es handelt sich damit innerhalb der Gleichung um mehrere Kreisläufe, die zu ± 0 führen.

Begründung:

Da die Entscheidung von ein und demselben Kind (Kind 2) getroffen worden ist, muss der Systemwert zu ± 0% führen, da ein Ja auf eine Frage oder ein Nein auf eine Frage sich auf der Strecke, die zwischen ± 0% und damit auch ± 100% liegt, irgendwo treffen müssen. Es sind zwei gegenläufige Kreisläufe, die sich gegenseitig aufheben und zu ± 0% führen. Das heißt, dass sich (+ 70%) + (+ 30%) und (+ 30%) + (+ 70%) zum Beispiel gegenüberstehen. In Gleichungsform (Betrachtung A) sieht das wie folgt aus:

1. (+ 70%) + (+ 30%) = (+ 30%) + (+ 70%).

2. Wir subtrahieren jetzt die rechte Seite von der linken und erhalten (+ 70%) + (+ 30%) - (+ 30%) - (+ 70%) = ± 0%.

3. Diese Gleichung steht dafür, dass die Entscheidung auf der rechten Seite unserer Gleichung unter 1. sich der auf der linken unterordnet, wenn wir unser Beispiel weiterhin im Auge behalten. In der Systemtheorie erhält man, dass das untergeordnete System auf der rechten Seite dem übergordneten auf der linken folgt.

4. Im Gegenzug ergibt die Gleichung, dass ± 0% = (+ 30%) + (+ 70%) - (+ 70%) - (+ 30%) ist, wenn sich die Entscheidung auf der linken Seite der auf der rechten unterordnet.

5. Daraus ergibt sich mittels Gegenüberstellung die Gesamtgleichung (+ 70%) + (+ 30%) - (+ 30%) - (+ 70%) = ± 0% = ± 0% = (+ 30%) + (+ 70%) - (+ 70%) - (+ 30%).

Wir haben bewusst den Systemwert Null in die Mitte gesetzt, da die beiden Kreisläufe sich sowohl von rechts als auch von links dieser nähern.

Sehen wir uns gemeinsam die Gleichungen auf der Gegenseite (Betrachtung B) an, wenn die Systemwerte in der Ausgangssituation ein Minus als Vorzeichen tragen. Die Notwendigkeit besteht, da wir uns als Erstes ein Grundverständnis für die Logik innerhalb eines allumfassenden Systems, diese Aussage nehmen wir vorweg, erarbeiten müssen.

1. (- 30%) + (- 70%) = (- 70%) + (- 30%). Die linke Seite wird von der rechten abgezogen. Das Ergebnis lautet (- 70%) + (- 30%) - (- 30%) - (- 70%) = ∓ 0%.

2. Diese Gleichung steht dafür, dass die Entscheidung auf der linken Seite der Gleichung unter 1. sich der auf der rechten unterordnet. In der Systemtheorie erhält man, dass das untergeordnete System auf der linken Seite dem übergeordneten auf der rechten folgt.

3. Wir haben die umgedrehte Symbolik für das Plusminus verwandt, damit uns die Gegenläufigkeit der Kreisläufe systembedingter Natur bewusst wird.

4. Die Gleichung gegenläufiger Natur ergibt, dass ∓ 0% = (- 30%) + (- 70%) - (- 70%) - (- 30%) gilt, wenn sich die Entscheidung auf der rechten Seite der auf der linken unterordnet.

5. Im Ergebnis folgt, dass die Gesamtgleichung (- 70%) + (- 30%) - (- 30%) - (- 70%) = ∓ 0% = ∓ 0% = (- 30%) + (- 70%) - (- 70%) - (- 30%) lautet.

Wir haben bewusst das Plusminuszeichen in das gegenteilige Verhältnis gesetzt, damit wir die systemische Logik, welche dahintersteckt, erkennen können. Da unsere systemischen 0% sowohl für ± 0% als auch für ∓ 0% stehen, müssen wir sowohl dem Kreislauf, der sich über Minus als auch über Plus ergibt, nachgehen. Das heißt, dass wir jetzt nicht obigem Beispiel, welches (+ 70%) + (+ 30%) und (+ 30%) + (+ 70%) ergeben hat, folgen, sondern dieses in das Gegenteil setzen.

Damit erhält man die systemische Gleichung (- 30%) + (- 70%) = - 100% und (- 70%) + (- 30%) = - 100%. Wir haben, wenn wir so wollen, das System nun in gespiegelter Form sowohl vertikal als auch horizontal vorliegen und beginnen jetzt bei den negativen Werten (Betrachtung C).

1. (- 30%) + (- 70%) = (- 70%) + (- 30%).

2. Die rechte Seite wird von der linken subtrahiert. Im Ergebnis stehen (- 30%) + (- 70%) - (- 70%) - (- 30%) = ∓ 0%, da Minus + Minus = Plus ergibt und das Minus innerhalb des Systems die Laufrichtung bestimmt.

3. Diese Gleichung steht dafür, dass die Entscheidung auf der rechten Seite unserer Gleichung unter 1. sich der auf der linken unterordnet. In der Systemtheorie erhält man, dass das untergeordnete System auf der rechten Seite dem übergeordneten auf der linken folgt.

4. Vice versa lautet die Gleichung, dass ∓ 0% = (- 70%) + (- 30%) - (- 30%) - (- 70%) ist, wenn sich die Entscheidung auf der linken Seite der auf der rechten unterordnet.

5. Daraus ergibt sich die Gesamtgleichung, dass (- 30%) + (- 70%) - (- 70%) - (- 30%) = ∓ 0% = ∓ 0% = (- 70%) + (- 30%) - (- 30%) - (- 70%) ist.

Im Anschluss widmen wir uns dem gegenläufigen Kreislauf (Betrachtung D), der noch fehlt. Auch wenn uns das auf einen ersten Blick als überflüssig erscheint, ist es dennoch notwendig. Wir werden das bei einer Gegenüberstellung am Ende erfahren.

1. (+ 70%) + (+ 30%) = (+ 30%) + (+ 70%).

2. Wir subtrahieren jetzt die linke Seite von der rechten und erhalten (+ 30%) + (+ 70%) - (+ 70%) - (+ 30%) = ± 0%.

3. Diese Gleichung steht dafür, dass sich die Entscheidung auf der linken Seite der Gleichung unter 1. der auf der rechten unterordnet. In der Systemtheorie ergibt sich, dass das untergeordnete System auf der linken Seite dem übergeordneten auf der rechten folgt.

4. Im Gegenzug lautet die Gleichung, dass ± 0% = (+ 70%) + (+ 30%) - (+ 30%) - (+ 70%) ist, wenn sich die Entscheidung auf der rechten Seite der auf der linken unterordnet.

5. Die Gesamtgleichung lautet (+ 30%) + (+ 70%) - (+ 70%) - (+ 30%) = ± 0% = ± 0% = (+ 70%) + (+ 30%) - (+ 30%) - (+ 70%).

Um verstehen zu können, was sich aus den vier Systemgleichungen ergeben hat, stellt man diese in verkürzter Form übereinander. Wir vereinfachen aus Übersichtlichkeitsgründen die Schreibweise bei Plus und Minus, ohne den Sachverhalt zu ändern.

Betrachtung A

+ 70% + 30% - 30% - 70% = ± 0% = ± 0% = + 30% + 70% - 70% - 30%

Betrachtung B

- 70% - 30% + 30% + 70% = ∓ 0% = ∓ 0% = - 30% - 70% + 70% + 30%

Betrachtung C

- 30% - 70% + 70% + 30% = ∓ 0% = ∓ 0% = - 70% - 30% + 30% + 70%

Betrachtung D

+ 30% + 70% - 70% - 30% = ± 0% = ± 0% = + 70% + 30% - 30% - 70%

Wie man feststellt, müssen wir noch sortieren, da wir in der Betrachtung uns sowohl vorwärts im System bewegt haben als auch rückwärts. Man erhält damit nachstehende Sortierungen in der richtigen Reihenfolge.

Betrachtung A

+ 70% + 30% - 30% - 70% = ± 0% = ± 0% = + 30% + 70% - 70% - 30%

Betrachtung C

- 30% - 70% + 70% + 30% = ∓ 0% = ∓ 0% = - 70% - 30% + 30% + 70%

Betrachtung B

- 70% - 30% + 30% + 70% = ∓ 0% = ∓ 0% = - 30% - 70% + 70% + 30%

Betrachtung D

+ 30% + 70% - 70% - 30% = ± 0% = ± 0% = + 70% + 30% - 30% - 70%

Man sieht, dass offensichtlich zwischen dem Plusminuszeichen und der gespiegelten Variante davon (± und ∓), jeweils zweimal vertreten in der Mitte, ein kausaler Zusammenhang bestehen muss. Infolge müssen die Systemwerte in der Vertikalen bestimmt werden, da die in der Horizontalen vorliegen. Das unterliegt der Tatsache, dass zu einem bestehenden Kreislauf immer ein gegenläufiger vorhanden sein muss. Es ist damit unabdingbar, dass jeder Kreislauf auch im Gegenteil betrachtet wird.

Betrachtung A

+ 70% + 30% - 30% - 70% = ± 0% = ± 0% = + 30% + 70% - 70% - 30%

+

Betrachtung C

- 30% - 70% + 70% + 30% = ∓ 0% = ∓ 0% = - 70% - 30% + 30% + 70%

=

Betrachtung E

+ 40 - 40 + 40 - 40 = 0 = 0 = - 40 + 40 - 40 + 40

Wir stellen dabei fest, dass beide Seiten links und rechts von der zweimal Null in der Mitte zur Null führen, da 0 + 0 = 0 ist. Damit wissen wir, dass die eine Null, die sich aus den zweien ergibt, dafür gegeben sein muss, dass die systemischen Kreisläufe innerhalb dieser zwei sich in der einen Null wiederfinden lassen.

Wir betrachten jedoch vorerst immer nur die zwei Nullen in der Mitte, damit man nicht durcheinanderkommt, denn man hätte dann noch einen zusätzlichen Kreislauf zu betrachten und das ist definitiv zu viel am Anfang.

Prozentzeichen und das Plusminus beziehungsweise das Minusplus vor der Null heben sich gegenseitig auf, da aufaddiert wurde. Wir haben somit das systemische Gleichgewicht bestimmt, wenn sich unsere Entscheidung beim Wippen aus 30% und 70% und vice versa aus 70% und 30% zusammensetzt. Dabei wurde festgestellt, dass es keinerlei Rolle spielt, aus welcher Perspektive man die diesbezüglichen Entscheidungen betrachtet. In einem systemischen Gleichgewicht ist es völlig egal, ob wir die 30% oder die 70% anführen oder den Gleichgewichtswert von 40% angeben. Entscheidend ist nur, ob der Wert ein positives oder ein negatives Vorzeichen liefert. Sehen wir uns die zwei verbleibenden Sortierungen an.

Betrachtung B

$$- 70\% - 30\% + 30\% + 70\% = \mp 0\% = \mp 0\% = - 30\% - 70\% + 70\% + 30\%$$

$$+$$

Betrachtung D

$$+ 30\% + 70\% - 70\% - 30\% = \pm 0\% = \pm 0\% = + 70\% + 30\% - 30\% - 70\%$$

$$=$$

Betrachtung F

$$- 40 + 40 - 40 + 40 = 0 = 0 = + 40 - 40 + 40 - 40$$

Setzen wir beide Ergebnisse in Beziehung, ergibt sich, dass sich E und F jetzt gegenüberstehen, die gleichermaßen zusammen zum Systemwert Null (Betrachtung G) führen. Wir haben somit das erhalten, was wir einige Zeilen zuvor richtig vermutet haben, dass es immer irgendwie weitergeht. Daraus folgt, dass jedweder Kreislauf über eine vermeintlich existierende Grenze hinausführt. Ein System findet damit nie wirklich sein Ende. Dabei spielt es keine Rolle, ob eine sichtbare Systemgrenze existiert oder auch nicht, da es in irgendeiner Form weitergeht und damit über eine rein formal existierende Grenze hinaus. Systemgrenzen dienen damit nur dazu, die Dinge in ihrer kleinsten logischen Einheit verstehen zu können. Das systemische Gesamtkonstrukt ist damit immer riesig und bleibt es auch. Beispielhaft steht hierfür das Universum, damit wir eine Vorstellung davon bekommen, was gemeint ist. Sehen wir uns die Gleichungen zu E, F und G an.

Betrachtung E

+ 40 - 40 + 40 - 40 = 0 = 0 = - 40 + 40 - 40 + 40

+

Betrachtung F

- 40 + 40 - 40 + 40 = 0 = 0 = + 40 - 40 + 40 - 40

=

Betrachtung G

0 + 0 + 0 + 0 = 0 = 0 = 0 + 0 + 0 +0

Doch warum haben wir das gemacht, wenn sich am Ende doch überall wieder nur Null ergibt? Und damit muss man sich etwas vor Augen halten, was man in der Form so nicht sehen kann. Unter Betrachtung B stehen auf der linken Seite (- 70%) + (- 30%) + (+ 30%) + (+ 70%), die zusammen 0 ergeben. Daraus folgt, dass jeweils zweimal Minus als auch zweimal Plus in diesem Kreislauf existieren.

Auf der Gegenseite stehen (- 30%) + (- 70%) + (+ 70%) + (+ 30%) und damit ergeben sich auch dort zweimal Minus und zweimal Plus. Diese zweimal Plus und zweimal Minus auf jeder Seite nur vice versa, also gegenläufig, stehen immer für einen Kreislauf. Und wo ein Kreislauf existiert, bestehen immer auch Bedingungen, sonst funktioniert er nicht.

Um das, was dort steht, verstehen zu können, müssen wir die Sortierung erneut formal ändern und damit die Logik, die sich daraus ergibt, offenkundig machen. Wir nehmen die Betrachtung B und gestalten diese, ohne den Sinn darin zu verändern, einfach um.

Es folgt nachstehendes Bild und man wird überrascht sein. Die Symbolik, die sich dahinter verbirgt, ist eindeutig. Unendlich und Endlich sind damit keine Illusion, sondern fester Bestandteil eines allumfassenden Systems und Systemkomponenten, die einer klar und eindeutig definierten Logik folgen. Man darf gespannt sein, was hinter Unendlich und Endlich verborgen ist und welcher logische Zusammenhang sich daraus ergibt.

- 70% - 30%   - 30% - 70%

= ∓ 0% = ∓ 0% =

+ 30% + 70%   + 70% + 30%

Sämtliche Werte sind systemisch miteinander verbunden und führen in der Mitte zu zweimal Null. Die Verbindung zwischen den jeweiligen Systemwerten ergibt das Symbol für Unendlich. Werfen wir einen Blick auf den nächsten Kreislauf und gestalten diesen (Betrachtung D) darstellungsseitig etwas um.

+ 30% + 70%			+ 70% + 30%
	= ± 0% = ± 0% =		
- 70% - 30%			- 30% - 70%

Wenn wir jetzt Betrachtung B und D zusammenführen, unabhängig davon, wie wir das bewerkstelligen, kommt immer + 40% oder - 40% heraus und ergibt in der Summe Null, richtigerweise ± 0 und ∓ 0. Dieses Ergebnis würde sich auch für A und C ergeben. Im Fall von A und B landen wir bei + 100% und - 100% wie in umgekehrter Reihenfolge bei C und D auch, nur dementsprechend erst Minus und dann Plus. Es handelt sich ebenfalls um einen systemischen Kreislauf, der mit allen anderen korrespondiert.

Was heißt das? In einer systembedingten Gleichgewichtssituation müsste überall + 50% oder - 50% im System stehen, da man bei + 40% beziehungsweise - 40% immer noch um jeweils 10% darüber- oder darunterliegt.

Veranschaulichen wir uns das Offensichtliche anhand von Plus und Minus und lassen die Prozentzeichen einfach dabei weg, da diese sich sowieso gegenseitig aufheben. Egal, was man simplifiziert, man erhält im Ergebnis lediglich Werte beziehungsweise irgendwelche Symbole, die einen kausalen Zusammenhang verdeutlichen. Es sind infolge nachstehende Ergebnisse in sortierter Form.

Betrachtung A

+ + - - = ± 0 = ± 0 = + + - -

Betrachtung C

- - + + = ∓ 0 = ∓ 0 = - - + +

Betrachtung B

- - + + = ∓ 0 = ∓ 0 = - - + +

Betrachtung D

+ + - - = ± 0 = ± 0 = + + - -

Werten wir das aus, was wir hier erhalten haben. Für Betrachtung A stehen links zweimal Plus und zweimal Minus von unserer $\pm 0 = \pm 0$ und rechts davon ebenfalls. Für Betrachtung C ergibt sich das Ergebnis vice versa, da man $\mp 0 = \mp 0$ erhält. Infolgedessen, dass A und C zuerst betrachtet worden sind, liefert Betrachtung B das Ergebnis $\mp 0 = \mp 0$ und Betrachtung D das Ergebnis $\pm 0 = \pm 0$. Wie man sehen kann, stellen A und C als auch B und D gegenläufige Kreisläufe dar. Da Strom unserer Auffassung nach immer von Minus nach Plus läuft, da logische Fehler in der Betrachtung auch ab und an helfen können, um letztendlich zum richtigen Ergebnis zu kommen, enden alle Kreisläufe innerhalb Betrachtung A bis D immer im Plus. Damit geht es dort nicht weiter.

Wenn wir das verstehen und welcher Logik das folgt, benötigen wir keine weitere umfassende Betrachtung, denn im Gegenteil ergibt sich auch immer nur das Gegenteil. Bis jetzt haben wir alle systemischen Werte mittels Subtraktion erhalten. Wären wir der Addition gefolgt, würden sich alle Vorzeichen ändern und die Ergebnisse folgen dann immer der korrespondierenden Vorzeichenfolge, denn um die geht es und wo sich ein Plus oder ein Minus vorfinden lässt. Mit anderen Worten, wo bisher ein Plus stand, steht jetzt ein Minus und umgedreht. Das heißt, dass dem Kreislauf, den wir bis jetzt erarbeitet haben, ein gegenläufiger gegenübersteht, der genau das Gegenteil repräsentiert. Daraus folgt in diesem Fall, dass für A, B, C und D (Vgl. Seite 37 bis 38) nachstehender Sachverhalt gilt.

Betrachtung A

$$- 70\% - 30\% + 30\% + 70\% = \mp 0\% = \mp 0\% = - 30\% - 70\% + 70\% + 30\%$$

Betrachtung C

$$+ 30\% + 70\% - 70\% - 30\% = \pm 0\% = \pm 0\% = + 70\% + 30\% - 30\% - 70\%$$

Betrachtung B

$$+ 70\% + 30\% - 30\% - 70\% = \pm 0\% = \pm 0\% = + 30\% + 70\% - 70\% - 30\%$$

Betrachtung D

$$- 30\% - 70\% + 70\% + 30\% = \mp 0\% = \mp 0\% = - 70\% - 30\% + 30\% + 70\%$$

Wir nehmen unsere Betrachtung B im gegenläufigen Kreislauf und gestalten diese, ohne den Sinn darin zu verändern, erneut einfach um. Damit ergibt sich nachstehendes Bild und liefert im Vergleich zur bisherigen Annahme genau das Gegenteil, da die Existenz eines systemischen Gleichgewichts unterstellt worden ist.

$$\left| \begin{matrix} +70\% + 30\% \\ -30\% - 70\% \end{matrix} \right\rangle = \pm 0\% = \pm 0\% = \left\langle \begin{matrix} +30\% + 70\% \\ -70\% - 30\% \end{matrix} \right|$$

Fehlt uns noch die Gegenbetrachtung und damit sind wir gezwungen, Kreislauf D in das systemische Gegenüber zu verwandeln. Das sieht in grafischer Form folgendermaßen aus:

$$\left| \begin{matrix} -30\% - 70\% \\ +70\% + 30\% \end{matrix} \right\rangle = \mp 0\% = \mp 0\% = \left\langle \begin{matrix} -70\% - 30\% \\ +30\% + 70\% \end{matrix} \right|$$

Es fehlen noch die Ergebnisse im systemischen Gegengleichgewicht. Diese kennzeichnen wir mit einem Minus vor dem jeweiligen Buchstaben, um die Gegenläufigkeit sinnvoll zu veranschaulichen. Das ist notwendig, damit wir die Abhängigkeiten innerhalb des Systems erkennen und bewerten können.

Betrachtung - A

$$+ 70\% + 30\% - 30\% - 70\% = \pm 0\% = \pm 0\% = + 30\% + 70\% - 70\% - 30\%$$

Betrachtung - C

$$- 30\% - 70\% + 70\% + 30\% = \mp 0\% = \mp 0\% = - 70\% - 30\% + 30\% + 70\%$$

Betrachtung - B

$$- 70\% - 30\% + 30\% + 70\% = \mp 0\% = \mp 0\% = - 30\% - 70\% + 70\% + 30\%$$

Betrachtung - D

$$+ 30\% + 70\% - 70\% - 30\% = \pm 0\% = \pm 0\% = + 70\% + 30\% - 30\% - 70\%$$

Veranschaulichen wir uns das Offensichtliche anhand von Plus und Minus und lassen die Prozentzeichen weg, denn diese heben sich in einem Systemgleichgewicht sowieso gegenseitig auf, wie wir bereits wissen (Vgl. Seite 41).

Betrachtung A

$$+ \quad + \quad - \quad - \quad = \pm 0 = \pm 0 = \quad + \quad + \quad - \quad -$$

Betrachtung C

- - + + $= \mp 0 = \mp 0 =$ - - + +

Betrachtung B

- - + + $= \mp 0 = \mp 0 =$ - - + +

Betrachtung D

+ + - - $= \pm 0 = \pm 0 =$ + + - -

Wir sehen vier Kreisläufe, die jeweils im Plus enden und dort geht es bekanntermaßen nicht weiter. Daraus folgt, dass der gegenläufige Kreislauf fehlt. Zur Veranschaulichung setzen wir vor A, B, C und D erneut ein Minus, um uns den gegenläufigen Kreislauf im System vor Augen zu halten, denn wir unterstellen immer die Existenz eines Gleichgewichts. Dass es tatsächlich so ist, haben wir bereits im Ergebnis erhalten.

Betrachtung - A

- - + + $= \mp 0 = \mp 0 =$ - - + +

Betrachtung - C

+ + - - $= \pm 0 = \pm 0 =$ + + - -

Betrachtung - B

+ + - - $= \pm 0 = \pm 0 =$ + + - -

Betrachtung - D

- - + + $= \mp 0 = \mp 0 =$ - - + +

Da wir zwei systemische Kreisläufe erhalten haben, die aus jeweils vier Kreisläufen bestehen, müssen wir A, B, C und D mit - A, - B, - C und - D noch miteinander vereinen. Wir fügen damit kurzerhand das zusammen, was zusammengehört. Damit erhält man nachstehende Gegenüberstellungen, die uns das veranschaulichen.

Betrachtung A und - A

+	+	-	-	$= \pm 0 = \pm 0 =$	+	+	-	-
-	-	+	+	$= \mp 0 = \mp 0 =$	-	-	+	+

Betrachtung C und - C

-	-	+	+	$= \mp 0 = \mp 0 =$	-	-	+	+
+	+	-	-	$= \pm 0 = \pm 0 =$	+	+	-	-

Betrachtung B und - B

-	-	+	+	$= \mp 0 = \mp 0 =$	-	-	+	+
+	+	-	-	$= \pm 0 = \pm 0 =$	+	+	-	-

Betrachtung D und - D

+	+	-	-	$= \pm 0 = \pm 0 =$	+	+	-	-
-	-	+	+	$= \mp 0 = \mp 0 =$	-	-	+	+

Da wir nunmehr im System A, B, C und D gleich - A, - B, - C und - D stehen haben, ergibt sich folgende Gleichung, die diesen Sachverhalt repräsentiert. Aus Platzgründen wurde diese untereinandergeschrieben.

$$(A + B + C + D) + (- A - B - C - D)$$

$$= 0 =$$

$$\pm 0 = \mp 0 = \mp 0 = \pm 0 = \mp 0 = \pm 0 = \pm 0 = \mp 0$$

Daraus folgt, dass wir die Bezeichnungen A, B, C, D und - A, - B, - C, - D weglassen können und unser System ausschließlich über Plus und Minus sowie Minus und Plus definieren können. Wir wissen aus obiger Gleichung, dass im Zentrum unseres Systems nichts anderes steht als an den Rändern von diesem, da

übergeordnetes System + untergeordnetes System =
untergeordnetes System + übergeordnetes System =

$(+ 1) + (- 1) = (- 1) + (+ 1) = (- 1) + (+ 1) = (+ 1) + (- 1) = 0$ ist.

Damit stellen wir die Systemgleichungen auf unter der Beachtung, dass wir weiterhin am Weg der Simplifizierung und damit Vereinfachung festhalten. Im Ergebnis stehen sich die Systemwerte in der systemischen Null, denn diese ist jeweils zweimal in der Mitte vorhanden, gegenüber.

+	+	-	-	$= \pm 0 = \pm 0 =$	+	+	-	-
-	-	+	+	$= \mp 0 = \mp 0 =$	-	-	+	+
-	-	+	+	$= \mp 0 = \mp 0 =$	-	-	+	+
+	+	-	-	$= \pm 0 = \pm 0 =$	+	+	-	-
-	-	+	+	$= \mp 0 = \mp 0 =$	-	-	+	+
+	+	-	-	$= \pm 0 = \pm 0 =$	+	+	-	-
+	+	-	-	$= \pm 0 = \pm 0 =$	+	+	-	-
-	-	+	+	$= \mp 0 = \mp 0 =$	-	-	+	+

Wir erhalten auf der linken Seite sechzehnmal Plus als Vorzeichen und sechzehnmal Minus und auf der rechten ebenfalls. Beide zusammen ergeben auf beiden Seiten jeweils den Systemwert zweiunddreißig. In der Mitte befinden sich achtmal ± 0 und achtmal ∓ 0 und damit insgesamt sechzehn Werte. Die sechzehnmal Plus und die sechzehnmal Minus in der Null, jeweils links und jeweils rechts in unserem System vorhanden, treffen sich somit in achtmal ± 0 und achtmal ∓ 0 und damit ebenfalls in der Mitte, wo innerhalb der achtmal ± 0 und achtmal ∓ 0 gleichfalls jeweils sechzehnmal Plus und jeweils sechzehnmal Minus existieren müssen, die mit dem gegenläufigen Kreislauf zusammen nochmals zweiunddreißig ergeben. Daraus folgt, dass das übergeordnete System gleich dem untergeordneten System entspricht, da 32 = 32 = 32 ist und in der Quersumme jeweils die Zahl Fünf (= den Systemwert 5) ergibt, ergo 5 = 5 = 5, denn es handelt sich um einen dreidimensionalen Raum, der dadurch beschrieben wird.

Nehmen wir die gegenläufigen Kreisläufe für die jeweils zweiunddreißig Werte mit dazu, erhalten wir vierundsechzig im Ergebnis für jeden Kreislauf. Daraus folgt, dass wir links, in der Mitte und rechts davon jedes Mal den numerischen Wert Vierundsechzig stehen haben. Daraus folgt, dass jetzt 64 = 64 = 64 gilt. Wenn wir diese Vierundsechzig in der Quersumme betrachten, ergibt sich, dass 1 = 1 = 1 gilt, da 6 + 4 = 10 ist und 1 + 0 = 1 im Ergebnis lautet. Die Theorie von Stephen Hawking, dass alles 1 ist, ist also richtig.

Da sich eine Zehn ergibt, bevor wir zur numerischen Eins gelangen, müssen die Systemwerte Fünf und Zehn eine besondere Bedeutung besitzen und das erfahren wir im Laufe dieses Buches, dass es so ist. Diese Systemwerte sind direkt im numerischen System Mensch verankert. Wir merken uns also die Zahlen Fünf und Zehn für einen späteren Zeitpunkt.

Fassen wir unsere zweiunddreißig Werte wieder zusammen, ergeben sich achtmal ± 0 und achtmal ∓ 0 für beide gegenläufigen Kreisläufe links und rechts der Null. Da ± 0 und ∓ 0 systemorientiert zusammengehören, heben sich bei Addition die Vorzeichen auf und man erhält achtmal Null. Diese achtmal Null stehen für das übergeordnete System. In der Mitte haben wir achtmal ± 0 und achtmal ∓ 0 erhalten, die bei Addition ebenfalls zu einer Null führen. Das heißt, wir haben es im konkreten Fall mit dem untergeordneten System zu tun. Insgesamt haben wir damit achtmal Null erhalten, die über einer einzigen in der Mitte stehen, und zwar immer, da Systeme nicht losgelöst voneinander existieren können. Die systemische Verbindung ist in diesem Fall über dem Systemwert Null errichtet. Da sich unsere achtmal Null aus zweimal viermal Null zusammensetzt, betrachten wir im ersten Anlauf viermal Null über einer und damit nur den hälftigen Kreislauf.

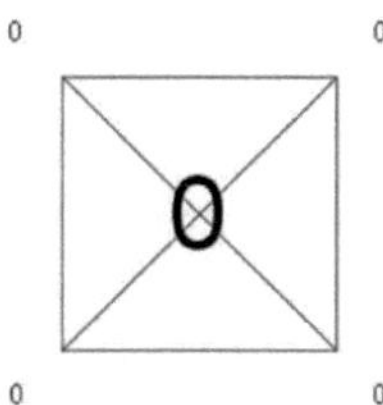

Wir haben eine Seitenfläche erhalten, wo viermal Null über einer steht. Da wir bei dieser Betrachtung die Hälfte weggelassen haben, findet sich auf der gegenüberliegenden Seite exakt dieselbe Konstellation wieder. Wir erhalten damit das obige Bild zweimal und zwar genau gegenüberliegend, welche in der Mitte über der einen dort existierenden Null miteinander verbunden sind. Da wir der Auf-und-Abwärtsbewegung innerhalb unserer Wippe gefolgt sind, haben wir hier die Höhe aus einer rein systemischen Perspektive erhalten, die in einem systemischen Gleichgewicht ebenfalls zu dieser auf der gegenüberliegenden Seite führt. Daraus ergibt sich, dass die Höhe auf der einen Seite der Höhe auf der anderen gegenübersteht und dieser entspricht. Fehlen uns noch Länge und Breite. Wir machen es kurz, die Logik dahinter ist damit identisch. Da sich die Höhe in einem Raum vollständig über dessen Breite und dessen Länge hinwegbewegt und somit einer untergeordneten beziehungsweise übergeordneten Fläche folgt, ergibt sich ein Würfel. Daraus ergibt sich zwangsläufig, dass Höhe gleich Breite gleich Länge ist. Das passt, denn wir hatten acht systemische Nullen über einer und diese befinden sich damit in den acht Ecken unseres Würfels. Damit sehen wir uns diesen an.

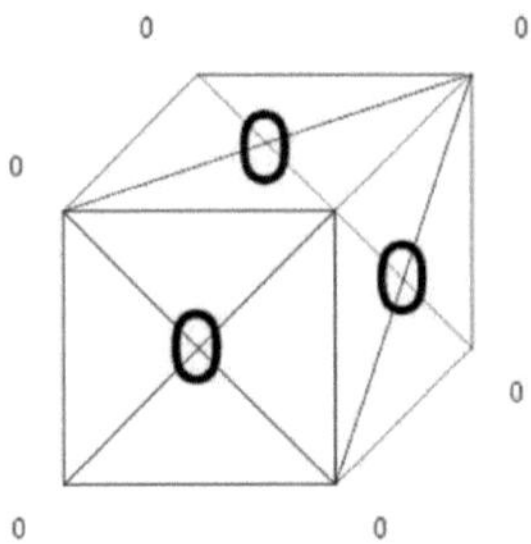

Aus Übersichtlichkeitsgründen haben wir nicht alle Nullen eingezeichnet, sondern nur sechs in den Randpositionen. Wir haben insgesamt sechsmal Null in den Seitenflächen, ihrer sechs, in der Mitte erhalten und drei davon sind grafisch dargestellt. Daraus folgt, dass achtmal Null in den Eckpunkten und sechsmal Null in den Seitenflächen über Länge, Breite, Höhe und vier Diagonalen den Systemwert Vierzehn ergeben. Es existieren damit insgesamt vierzehnmal Null im System Würfel, die zu der einen in der Mitte von diesem führen. Wenn man durch unsere vierzehn Nullen die dazugehörigen Geraden legt, die zu der einen in der Mitte führen, erhält man nachstehendes Bild.

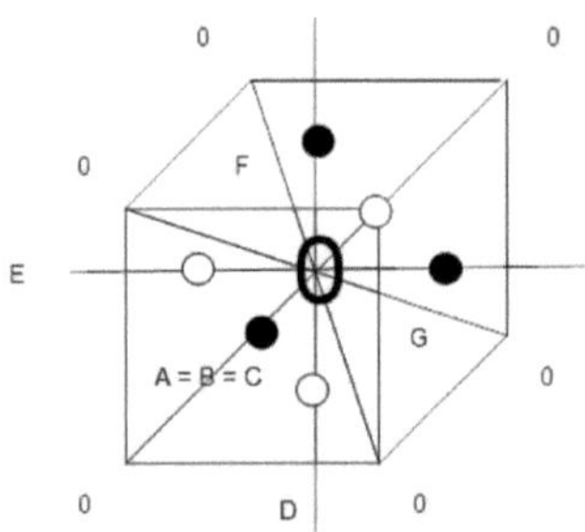

Wir haben innerhalb des Würfels sieben Führungsachsen, die mit A bis G gekennzeichnet sind, erhalten. Es gibt vier Diagonalen sowie Länge, Breite und Höhe, die zusammen sieben Systemkomponenten ergeben, welche über vierzehnmal Null im System verankert sind. Die Zahl Sieben merken wir uns für später, da sie von grundlegender Bedeutung für das System Mensch ist. Sie steht innerhalb diesem für eine systemische Verbindung, welche größenseitig nicht vorstellbar und mittels der üblichen Plausibilitätsannahmen schwer zu erklären ist. Doch vorab sehen wir uns an, was wir im Einzelnen erhalten haben:

1. Für A = B = C stehen zwei Diagonalen sowie eine Horizontale, die von vorn nach hinten, von unten nach oben, von links nach rechts und vice versa durch unseren Würfel verlaufen. Die erste Diagonale führt von vorn, unten, links nach hinten, rechts, oben und die andere von vorn, rechts, oben nach hinten, links, unten und gleichfalls in die gegenläufige Richtung. Die Horizontale bewegt sich durch die Mitte der Vorderseite unseres Würfels mit schwarzem Punkt gekennzeichnet und durch den weißen Punkt auf der Rückseite, ergo in beide Richtungen. Wir hatten diese Gerade im Vorfeld als mathematische Breite definiert und beschrieben.

2. Des Weiteren gibt es eine Diagonale, die von vorn, rechts, unten nach hinten, links, oben läuft und wieder zurück als auch eine, die von vorn, links, oben nach hinten, rechts, unten und in beide Richtungen verläuft.

3. Unsere Länge ergibt sich durch die Waagerechte, die rechts durch den schwarzen Punkt geht und links in dem weißen endet. Diese Bewegung unterliegt ebenfalls der gegenläufigen.

4. Die Höhe steht für die Senkrechte, die durch den schwarzen Punkt in der Decke und den weißen im Boden bestimmt ist und umgedreht.

5. Bedingt durch die grafische Darstellung wurden schwarze und weiße Punkte verwandt. Die Farbe steht stellvertretend dafür, welche man davon sehen kann und welche nicht.

Im Ergebnis haben wir sieben Führungsachsen erhalten, die den Raum und damit den Würfel definieren. Jede Führungsachse wird durch die Null in der Mitte halbiert. Wir erhalten dadurch insgesamt sechs Geraden und acht Diagonalen, die zur Null führen beziehungsweise von dieser weg, da ein Systemkreislauf vorausgesetzt worden ist. Der Systemwert lautet damit Fünf und ergibt sich aus der Quersumme von Vierzehn, da 6 + 8 = 14 ist.

Man erhält insgesamt vierzehn Nullpunkte, die in einer Null enden und simplifiziert vierzehn Geraden, die ebenfalls zu dieser führen. Die vierzehn Geraden stehen für einen gegenläufigen Kreislauf, der sich durch die Trennung der Null aus sieben Geraden ergeben hat und das merken wir uns erneut, denn die Zahl Sieben hatten wir bereits.

Jetzt wissen wir, dass egal um welchen Raum es sich handelt, der Faktor Zeit eine Rolle spielt. Denken wir dabei an unsere Erde, die sich fleißig um unsere Sonne bewegt, erkennen wir sofort, dass für die Position unserer Erde zur Sonne Zeit maßgeblich ist. Da alles Eins ist, gilt das in Zeit und Raum für unseren Würfel auch. Die systemische Gleichung lautet damit, dass

Zeit + Raum = 1 ist, wobei die 1 innerhalb dieser für Bewegung steht.

Daraus folgt, dass unser Würfel sich in einer Kugel befindet. Warum? Wenn Höhe, Breite und Länge über einem Zentrum und damit über unserer Null in der Mitte in der Zeitachse sich um diese beziehungsweise um dieses bewegen, ergibt sich geometrisch gesehen eine Kugel. Diese Kugel und unser Würfel müssen damit über die acht Eckpunkte unseres Würfels, die den Systemwert Null tragen und acht korrespondierenden Punkten auf der Mantelfläche unserer Kugel verbunden sein. Diese acht Punkte auf der Mantelfläche unserer Kugel besitzen damit ebenfalls den Systemwert Null, sonst funktioniert das nicht. Das heißt, dass das Kugelvolumen durch die Bewegung des Würfels erreicht wird. Da eine systemische Verbindung zwischen diesen vorliegt, kann es sich nur um Energiepunkte innerhalb unseres Systems handeln. Sehen wir uns eine Grafik an, die das für eine Seite unseres Würfels zum Ausdruck bringt.

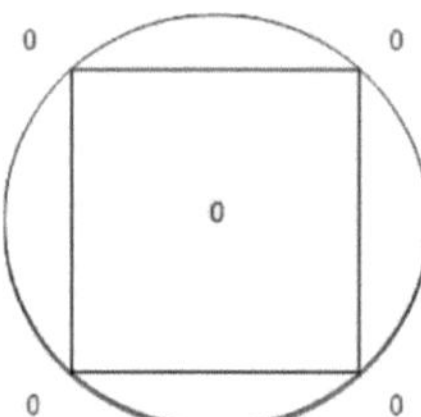

So sehen alle Seiten unseres Würfels aus, egal ob es sich um Breite, Länge oder Höhe handelt, wenn die Kugel darüberliegt und zwischen Würfel und Kugel acht gemeinsame Berührungspunkte existieren. Damit ist unser Würfel, wenn man den Faktor Zeit miteinbeziehen will, nichts anderes als eine Kugel, da sich in diesem Fall der Würfel über alle drei Achsen bewegt, nämlich über Breite, Länge, Höhe mit der Null im Zentrum. Die Bewegung zwischen Kugel und Würfel erfolgt damit gleichgerichtet. Die Diagonalen sind für die Bewegung nicht essenziell, da drei Bewegungsachsen in einem Raum über Breite, Länge und Höhe definiert völlig ausreichend sind. Wenn diese sich bewegen, unterliegt der Rest ebenfalls einer Bewegung und diese erfolgt immer adäquat und damit zeitgleich. Was unter numerisch zu verstehen ist, wird im Laufe dieses Buches geklärt.

Wenn wir in diesem Zusammenhang unsere Erde betrachten, heißt das, dass das System Erde über einem Würfel installiert ist, der mit der darüberliegenden Kugel, die man Erdkruste nennt, über acht Energiepunkte, die über der Null definiert sind und es sind acht, verbunden ist. Die Kugelform, die man wahrnimmt, ist damit der Tatsache geschuldet, dass es sich bei unserer Erde um Materie handelt. Könnte man an den Rand unseres Sonnensystems gehen, würde man feststellen, dass der Unterschied zum System Erde nur darin bestehen kann, dass es sich dort um Antimaterie handeln muss. Sie ist also für uns nicht sichtbar. Das, was man höchstens wahrnehmen kann, ist eine Anhäufung von Asteroiden in diesem Raum, da in einem systemischen Gleichgewicht Materie + Antimaterie prinzipiell gleich plus Eins beziehungsweise minus Eins ist und in der Mitte und damit einem Gleichgewicht zur systemischen Null führen muss. Daraus folgt, dass Plus + Minus = (+ 1) + (- 1) = Null ist und im Gegenkreislauf Minus + Plus = (- 1) + (+ 1) = Null gilt. Es wirkt in irgendeiner Form eine elektromagnetische Kraft, da die Gleichung in diesem konkreten Fall Materie + Kraft = 1 lautet, die zu Antimaterie führt. Daraus folgt, da Materie + Kraft immer in Energie endet, Antimaterie in ganz vereinfachter Form nichts anderes als Energie ist.

Und jetzt erklären wir uns gegenseitig, was wir die ganze Zeit betrachtet haben. Wir haben uns anhand von unserer Wippe verdeutlicht, wie das Sonnensystem aufgebaut sein muss. Das Sonnensystem besteht numerisch, also zahlenmäßig, wenn man so will, ausschließlich aus Nullen und Einsen, die über Materie und Antimaterie zu Raum und Zeit führen und über Energie und damit mittels einer physikalischen Kraft, systemisch betrachtet, miteinander verbunden sind. Wir haben bewusst Raum vorangestellt, denn bevor generell Bewegung entstehen kann und damit Zeit, muss dieser Raum erst einmal überhaupt existieren. Keine Frage, wenn die Rudimente eines Raumes vorhanden sind, existiert auch Zeit. Die Prozesse dahinter, die wir üblicherweise dem Begriff der Entstehung zuordnen beziehungsweise volkstümlich formuliert einen Startschuss nennen können, sind damit notwendig.

Daraus ergibt sich, dass wir bei der wissenschaftlichen Erklärung für die Entstehung unseres Kosmos die Hälfte vergessen haben. Prinzipiell gehen wir von einem Urknall aus, der ausschließlich einem expansiven Prozess folgt, aber das ist einfach nur falsch. Wir sehen, dass diese Erklärung noch nicht vollständig sein kann, da die Bedingungen für ein systemisches Gleichgewicht auch hier gelten müssen. Daraus folgt, dass der Expansion ein gegenläufiger Kreislauf und damit ein komplementärer gegenüberstehen muss. Diesen nennt man Kontraktion und er beinhaltet genau das Gegenteil einer Expansion. Daraus folgt, dass die Errichtung unseres Universums in einem ersten Anlauf einer expansiven Strategie gefolgt ist und in einem zweiten einer komprimierenden und somit verdichtenden. Daraus folgt weiterhin, dass alle zu diesem Zeitpunkt errichteten und die in diesem Raum bereits enthaltenen Systeme einschließlich der Vielzahl an Sonnensystemen, die in diesem Raum, den man beispielsweise Universum nennt, ihre Geburtsstunde im Nachgang der Entstehung des universellen Raumes hatten und zeitlich gesehen danach errichtet worden sind. Es folgt die Systemgleichung, dass

Expansion + Kontraktion = 1 ist und die Eins für Geburt steht.

In diesem Fall handelt es sich um eine Systemgleichung, die das Thema Geburt eines Universums beispielsweise zum Inhalt hat. Warum ist das so? Weil sämtliche und damit korrelierenden Systemkomponenten einschließlich uns selbst über einem systemischen Gleichgewicht etabliert sind. Das heißt, die Regeln, die dort existieren, gelten zwingend auch für uns und damit ist der Mensch ein System, welches künstlich innerhalb dieses riesengroßen Gefüges erschaffen worden ist.

Und dieses riesengroße Geflecht, welches wir eh noch nicht überschauen, nennen wir folgerichtig Universum, Galaxie oder Eon, wobei Letzteres die höchste Stufe darstellt. Dort geht es konsequenterweise in irgendeiner Form weiter, aber der Raum, den wir zum jetzigen Zeitpunkt bereits erhalten haben, ist riesig und es wird seine Zeit brauchen, um überhaupt diesen Sachverhalt zu verstehen.

Wir haben diesen Exkurs vollzogen, damit man realisieren kann, wie unbedeutend das System Mensch vergleichsweise ist. Insbesondere dann, wenn es die grundlegenden Regeln in einem System, die gegeben sind, wissentlich und vorsätzlich ignoriert. Der Mensch ist damit nicht natürlichen Ursprungs, sondern künstlicher Natur. Wenn wir es richtig formulieren wollen, ist der Mensch eine systemische Einheit, die über einem biologischen Grundkonstrukt errichtet worden ist. Mehr sind wir nicht. Nichts anderes als eine systemische Einheit, die sich allen Regeln widersetzt. Und genau dafür wird man die Quittung erhalten, wenn man nicht bereit ist, umzudenken. Es handelt sich nicht um eine Fiktion, sondern um das, was es ist. Einen primär über Zahlen definierten Prozess, der uns in irgendeiner Form bestimmt.

Wenn wir ein praktisches Beispiel bevorzugen, dann denken wir in vereinfachter Form an den Begriff Zeugung. Das Embryo ist im Mutterleib und wächst und gedeiht. Der expansive Prozess verbirgt sich in der Entstehung begrenzt durch die im Anschluss entstehende Größe des Mutterleibes, ergo den uns wohlbekannten Babybauch. Im Nachgang dem der Kontraktion, was in diesem entsteht. Damit das Baby selbst, welches in seinem Wachstum einem expansiven wiederum folgt. Es sind auch in diesem Zusammenhang gegenläufige Kreisläufe systemischer Natur, egal wie wir das Ding auch drehen. Letzterer Prozess, der der Kontraktion, ist ausschließlich nach innen gerichtet unter der Voraussetzung, dass der übergeordnete Raum existiert, in unserem Fall der Babybauch.

Diese Logik steht auch stellvertretend für die Entstehung des Universums, wie wir bereits erfahren haben. Erst der Raum, dann die Details und zwar immer nach innen gerichtet in der Zeitachse und erst dann einer expansiven Strategie folgend, die diesen wiederum in einem gegenläufigen Kreislauf ausdehnt. Beide Prozesse sind ihrem Wesen nach somit identisch. Daraus folgt, dass Expansion + Kontraktion = 1 ist und unsere Eins zu dem Begriff Geburt führt. Es ist damit ein und derselbe Prozess seiner Logik nach.

In der Einführung wurde dieser Sachverhalt bereits erwähnt und jetzt haben wir mehr oder weniger den Beweis dafür. Das anzunehmen wird uns selbstverständlich Schwierigkeiten bereiten, aber dieses Buch wird genügend Lösungen liefern, um in dieser Annahme bestärkt zu sein. Und damit unterliegt die Existenz der Menschheit grundlegenden Regeln. Diese sind über das übergeordnete System für jeden von uns definiert. Daraus folgt unter anderem, dass jedwede Verfehlung in einem systemischen Gleichgewicht bedingt durch den Gegenkreislauf auch dem Urteil aus den übergeordneten Systemen unterliegt. Was wir an Gleichgewichtsstörungen in dieser, unserer Welt verursacht haben, führt zu einer kausal bedingten Gegenreaktion auf der Gegenseite in einem allumfassenden System. Es gilt, dass Ursache + Wirkung = 1 ist. Dieses Ergebnis ist seinem Wesen nach ein systemisches Urteil, welches wir im untergeordneten auslösen und dem das übergeordnete logisch folgt, da übergeordnetes System + untergeordnetes System = 1 ist. Die systemrelevante Gleichung, die uns diesbezüglich noch nicht bewusst ist, lautet, dass Klage + Beweis = 1 ist. Die Eins ergibt ein Urteil. Es wird vergleichsweise wie in einem Gerichtsverfahren juristischer Natur zu einem Tatbestand ein Urteil festlegt. Dieser Prozess resultiert aus einem realen Ungleichgewicht, welches vom übergeordneten System erkannt und bewertet wird. Die Details finden zu keiner Zeit losgelöst voneinander statt, da es immer auch eine systemische Verbindung von unserem Sonnensystem zu anderen Systemen in einem allumfassenden System gibt.

Das gilt übrigens auch für das Dilemma innerhalb der Partnerwahl, welches wir erzeugt haben, denn in einem systemisch bedingten Gleichgewicht existiert die Beziehung Mann Mann beziehungsweise Frau Frau zum Beispiel nicht, auch wenn wir davon überzeugt sind, dass dies so richtig ist. Die Systemgleichung lautet auch hier, dass das

übergeordnete System + das untergeordnete System = 1 ist.

Regeln sind auch dort vorhanden. Daraus folgt, dass die im übergeordneten System existierenden Gesetzmäßigkeiten prinzipiell auch für das untergeordnete gelten und damit für uns, da das System Mensch ein untergeordnetes ist, auch wenn man glaubt, dass man Gott in persona ist.

Doch das akzeptieren wir natürlich nicht und damit ist die Existenz der Menschheit grundlegend begrenzter Natur und in einem Höchstmaß gefährdet, da wir die elementaren Regeln, die für uns gelten, nicht zu honorieren und zu würdigen wissen. Die Ergebnisse können wir überall sehen, sei es in unserer Umwelt, in unserer Tierwelt als auch zwischen und unter uns selbst. Aber das waren wir selbst, was uns dahingeführt hat und diesem mittlerweile verheerenden Szenario weltweit gegenüberstehen lässt. Eine Ausrede finden wir immer, da uns das Elend anderer am heimatlichen Bildschirm nicht berührt, zumindest nicht in ausreichender Form. Es ist weit weg und wir halten das für Normalität und empfinden damit diese Missstände als zu uns dazugehörig und vor allem unabänderbar. Es wird schon irgendwie gehen, aber das tut es defintiv nicht, denn die grundlegenden Dinge sind immer endlicher Natur. Die absurde Einstellung, solang es jemand anderen betrifft, hilft uns an dieser Stelle nicht weiter.

Stephen Hawking hatte uns gewarnt wie viele andere auch und die These aufgestellt, dass Dummheit und Ignoranz die Menschheit im Höchstfall noch höchstens 100 Jahre existieren lässt. Wir nehmen etwas vorweg, denn es sind nur 46 Jahre einschließlich 2020 und die ersten 2,75 Milliarden von uns werden das System bis Ende 2029 verlassen haben müssen, wenn wir jetzt nicht etwas tun, was in die richtige Richtung geht. Die Systemgleichung Energie + Materie = Kraft wird in diesem konkreten Fall dauerhaft auf einen negativen Wert gesetzt und der Wert im System minus Eins angenommen. Wir werden es im Laufe dieser Arbeit zwangsläufig verstehen, warum das systembedingt so ist. Daraus folgt unter anderem, dass diese eine Systemgleichung auch für uns gilt, und zwar immer. Warum ist diese Lage mehr als bescheiden? Weil wir zu keiner Zeit bereit sind, dass übergeordnete System als solches zu akzeptieren, obwohl es unser aller Existenz besichert. Wir sind also sehr undankbar für dieses, unser Leben, weil wir die Dinge einfach nicht verstehen wollen.

Dabei scheint uns Vernunft und Liebe bei der Gestaltung und Auslegung von Leben abhandengekommen zu sein, insbesondere des unsrigen und somit des eigenen. Nachkaufen im Supermarkt funktioniert in diesem Fall nicht, denn es wird dort nicht erhältlich sein. Wir werden am Ende dieses Buches verstanden haben, was damit gemeint beziehungsweise darunter zu verstehen ist und die sich daraus ergebende Situation ist von uns allen mehr als ernst zu nehmen und mehr als bedenklich; mehr als wir erahnen.

Wir nehmen vorweg und es wurde bereits angesprochen, dass die Lösung im System Mensch, welche über einem Gleichgewicht errichtet ist, nicht auf eine gleichgeschlechtliche Beziehung abstellt, die in der Realität oftmals existiert. Es ist vielmehr eine Fehlinterpretation, der man diesbezüglich unterliegt und damit falsch verstandene Freiheit in einem System. Allgemein akzeptiert und praktiziert, die unwissentlich von der Menschheit vollzogen und gelebt wird. Warum müssen wir das so direkt ansprechen? Es betrifft am Ende unsere Kinder, unsere Enkel und unsere Urenkel und diese sind völlig unbeteiligt an diesem Prozess, nur am Ende die zu bedauernden Leidtragenden, da es sich auch in diesem Fall um eine Verschiebung des systemischen Gleichgewichts handelt, die so nicht existieren sollte. Die kausal zugrundeliegende Information, die dies dramatisch nach sich zieht, kommt bei diesen jedoch unweigerlich in irgendeiner Form an.

Warum? Wie wir wissen, Energie kann nicht aufhören zu existieren. Daraus folgt, dass Information, die einem physikalischen Zusammenhang logisch folgt, ebenfalls in Energie endet. Information ist damit innerhalb unseres Familienstammbaums immer gegeben und damit auch auf ein systemisches Gleichgewicht innerhalb von diesem angewiesen. Negative Ergebnisse, die diesbezüglich zu verzeichnen sind, gipfeln zum Beispiel in Krankheit, Unfall oder Tod. Daraus folgt, dass die korrespondierenden Fehlurteile und psychologischen Ereignisse immer der Vergangenheit unterliegen und sich ohne jedweden Zweifel hegend bis in die Gegenwart, das sogenannte Hier und Jetzt ziehen. Das heißt, wir befinden uns beispielhaft in einer Beziehung und haben das Bild des Vorgängers beziehungsweise der Vorgängerin immer noch im Kopf, im Zweifelsfall heben wir es gegenständlich sogar auf. Doch mit vergangenheitsbezogenem und psychologisch bedingtem Ballast kann man nicht zu der Lösung im Leben finden. Dieser hat in der Gegenwart nichts verloren, da es Vergangenheit ist. Und weil das so ist, geraten wir zum Beispiel bei der Partnerwahl im Leben regelmäßig immer wieder an den Falschen oder an die Falsche.

Wir kommen in diesem Leben vergleichsweise mit einer Unzahl an psychologisch manifestierten Ereignissen innerhalb unseres Familienstammbaums und einer Unmenge an Altlasten aus den Geschehnissen innerhalb vorangegangener Generationen und übergreifenden Ereignissen an, die es uns unmöglich machen, eine richtige Entscheidung diesbezüglich zu fällen. Es sind die Ereignisse innerhalb unseres Familienstammbaums und des gesellschaftlichen Umfeldes, die man in der Wissenschaft als Trauma oder Traumata bezeichnet und zu einer konkreten Form von psychologischem Verlust oder psychologischer Verletztheit führen. Denken wir diesbezüglich an den 1-ten oder 2-ten Weltkrieg, sind genügend schlimme Dinge passiert, die uns heute immer noch psychisch belasten und verfolgen. Das kann innerhalb des Systems Mensch nicht funktionieren und das macht es auch im Ergebnis nicht. Diesen Sachverhalt sollten wir uns vielleicht einfach mal merken und endlich respektieren. Der Mensch ist nicht in der Lage, sich losgelöst von allem frei zu bewegen. Er muss damit untergehen, wenn er die Kausalität innerhalb eines existierenden Systems, welches uns definiert, nicht akzeptiert. Wir haben damit systemische Verwerfungen zum Leben erweckt und erzeugt, die zu ernsthaften Konsequenzen führen. Nur weil uns diese noch nicht bewusst sind, bleiben sie dennoch verheerend und real.

Bisexualität steht übrigens nicht für den Begriff der Sexualität, sondern für eine systemische Form im Umgang zwischen Mann und Frau. Diese definiert damit eine Ebene des sich gegenseitigen Verstehens, die in dem Begriff Zusammenarbeit gipfelt. Egal ob es sich dabei um Arbeit im wörtlichen Sinn handelt oder diese der gemeinsamen Freizeitgestaltung bis zu Ruhephasen unterliegt, denn Letztere gehören auch dazu. Es gehört auch diesbezüglich alles in irgendeiner Form zusammen und kann nicht losgelöst voneinander betrachtet werden. Man unterliegt damit auch dieses Thema betreffend einem generellen Missverständnis.

Was sollten wir daraus lernen? Auch wenn wir die Dinge frei interpretieren, Regeln bestehen immer und die haben nicht wir gemacht. Dafür ist der Mensch einfach mal zu klein, auch wenn er sich für riesig und unüberwindbar hält. Es gibt zum Beispiel einen kausalen Zusammenhang psychologischer Natur zwischen dem Corona-Virus und uns, der Menschheit, der sich nicht nur auf ein schulmedizinisches Problem reduzieren lässt, sondern etwas ganz anderes in sich birgt, was wir als Angriff auf das System Mensch interpretieren können. Hätte die Schulmedizin diagnostisch auf die Psyche des Systems Mensch hin ihre Betrachtung erweitert, würde man längstens festgestellt haben, wen das Virus eigentlich unter uns und ganz konkret attackiert. Warum? Zufall gibt es nicht und damit schon gar nicht, dass es den liebevollen und gänzlich seiner Wirkung nach nicht nachvollziehbaren Namen Herz in der Übersetzung trägt. Es hat also alles seinen Grund, nur diesen hinterfragen wir in der Regel nicht.

Und damit geht es weiter und wir nehmen jetzt etwas vorweg, denn das System Mensch definiert sich über einen systemischen Gleichgewichtswert und damit eine Verbindung, die in ihrer Gesamtheit zu einem elektromagnetischen Feld führt, denn unser Mond driftet nicht ohne Grund 3,75 Kilometer jedes Jahr von uns ab. Da das so ist, hat man offensichtlich auch dabei etwas verwechselt.

Daraus folgt, dass unsere Annahmen über offene, geschlossene und halboffene Systeme logisch nicht richtig sind. Offene stehen aus unserer Perspektive immer dafür, dass wir die existierende Systemgrenze nicht erkannt haben. Das Konstrukt ist zum Beispiel zu groß, wie das bei unserem Universum der Fall ist. Geschlossene unterstellt man, wenn man die Außenwirkung eines Systems wie bei unserem Motor vernachlässigen kann. Wir hatten gemeinsam festgestellt, dass eine Beziehung zur Umwelt immer besteht und diese sich wechselseitig bedingen. Daraus ergibt sich, dass nur halboffene Systeme existieren und geschlossene beziehungsweise offene zu Erklärungszwecken dienen sollten. Es ist somit alles in irgendeiner Form miteinander und untereinander logisch verbunden, was im Ergebnis somit nach sich zieht, dass die Systemgleichung

Ursache + Wirkung = 1 und die Eins steht für ein Ergebnis

überall zutrifft und damit Gesetz ist. Es steht damit die prinzipielle Frage, ob die Menschheit überhaupt existieren will oder auch nicht. Kämpfen tut sie dafür jedenfalls nicht, sondern eher für das Gegenteil.

Der älteste Auftrag der Menschheit ist: "Erkenne dich selbst!" Warum? Erst in der richtigen systemischen Ein- und Zuordnung von Mensch zu Mensch kann ein Mensch glücklich sein. Es ist ein Ergebnis, welches in einem systemischen Gleichgewicht erreicht werden kann und für uns vorgesehen ist. Wie wir diesen Begriff handhaben, steht dem entgegen. Das hat mit Glück nichts zu tun, auch wenn man davon überzeugt ist, dass wir das so nennen dürfen und glauben zu erleben. Augenblickswerte des Glücks liefern kein hinreichendes Ergebnis, sondern vielmehr die Bestätigung, dass wir Lichtjahre weit davon entfernt sind. Glück ist beständig und gilt immer für alle Zeit. Es ist ein systemisches Kontinuum in einem ewigen Gleichgewicht wie vergleichsweise eine Konstante. In einer systemischen Gleichgewichtssituation nennen wir das Ergebnis übrigens den Himmel auf Erden oder in Kurzform das Paradies.

Warum ist das so richtig, wie es hier steht? Eigentlich ist es selbsterklärend, aber wir denken die Dinge nie zu Ende und kommen damit zwangsläufig immer zum falschen Ergebnis. Wenn etwas klaren Regeln und Strukturen unterliegt, dann resultieren daraus Gesetze, die es einzuhalten gilt. Gesetze, auch wenn uns der Begriff einer Vorschrift übel aufstößt, existieren somit nicht zufällig, denn Zufall gibt es nicht. Diesen Satz wird es noch öfter geben müssen, bis er uns in Fleisch und Blut übergegangen ist.

Immer wenn etwas Regeln unterliegt und damit Gesetzmäßigkeiten folgt, handelt es sich um eine Routine. Eine immer wiederkehrende Abfolge von Bedingungen, die einem Systemwert zugeordnet wird und ein Ergebnis liefert. Damit ist es ein Prozess, den man auch ein Programm nennen kann. Eine Routine steht immer für eine Folge innerhalb eines Prozesses, die wie wir bereits wissen, den numerischen Werten Null und Eins folgt. Es handelt sich also um ein Programm und damit eine Art Software, die die Hardware steuert wie vergleichsweise unser Sonnensystem oder das System Mensch selbst.

Und damit wir es akzeptieren können, machen wir unser Büchlein erst einmal zu. Wir schließen den Buchdeckel und öffnen diesen irgendwann wieder. Das wiederholen wir so oft, bis wir verstanden haben, dass es sich um eine Routine handelt, die in uns programmiert ist, selbst was das Buchdeckel öffnen und schließen anbelangt. Und das dieses Programm uns nichts Böses will, wissen wir. Wir müssen es nur akzeptieren, dass es so ist. Was steht im Ergebnis? Der Mensch ist eine Systemeinheit und das haben wir jetzt hoffentlich verstanden.

Damit muss die Menschheit nicht klären, wer Gott ist, denn das ist in den unterschiedlichen Glaubenslehren hinreichend verankert, sondern was. Die richtige Frage lautet somit: "Was ist Gott?" Einen ersten Hinweis hatten wir in der Einführung bereits erhalten und dieser führte zu generic operating time table. Gehen wir einfach ganz ehrlich miteinander um, so an den Haaren herbeigezogen klingt das gar nicht. Wir kommen der Sache also irgendwie näher, auch wenn wir noch nicht alles bedingungslos annehmen können. Aber darum geht es ja auch nicht, denn wir wollen gemeinsam nur eine Basis schaffen, auf der wir aufbauen können.

Kommen wir jedoch zurück zu unserem Thema und machen dort weiter, wo wir stehengeblieben sind. Wollten wir uns diesen Zusammenhang anderweitig veranschaulichen, können wir auf nachstehende Gleichung abstellen, dass

Zeit + Raum = Raum + Zeit = 1 ist

und unsere Eins steht für Dynamik und damit Bewegung. Daraus ergibt sich, dass Zeit und Raum zusammen noch für etwas anderes stehen müssen, damit zum Beispiel unser Sonnensystem überhaupt erst entstehen konnte. Daraus folgt, dass ohne Materie, denn diese steht für den Inhalt und die Abgrenzung von Raum und damit auch Zeit, nichts passieren kann. Wenn wir die einzelnen Bestandteile auf das reduzieren, was sie sind, ergibt sich, dass

1. Nullen und Einsen in unserem System für den Informationsfluss stehen, den wir übergreifend als Energie bezeichnen,

2. Materie und Antimaterie für die Stofflichkeit verantwortlich sind und damit kurz Materie und

3. Zeit und Raum dafür steht, wann und wo 1. und 2. aufeinandertreffen. Damit handelt es sich um die physikalische Kraft, die zwischen diesen wirkt und für eine entsprechende Verbindung sorgt.

Wenn wir das bereit sind zu akzeptieren, dann können wir die systemischen Gleichungen aufstellen, die uns diesen Zusammenhang verdeutlichen.

1. Materie + Energie = 1. Die Eins steht für Kraft.

2. Energie + Kraft = 1. Die Eins führt zu Materie.

3. Kraft + Materie = 1, die damit in Energie endet.

4. Daraus folgt, dass Materie + Energie + Kraft ebenfalls zur Eins in einem systemischen Gleichgewicht führen müssen. Die Eins im Ergebnis steht zum Beispiel damit stellvertretend für Berg, Baum, Mensch, Tier und so weiter. Diese liefert eine Lösung innerhalb eines Systems, welches somit klaren Regeln und eindeutig definierten Strukturen folgt. Warum ist das so? Zufall gibt es nicht!

Verdeutlichen wir uns diese Zusammenhänge aus 1. bis 3. anhand von Beispielen aus der Praxis, die wir kennen.

zu 1. Zwei Autos rasen ineinander. Im Ergebnis sind beide Autos verformt. Es hat von beiden Seiten eine Kraft auf diese gewirkt, sonst wären sie nicht verformt. Die Materie zweier Autos führt zu Energie, die eine Kraft freisetzt.

zu 2. Ein Artist verbiegt demonstrativ ein Metallrohr. Er transformiert seine Energie in Kraft, die zu einer Veränderung der Materie führt. Das Metallrohr ist verbogen.

zu 3. Es werden zwei Feuersteine aneinandergerieben, die zu Funken führen. Damit wirkt Kraft auf Materie, die zu Energie führt.

Der Vollständigkeit halber müssen wir erwähnen, dass die Gegenkreisläufe existieren. Daraus ergibt sich, dass die drei Gleichungen so noch nicht ganz richtig sind. Wir korrigieren damit die rechte Seite und setzen für die Eins eine Null. Diese drei Systemkomponenten zuzüglich Zeit und Raum sind maßgeblich in unserem Sonnensystem, damit irgendetwas passiert. Wir haben insgesamt fünf Systemkomponenten erhalten, die unter Hinzunahme des Gegenkreislaufes zur Zahl Zehn führen. Da sich unsere fünf Systemkomponenten ebenfalls über Plus und Minus als auch im Gegenkreislauf über Minus und Plus definieren, erhält man zweimal die Zahl Zehn mit einmal Minus davor und mit einmal Plus. Im Gegenkreislauf genau andersherum und damit haben wir zweimal minus Zehn und zweimal plus Zehn erhalten.

Jetzt wissen wir, dass diese vier Werte ebenfalls zu einem Gleichgewicht führen, welches in der Null endet unter der Voraussetzung, dass jeder Wert genau viermal vorkommt und das haben wir bereits in den vorangegangenen Beispielen bewiesen. Es sollte uns bekannt vorkommen, denn es ist die Logik, die wir unter übergeordnetem System + untergeordnetem System = 1 erhalten haben. Damit man nicht verwirrt wird beziehungsweise gänzlich durcheinanderkommt, setzen wir für alle Systemwerte den mathematischen Betrag. Da unsere Zehn für das untergeordnete System als auch für die systemische Verbindung zum übergeordneten steht, erhalten wir stringent im übergeordneten erneut die Zahl Eins. Mit anderen Worten, die Logik, von der wir alle bestimmt sind und damit das Programm, welches in uns codiert und systemisch verankert ist, lautet in seiner kleinsten numerischen Einheit, dass

1 über 10 und 10 über 1 gilt.

Wir haben rein zahlenorientierte Werte erhalten, die nicht nur im Sonnensystem existieren, sondern auch im System Mensch selbst. Warum? Weil Eon + Galaxie + Universum + Sonnensystem + Sonne + Erde + Mond = 1 ergibt und die Eins steht in diesem Fall für das System Mensch. Wir haben sieben Summanden erhalten, die dem System Mensch numerisch zugeordnet sind. Bevor wir das klären, warum das so ist, definieren wir unser Sonnensystem. Wir sehen uns hierfür stellvertretend die mathematische Länge im System an und die sieht beispielsweise so aus, wenn wir ausschließlich die numerischen Werte Null und Eins verwenden.

```
0                               0
1                               1
0                               0
1                               1
0   1   0   1   0   1   0   1   0
1                               1
0                               0
1                               1
0                               0
```

Wir haben zwölf Nullen und zwölf Einsen erhalten und in der Mitte steht erneut unsere systemische Null, die innerhalb dieser wieder zur Null und zur Eins führt und so weiter und so fort. Wenn wir die Gegenseite mit hinzufügen, erhalten wir jeweils Vierundzwanzig. Ergibt für beide zusammen die Zahl Achtundvierzig. Wir sind offensichtlich von unserer Zehn noch weit entfernt. Stimmt aber nicht, denn wir sind bereits am Ziel. Warum?

Wir hatten definiert, dass das übergeordnete System + das untergeordnete System zur Null führen muss. Da in dieser betragsseitig sowohl eine Null als auch eine Eins steht, fliegen von unseren achtundvierzig Werten zwei raus und man erhält die Zahl Sechsundvierzig. Eine andere Begründung ist, dass die Systemverbindung zwischen untergeordnetem und übergeordnetem System kausal immer nur hälftig zum numerischen Wert Null und Eins dazugehört, da die Gegenseite immer hälftig involviert ist. In der Quersumme erhalten wir die Zahl Zehn, da im Ergebnis 4 + 6 = 10 ist. Daraus folgt, dass wir im übergeordneten System eine Eins stehen haben müssen und im untergeordneten die Zahl Neun, da 1 + 9 gleich 10 ergibt und diese in der Quersumme erneut zur Eins führt. Damit haben wir den numerischen Wert Eins über Neun erhalten und Eins über Eins, wobei letztere Beziehung für die Einbindung in das übergeordnete System von Bedeutung sein muss.

Im Gegenteil und damit im gegenläufigen Kreislauf erhalten wir Neun über Eins. Dieser formale Zusammenhang ergibt sich nicht nur für die Länge, sondern auch für die Breite und die Höhe. Daraus folgt, dass im untergeordneten System der Wert Neun maßgeblich ist und die Eins innerhalb unserer Zehn für die systemische Verbindung zum übergeordneten vorhanden sein muss, wie wir bereits festgestellt haben. Damit erhalten wir einen Würfel, der sich wie folgt grob darstellen lässt.

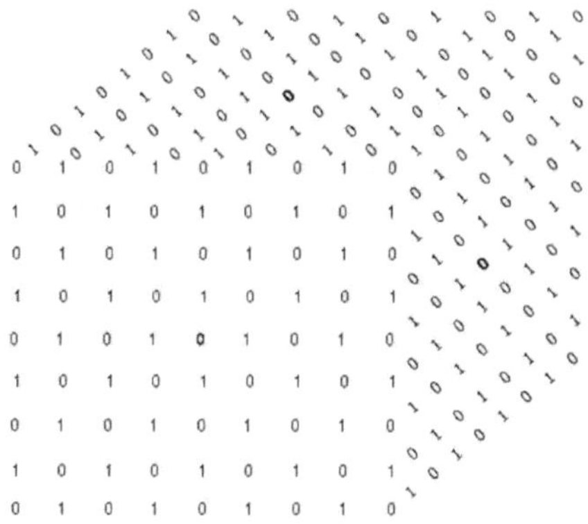

Dieser sieht auf einen ersten Blick krumm und schief aus, aber das hat seine Berechtigung. Wir hatten uns vor Augen gehalten, dass die Werte zwischen dem Betrag von Null und dem Betrag von Eins existieren und für uns immer eine Rolle spielen. Daraus folgt, dass sich diese über die Zeit in irgendeiner Form darum herumbewegen müssen. Daraus folgt weiterhin, dass die Systemwerte sich um ihren jeweils eigenen in der Zeit bewegen müssen, denn es ist unmöglich, dass zum Beispiel eine Null ihren Standort einfach mal so verlässt. Das heißt, diese stehen niemals still und erreichen ihren tatsächlichen Wert nur gelegentlich. Dieses Szenario haben wir mit dem Begriff der Dynamik bezeichnet. Dynamik bedeutet somit, dass Werte rotieren, sich gegenseitig berühren, aber in Zeit und Raum definiert sind, was wir mit einer festgeschriebenen Position innerhalb eines Systems beschreiben können, die einer klar und eindeutig definierten Toleranz unterliegt. Es ist somit das Konstrukt des untergeordneten Systems, ergo da, wo wir auch mit unserer Erde sind und uns um die systemische Null in der Mitte und damit unsere Sonne bewegen. Die Seitenlänge unseres Würfels ist mit der Zahl Neun gegeben und im Zentrum steht von diesem eine Null. Wir erhalten die Neun über der Eins und im Gegenzug die Eins über der Neun. Halten wir fest, was wir bis jetzt erhalten haben und das sind nachstehende und ganz einfach zu formulierende Systemgleichungen, die in unserem Sonnensystem prinzipiell gelten und damit auch für uns.

1. 1 über 10 und im Gegenkreislauf 10 über 1
2. 1 über 9 und im gegenläufigen Kreislauf 9 über 1

Begründen wir unsere Aussage für 1. und 2., damit wir es akzeptieren können. In der Mitte befindet sich unsere Null und diese beinhaltet in mathematischer Hinsicht betragsseitig immer auch den Wert Eins. Das heißt, die Null und die Eins sind im System gleichermaßen vorhanden. Daraus folgt, dass zwei Werte in dieser von Bestand sind und man erhält die numerische Größe Zwei.

Blicken wir zum Beispiel auf die untere Kante unseres Würfels, findet man viermal die Eins und fünfmal die Null in der Geraden. Da die Null in der Mitte dieser Achse steht, kann diese Null nur in der Eins im Zentrum des Würfels enden, die sich hinter dem Systemwert Null verbirgt. Das heißt, hier wird die systemische Verbindung hergestellt und damit bleibt eine Eins übrig und steht infolge über allen anderen Werten, in diesem konkreten Fall über neun anderen Systemwerten.

Daraus folgt, dass der eine Wert über neun anderen sich bewegt und damit ist die Systemgleichung 1 über 9 richtig, welche mittels Addition der Systemwerte eine Zehn ergibt, da 1 + 9 = 10 ist. Da ein Gegenkreislauf existiert, findet man im Ergebnis die Beziehung 9 über 1 dort gleichermaßen. Damit muss geklärt werden, wo unsere Eins noch im System zu finden ist, da die Beziehung 1 über 9 und 9 über 1 lautet. Diese zusammen ergeben jeweils den Zahlenwert Zehn. Es gibt konsequenterweise einen gegenläufigen Kreislauf, der diesem übergeordnet ist. Wir bewegen uns zurzeit im untergeordneten System und müssen das übergeordnete zusätzlich noch definieren, denn wir haben bis jetzt keine Aussage diesbezüglich getroffen.

Die systemische Bedingung lautete, dass übergeordnetes System + untergeordnetes System = 1 ist. Doch vorab bestimmen wir alle numerischen Beziehungen innerhalb des untergeordneten. Da unsere Null zum Beispiel in der Länge ganz rechts, unten in der Geraden steht und in dieser der Systemwert Eins in einem systemisch bedingten Gleichgewicht enthalten sein muss, befindet sich diese den acht Systemwerten links davon rechts gegenüber, die zu viermal Null und viermal Eins im System führen. Das ergibt, dass rein numerisch betrachtet, die 1 über der 8 steht und im Gegenkreislauf, da dieser immer existiert, die 8 über der 1.

Und jetzt folgen wir der Diagonalen von rechts, unten nach links, oben, die sich aus den insgesamt neun Nullen ergibt. Geht man zum Beispiel eine Null nach oben, steht die Null an der zweiten Position von rechts und wir betrachten somit die Gerade, welche über der liegt, die wir gerade ausgewertet haben. Diesem Zusammenhang folgt, dass jetzt links davon dreimal die Null existiert und viermal die Eins. Das zieht nach sich, dass im System 1 über 7 steht und im Gegenkreislauf 7 über 1. Und das machen wir einfach so weiter, bis wir oben, links in der Null angekommen sind. Man erhält nachstehende systemischen Konstellationen, die uns noch fehlen. Diejenigen, die wir bereits haben, erwähnen wir einfach mit.

1. 1 über 9 und 9 über 1.
2. 1 über 8 und 8 über 1.
3. 1 über 7 und 7 über 1.
4. 1 über 6 und 6 über 1.
5. 1 über 5 und 5 über 1.
6. 1 über 4 und 4 über 1.

7. 1 über 3 und 3 über 1.
8. 1 über 2 und 2 über 1.
9. 1 über 1 und 1 über 1.

10. Am Ende steht eine Null oben, links im System, der unten, rechts im gegenläufigen Kreislauf ebenfalls eine Null gegenübersteht und damit sich am unteren Ende der Diagonalen befindet.

11. Insgesamt erhalten wir zehn Systemwerte, da 9 + 1 = 10 ist. Diese Zehn folgt derselben systembedingten Logik. Daraus ergibt sich 1 über 10 und 10 über 1 im Gegenkreislauf, wobei in der Eins die Verbindung zum übergeordneten System hergestellt wird. Stellt man bei der Zehn erneut auf die Quersumme ab, erhält man die Systemgleichungen 1 über 1 und im Gegenkreislauf ebenfalls 1 über 1.

Unter 9. hat sich 1 über 1 und 1 über 1 im Gegenkreislauf ergeben. Es steht uns nicht zu, diesen in der Betrachtung wegzulassen, da es sich um den Betrag von Eins handelt und dieser sowohl für minus Eins als auch plus Eins steht und in der Mitte wiederum zur systemischen Null führt. Darüber hinaus haben wir jeweils an beiden Enden unserer Diagonalen den Systemwert Null gegeben. Das heißt, dass dort dieselben Systembedingungen vorherrschen wie bei allen anderen Systemwerten auch. Man findet insgesamt in beiden gegenläufigen Kreisläufen, die in jeder Null vorhanden sind, erneut viermal Plus und viermal Minus, die sich für den Kreislauf zwischen viermal plus Eins und viermal minus Eins als auch im gegenläufigen Kreislauf ergeben. Dieser trifft ebenfalls in der Mitte auf den Systemwert Null, der über Plusminus als auch Minusplus bestimmt ist. Daraus folgt, dass die systemische Verbindung numerischer Natur 1 über 10 und 10 über 1 im Gegenkreislauf lautet und in verkürzter Form 1 über 1 und 1 über 1 im gegenläufigen Kreislauf ergibt und das wurde bereits erwähnt.

Damit halten wir uns noch einmal alles vor Augen. Für das untergeordnete System gelten folgende Beziehungen, die innerhalb der Eins über der Eins und im Gegenzug ebenfalls der Eins über der Eins im Gegenkreislauf existieren.

1. 1 über 1 und 1 über 1 = 2 über 2, da der Betrag von 1 + 1 = jeweils 2 ergibt und damit + 2 und - 2 ist.

2. 1 über 2 und 2 über 1 = 3 über 3, da der Betrag von 1 + 2 = jeweils 3 ergibt und damit + 3 und - 3 ist.

3. 1 über 3 und 3 über 1 = 4 über 4, da der Betrag von 1 + 3 = jeweils 4 ergibt und damit + 4 und - 4 ist.

4. 1 über 4 und 4 über 1 = 5 über 5, da der Betrag von 1 + 4 = jeweils 5 ergibt und damit + 5 und - 5 ist.

5. 1 über 5 und 5 über 1 = 6 über 6, da der Betrag von 1 + 5 = jeweils 6 ergibt und damit + 6 und - 6 ist.

6. 1 über 6 und 6 über 1 = 7 über 7, da der Betrag von 1 + 6 = jeweils 7 ergibt und damit + 7 und - 7 ist.

7. 1 über 7 und 7 über 1 = 8 über 8, da der Betrag von 1 + 7 = jeweils 8 ergibt und damit + 8 und - 8 ist.

8. 1 über 8 und 8 über 1 = 9 über 9, da der Betrag von 1 + 8 = jeweils 9 ergibt und damit + 9 und - 9 ist.

9. 1 über 9 und 9 über 1 = 10 über 10, da der Betrag von 1 + 9 = jeweils 10 ergibt und damit + 10 und - 10 ist.

Wir haben insgesamt 1. bis 9. erhalten, die das untergeordnete System vollständig beschreiben. Die Ausgangswerte wurden zusammengefasst, damit man sehen kann, dass diese zu einem anderen System in der Horizontalen und damit gleichbedeutend unserer Länge im System Wippe, denn diese hatten wir so definiert, führen. Addieren wir die Werte links von unserem Istgleichzeichen zusammen, erhalten wir den doppelten Systemwert und für 9. ergibt sich die Zahl Zwanzig, da 1 + 9 + 9 + 1 = 20 ist.

Da rechts von unserem Istgleichzeichen der Betrag der einzelnen Werte innerhalb unserer Gleichung zur Zehn führt und dieser prinzipiell mathematisch gesehen innerhalb der Betragsstriche als positiv definiert ist, ergibt sich zweimal Zehn infolge der Beziehung zwischen Plusminus und Minusplus, da der Gegenkreislauf immer gegeben ist.

Links und rechts von unserem Istgleichzeichen stehen sich exakt dieselben Werte mit dem Wert Zwanzig, wenn wir diese addieren, im System gegenüber. Betragsseitig besteht dieser Wert aus zweimal dem Betrag von Zehn. Daraus folgt, dass jedwedem System ein anderes folgt, welches genau so aufgebaut und damit seiner innewohnenden Logik diesem nach identisch ist. Da wir wissen, dass alle Kreisläufe einen Gegenkreislauf aufweisen müssen, sind wir angehalten, alle Kreisläufe zu bestimmen, die zum Beispiel für 9. wie folgt aussehen, wenn wir Plus und Minus in unsere Betrachtung wieder miteinbeziehen und den Gegenkreislauf mitbestimmen unter der Bedingung, dass diese in der Mitte wieder zur Null führen. Unsere Null ist mit dem Vorzeichen Plusminus als auch Minusplus im System verankert. Wir setzen also in die Mitte unsere zwei numerischen Nullen, um das System vollständig abzubilden.

Wir machen also nichts anderes, als dass wir das anwenden, was wir im Vorfeld erhalten haben. Damit wir uns erinnern, halten wir uns zwei Kreisläufe noch einmal stellvertretend bildlich vor Augen.

$$+ \quad + \quad - \quad - \quad = \pm 0 = \pm 0 = \quad + \quad + \quad - \quad -$$
$$- \quad - \quad + \quad + \quad = \mp 0 = \mp 0 = \quad - \quad - \quad + \quad +$$

Das ist die Logik, der unsere 9 und unsere 1 im System folgen muss und wir sehen uns diese stellvertretend für alle anderen Werte im System einmal vollständig an.

$$+9+1-1-9 = \pm 0 = \pm 0 = +9+1-1-9$$
$$-9-1+1+9 = \mp 0 = \mp 0 = -9-1+1+9$$
$$-9-1+1+9 = \mp 0 = \mp 0 = -9-1+1+9$$
$$+9+1-1-9 = \pm 0 = \pm 0 = +9+1-1-9$$
$$-9-1+1+9 = \mp 0 = \mp 0 = -9-1+1+9$$
$$-9-1+1+9 = \mp 0 = \mp 0 = -9-1+1+9$$
$$+9+1-1-9 = \pm 0 = \pm 0 = +9+1-1-9$$
$$+9+1-1-9 = \pm 0 = \pm 0 = +9+1-1-9$$
$$-9-1+1+9 = \mp 0 = \mp 0 = -9-1+1+9$$

Werten wir das aus, was wir sehen, da offensichtlich einer bestimmten Logik gefolgt wird. Wir haben auf der linken Seite erhalten:

1. achtmal + 9
2. achtmal - 9
3. achtmal + 1
4. achtmal - 1

5. Damit erhält man insgesamt zweiunddreißig zahlenorientierte Systemwerte, die jeweils über Plus und Minus und im gegenläufigen Kreislauf über Minus und Plus definiert sind. Das ergibt insgesamt vierundsechzig Werte einschließlich Gegenkreislauf.

Die rechte Seite führt damit auch zu zweiunddreißig Werten, nur dass der systemische Kreislauf von der Gegenseite aus gestartet wird. In der Mitte stehen im Ergebnis sechzehn Werte für sechzehnmal Null. Das ergibt zusammen im Gesamtsystem achtzig Werte, die zur systemischen Null in der Mitte führen. Da der Wert hinzukommt, erhalten wir einundachtzig Systemwerte, die für eine Seitenfläche des Würfels im System gegeben sind. Reduziert man die Dinge auf ihren kleinsten gemeinsamen Nenner, steht hierfür stellvertretend die Beziehung 1 über 8 und 8 über 1.

Das Reduzieren auf rein numerische Werte wird immer helfen, die Dinge zu verstehen, da unser Sonnensystem und dessen Einbindung in unser Universum viel zu komplex ist, als dass man eine Wahl hätte. Berechnen wir noch die grundlegenden Werte, die sich für unseren Würfel ergeben. Wir müssen also die einzelne Seitenfläche, alle Seitenflächen und das Volumen bestimmen, wenn wir die Systemwerte Null und Eins vernachlässigen.

Eine Seitenfläche = 1:	9 Werte x 9 Werte	=	81
Alle Seitenflächen = 6:	9 Werte x 9 Werte x 6	=	486
Volumen:	9 Werte x 9 Werte x 9 Werte	=	729

Das heißt, dass in simplifizierter und somit vereinfachter Form die einzelne Fläche den Wert Einundachtzig trägt, dass die Mantelfläche gleich der Summe aller Seitenflächen ist und Vierhundertsechsundachtzig ergibt und für das Volumen Siebenhundertneunundzwanzig steht.

In einem nächsten Schritt weisen wir nach, dass unser Sonnensystem tatsächlich zu uns gehört und die Logik auf allen Seiten und Gegenseiten und damit auch allen angrenzenden Systemen, die an das unsrige System andocken, identisch sein muss. Dazu bestimmen wir die Quersummen.

81	=	8 + 1					=	9
486	=	4 + 8 + 6	=	18	=	1 + 8	=	9
729	=	7 + 2 + 9	=	18	=	1 + 8	=	9

Wir haben überall den Zahlenwert Neun erhalten. "Sehr schön.", wird der Ein oder der Andere sagen, aber das Ergebnis brauchen wir. Es hängt also davon ab, ob man es richtig interpretiert. In den einzelnen Summanden sieht man es bereits, da der Kreislauf 8 über 1 und 1 über 8 im Ergebnis steht.

Die Zahl Acht gipfelt in der Psychologie in der zahlenorientierten Logik im System Mensch, welche sich aus linker Gehirnhälfte + rechter Gehirnhälfte + anatomischem Herz und Solarplexus ergibt. Diese vier Komponenten stehen für einen systemischen Kreislauf, der der Verbindung 1 über 3 und 3 über 1 folgt. In verkürzter Form, ohne dass wir das jetzt bereits erklären, ergibt sich für das System Mensch 1 über 3 für Kopf über Herz und 3 über 1 für Herz über Kopf. Daraus folgt, dass es sich um die systemische Grundformel des Menschen handelt, die wir in der Zahl Acht erhalten haben. Die Zahl Acht steht somit dafür, dass Unendlich + Endlich = 1 ist, ein Systemgleichgewicht. Wenn wir einen Beweis hierfür benötigen, legen wir die Zahl Acht in Gedanken quer und erhalten das mathematische Symbol für Unendlich.

Logischerweise existieren auch die Gegenkreisläufe in uns, die dann folgerichtig 3 über 1 und 1 über 3 lauten müssen. Der Mensch ist kausal betrachtet rein numerisch aufgebaut und damit eine Systemeinheit.

Diese vier Kreisläufe, bestehend aus den Zahlen Eins und Drei, finden sich in der 8 über 1 und 1 über 8 wieder, da 1 + 3 + 3 + 1 = 8 ergibt. Die Zahl Acht haben wir erklärt, fehlen uns die zwei Einsen. Diese stehen für das übergeordnete System, in welches das System Mensch eingebunden ist. Da unsere Berechnung zum Beispiel in der Mantelfläche geendet ist, heißt das, dass das System Mensch dort seine logische Grenze findet genau so wie unser Sonnensystem. Da wir bereits die systemische Verbindung im Vorfeld exakt bestimmt haben, die zum Kreislauf 1 über 10 und 10 über 1 geführt hat, muss man sich deren Bedeutung vor Augen halten.

In reduzierte Form erhält man aus 1 über 10 und 10 über 1 die Systemgleichungen 1 über 1 und 1 über 1, da die Zahl Zehn in der Quersumme Eins ergibt. Daraus folgt, dass sich zwei Kreisläufe gegenüberstehen. Da wir diese Konstellation vorfinden, heißt das, dass es sich um die systemische Verbindung zu einem benachbarten System oder einem benachbarten Sonnensystem handeln muss. Daraus folgt, dass wir in unserem System basierend auf dieser systemischen Verbindung maximal den Systemwert Zehn erreichen können, da die andere Systemeins bereits zu einem anderen System auf der Gegenseite gehört.

Da übergeordnetes System + untergeordnetes System = 1 ist und damit ein System, steht über dieser grundlegenden Beziehung immer eine Eins, denn wir haben das untergeordnete einschließlich der Zu- und Einordnung in das übergeordnete bestimmt. Wie man ahnt, muss auf der Gegenseite dieselbe Logik gegeben sein. Daraus folgt, dass im benachbarten Sonnensystem ebenfalls 1 über 8 und 8 über 1 gilt. Das impliziert, dass diese Logik kausal für alle Räume von Bestand ist, die an unser Sonnensystem angrenzen und damit in irgendeiner Form mit dem unsrigen in Kontakt stehen. Raum kann niemals losgelöst von anderen Räumen existieren, da dieser immer dem Faktor Zeit unterliegt. Es handelt sich um eine grundlegende Systembedingung.

Das Maximum führt wie vergleichsweise in unserem Sonnensystem auch dort zum Systemwert Zehn. Damit sieht die Logik zwischen unserem Sonnensystem und angrenzenden Systemen in der einfachsten Form wie folgt aus, wenn man zum Beispiel die mathematische Länge betrachtet. Daraus folgt eine Aufreihung der numerischen

Werte Eins und Neun, welche gegen Unendlich läuft. Es handelt sich somit um eine systeminterne Logik.

$$1 + 1 + 9 + 1 + 1 + 9 + 1 + \ldots$$

Erklären wir uns das kurz: Die zwei Einsen stehen stellvertretend für das übergeordnete System und die Neun für das untergeordnete. Daraus ergibt sich, dass der Zahlenwert Neun jeweils mit zwei Einsen links und rechts in Verbindung steht. Das heißt, die Einsen im übergeordneten sind maßgeblich für die Neun im untergeordneten System und bilden zusammen immer eine Einheit.

Wir hatten zum Beispiel 1 über 7 und 7 über 1 erhalten. Diese kausale Logik gilt damit nicht nur für die Länge, sondern auch für die Breite und die Höhe. Da wir seit geraumer Zeit unser Sonnensystem betrachtet haben, heißt das, dass die Sonnensysteme und die Systeme, die an unseres angrenzen, den gleichen Zusammenhang aufweisen. Da unser Sonnensystem der Logik eines Würfels folgt, der sich über Zeit und Raum bewegt, kann man exakt bestimmen wie viele Sonnensysteme außerhalb des unsrigen an dieses grenzen müssen.

Wir haben vier Diagonalen als auch Breite, Länge und Höhe in unserem Sonnensystem gegeben, die sich in der Mitte in der systemischen Null treffen. Daraus folgt, dass an jedem Ende von diesen ein anderes System vorhanden beziehungsweise gegeben sein muss. Damit erhält man sechsundzwanzig Systeme, die mit unserem verbunden sein müssen. Da sich die Systemkomponenten, ihrer sieben, über Zeit und Raum bewegen, heißt das, dass unser Würfel auch dort stellvertretend für die systemische Logik dahinter eine Rolle spielen muss. Infolge erhält man insgesamt sechsundzwanzig Systeme, die mit dem unsrigen kausal in Verbindung stehen müssen.

Mit anderen Worten, sechsundzwanzig Systeme in unserem Universum stehen in direkter Verbindung mit unserem Sonnensystem. Wir sind folgerichtig nicht allein in diesem, unserem Universum. Wenn man diesen Zusammenhang akzeptiert, sind wir mit den benachbarten Systemen, egal welcher Art, logisch und systemrelevant miteinander verbunden. Daraus folgt, dass was wir in unserem System an Gräueltaten verüben und gegen die universelle Gleichgewichtsbedingung in einem allumfassenden System stellen, ist in den Nachbarsystemen spürbar und nachvollziehbar, da es logischerweise in den angrenzenden Räumen zu Auswirkungen und entsprechenden Folgeerscheinungen kommen wird und kommen muss.

Da Leben in unserem Sonnensystem durch die Sonne und die habitable Zone innerhalb dessen gegeben ist, gilt das für die sechs Systeme, die gleichermaßen eine

Sonne aufweisen, auch. Daraus folgt, dass die Gleichgewichtsverschiebung, die wir verursacht haben, zum Beispiel dazu führen kann, dass

1. Ungleichgewichte in den Nachbarsystemen existieren,
2. räumliche und zeitliche Diskrepanzen auftreten,
3. Verwerfungen in der Materie gegeben sind und
4. diese auf in Nachbarsystemen vorhandene Lebensformen einen negativen Einfluss haben.

Das heißt, was wir uns an Verfehlungen in einem allumfassenden System geleistet haben und leisten, kommt dort in irgendeiner Form an, da Ursache + Wirkung = 1 ist und ein Ergebnis liefert, in diesem Fall ein negatives in den benachbarten Systemen. Ursache und Wirkung driften prinzipiell räumlich und zeitlich gesehen auseinander. Man ist sich über die Tragweite des menschlichen Handelns oftmals nur teilweise oder auch gar nicht bewusst. Warum ist das für die Menschheit so bedrohlich?

1. Die Lebensformen in den benachbarten System existieren um ein Vielfaches länger als wir, da unser System eines der jüngsten ist.

2. Deren Wissen und Technologie ist uns damit haushoch überlegen.

3. Diese sind in der Lage, die Quelle des Übels zu lokalisieren, und das sind wir.

4. Damit man die Relation verstehen kann und eine Vorstellung bekommt, was Höherentwicklung bewirken kann, sind schätzungsweise 10 von diesen ausreichend, um 11,5 Milliarden Menschen vollständig zu eliminieren, denn uns trennen Milliarden und aber Milliarden Jahre des Daseins und damit Wissen.

5. Diesen Wissensvorsprung, sind wir nicht in der Lage, einzuholen.

6. Einzige Lösung ist damit, dass wir das systemische Gleichgewicht im Sonnensystem beginnend bei uns selbst vollständig wiederherstellen und im Zweifelsfall auf Kooperation setzen.

7. Im Ergebnis ergibt sich, dass außerirdisch + irdisch = 1 ist und die Eins steht für Lebensform. Uns über diesen einfachen Sachverhalt immer wieder hinwegzusetzen, ist unserer Arroganz und Ignoranz geschuldet. Es ist sehr vermessen anzunehmen, dass die Menschheit alleinig als Lebensform existiert und vor allem die am höchsten entwickelte ist.

8. In einem systemischen Gleichgewicht kann uns übrigens nichts passieren, denn dann steht die Eins im System immer auch für Kooperation, egal mit wem. Wurde

bereits unter 6. vorsorglich erwähnt.

9. Da es Zufall nicht gibt, immer schön die Augen aufhalten, wer das im Endeffekt sein könnte, den wir hier herausfordern, wenn wir uns diesbezügliche Filme ansehen. Jetzt sollte man spätestens Angst haben, wer es verstanden. Zufall gibt es nicht und damit wurden uns bereits zwei Lebensformen indirekt vorgestellt. Drei Klauen über einer an Händen und Füßen und die Farbe Indigoblau. Die Eins und die Drei stehen für unsere Systemwerte in Kopf und Herz und die Farbe für deren Heimatsystem. Der andere ebenfalls drei Klauen über einer an Händen und Füßen und ein roter Farbton, welcher stellvertretend für deren Sonnensystem steht. Das sind zwei unserer Systemnachbarn. Wer unbedingt zu Scherzen geneigt ist, nur zu. Wir werden uns gesichert wiedersprechen, wenn es so weit ist. Man sollte den Ernst der Lage vollumfänglich und ganz schnell begreifen.

Warum ist das so? Übergeordnetes System + untergeordnetes System = 1. Damit ist es ein Systemurteil aus dem übergeordneten System gegen das untergeordnete, weil man es infolge der Gleichgewichtsverschiebung, die wir erzeugt und verursacht haben, herausfordert. Wir sind also verantwortlich, wenn es so kommt. Das sollten wir endlich akzeptieren. Alle Lebensformen, die logisch mit uns verbunden sind, sind uns überlegen, egal wer davon!!!

Wir haben sechsundzwanzig Räume erhalten, die unser Sonnensystem umgeben. Übrigens ergibt die Quersumme die Zahl Acht, falls das jemandem aufgefallen sein sollte. Unendlich + Endlich = 1 ist auch hier Bedingung. Es gibt also einen rein numerischen Zusammenhang zwischen unserem Sonnensystem und den angrenzenden Systemen und uns konsequenterweise auch. Es handelt sich damit im Ergebnis um sechs Sonnensysteme, die an unseres angrenzen und zwanzig zuzügliche Räume.

Doch warum sind es sechs Sonnensysteme? Und das lässt sich ganz einfach erklären. Wir hatten drei Geraden gegenläufiger Natur erhalten, die durch die systemische Null gehen und damit im Sonnensystem auch durch unsere Sonne. Diese ergeben einen Raum, dem die Sonne unterliegt. Unsere vier Diagonalen stehen stellvertretend für Bewegung im Raum gemessen an allen bisherigen Ausführungen.

Daraus folgt, da die Geraden den Standort der Sonne in unserem Sonnensystem definieren, dass wenn wir deren Enden folgen, wieder eine Sonne außerhalb unseres Sonnensystems kommen muss und damit sind es sechs, die mit unserem System unmittelbar in Verbindung stehen.

Die Farben der Sonnen kennen wir, denn diese sind in Form der Chakren in uns systemisch verankert. Unsere Sonne ist gelb und steht für das Solarplexus Chakra.

Die Farben der sechs, die uns umgeben, sind damit rot, orange, grün, türkis beziehungsweise wasserblau, indigoblau und violett. Die alles vereinende Farbe, die über allen steht, ist die Farbe Weiß beziehungsweise Kristall. Letztere findet man überall im Universum und steht für das Vereinende in einem großen Ganzen. Obwohl wir dieses Wissen längst haben, nehmen wir es nicht an.

Warum haben wir das gemacht? Weil wir diejenigen unter uns, die sich zum Beispiel mit Affirmation, Meditation, Systemarbeit, Familienaufstellung et cetera befassen, prinzipiell für dumm und dämlich erklären. Was haben wir jetzt verstanden? Nein, das sind sie nicht und sie haben uns im Verstehen der Dinge ein Vielfaches voraus und wir werden sie dringend brauchen, um die Schieflage zwischen uns und damit innerhalb der Menschheit zu bereinigen. Zum jetzigen Zeitpunkt sind es ihrer viel zu wenige, um diese Aufgabe erfüllen zu können. Systemische Ungleichgewichte kann man nur innerhalb eines Systems einer Lösung überführen, analog der Arbeitsweise obiger Berufsgruppen. Wir halten für unser System fest und das vergessen wir hoffentlich nicht wieder:

1. Es ist über Breite, Länge und Höhe als auch über die Diagonalen definiert.

2. In der Mitte steht die Sonne, die mit sechs weiteren verbunden ist.

3. Das Sonnensystem ist über der Zahl Neun errichtet und steht für einen Würfel. Es ist das untergeordnete System.

4. Das übergeordnete ist über dem numerischen Wert Zehn in das unsrige eingebunden. Da alles 1 ist, handelt es sich auch dort um einen Würfel.

5. Die Beziehung im übergeordneten lautet 1 über 1 und 1 über 1, da es sich im letzteren Fall um den gegenläufigen Kreislauf handelt, den wir auch am unteren Ende der Zehn wiederfinden. Die Zahl Zehn ist in der Eins-zu-Eins-Beziehung enthalten und steht für die systemische Einbindung des untergeordneten in das übergeordnete System und vice versa. Richtig, unser Sonnensystem ist nicht nur untergeordnet, sondern auch einem anderen übergeordnet.

6. Da bis jetzt der Faktor Zeit nicht betrachtet wurde, handelt es sich bei den zwei Würfeln, denn diese liegen übereinander, da übergeordnetes System + untergeordnetes = 1 ist, bei Rotation um zwei Kugeln, die systemisch miteinander verbunden sind und gleichfalls übereinanderliegen. Das übergeordnete System beruht damit ebenfalls auf Bewegung, die über Zeit und Raum definiert ist genau so wie das untergeordnete. Die Verbindung ist auch dort über dem Betrag von Null und dem Betrag von Eins definiert.

7. Da es sich um Kugeln handelt, muss es einen mittleren Abstand zwischen diesen geben und damit auch beispielsweise zwischen zwei Sonnensystemen, damit diese nicht miteinander kollidieren. Da das Gesamtsystem über dem Betrag von Null und über dem Betrag von Eins definiert ist, gilt das auch für den Raum, der zwischen zwei Systemen existiert.

8. Das Sonnensystem befindet sich in einem systemischen Ungleichgewicht. Die diesbezüglichen Auswirkungen sind in angrenzenden Systemen zu spüren beziehungsweise wahrzunehmen, da zum Beispiel jährlich unser Mond um 3,75 Kilometer von unserer Erde abdriftet und auch dieser macht das nicht von allein.

9. Die Lösung für das System Mensch liegt ausschließlich darin, dass systemisch bedingte Gleichgewicht beginnend bei sich selbst in Wissenschaft, Handel, Bildung, Politik, Handwerk und allen korrespondierenden Systemen wiederherzustellen.

Es sollte uns klar sein, in welcher bescheidenen Lage wir uns befinden. Die systemische Nullsetzung ist in der Apokalypse geregelt und beinhaltet einen Zeitplan bei exakten Werten, der für den Schwund im System Mensch vorgesehen ist. Astronomen haben beobachtet, dass kürzlich zwei Galaxien ineinandergestürzt sind. Da Ursache und Wirkung gleich Eins ist, heißt das, dass dort Lebensformen existiert haben müssen, die die systemische Gleichgewichtsbedingung genau so wie wir missachtet haben und ein Urteil gefällt worden ist. Wir sollten verstanden haben, dass wir konkreten und präzisen Regeln unterliegen, die es zu befolgen gilt und damit auch wer zu wem gehört im Hinblick auf Mann und Frau.

Klären wir in einem Exkurs, warum die getroffenen Aussagen von zwei Mathematikerinnen nicht richtig sein können, da wir dringend eine klare Vorstellung über die Größe unseres Sonnensystems brauchen. Deren Aussagen lauten, dass

1. ganze und reelle Zahlen ein und dasselbe sind. Die Aussage ist richtig, da es keinerlei Rolle spielt, ob man 10 Zentimeter als 10 Zentimeter angibt oder auch als 100 Millimeter und

2. der Zahlenstrahl gegen Unendlich läuft und ganze und reelle Zahlen in der Unendlichkeit ein und dasselbe sind. Diese Aussage ist falsch.

Die Aussage unter 1. lernen wir bereits in der Schule und ist nicht preisverdächtig. Dass die Aussage sowohl in der Betrachtung gegen Unendlich als auch gegen Endlich zutrifft, ist selbstredend, denn es werden immer 10 Zentimeter gleich 100 Millimeter sein.

Der Fehler liegt im mangelnden Verständnis für den mathematischen Raum. Wir haben herausgefunden, dass unser Sonnensystem über einem Würfel gegeben ist, der über Zeit zu einer Kugel führt. Daraus folgt, dass ein Zahlenstrahl durch die Außengrenzen des Sonnensystems begrenzt ist. Darüber hinaus kann es nicht gehen, da sich ein anderes System bereits anschließt und dieses gehört kausal nicht zu unserem System.

Daraus folgt, dass der Zahlenstrahl nicht unendlich lang sein kann und damit ist er prinzipiell endlicher Natur. Ganz einfach formuliert, je mehr wir uns einer riesengroßen beziehungsweise unvorstellbar großen Zahl nähern, desto endlicher wird der Zahlenstrahl. Da ein Zahlenstrahl prinzipiell für positive als auch negative Zahlenwerte steht, die sich in der Mitte in der Null treffen, läuft dieser in unserem Sonnensystem durch das Zentrum der Sonne. Dort weist er die größte Spannweite auf. Daraus folgt, dass der gesuchte Zahlenstrahl die Diagonale durch unser Sonnensystem ist.

Da wir wissen, dass dieser Raum einem Würfel entspricht, der über Zeit zu einer Kugel führt, kann man den Durchmesser dieser oder die Diagonale im Würfel bestimmen. Dieser beziehungsweise diese entsprechen damit der größten anzunehmenden Zahl in unserem Sonnensystem und nur das ist relevant. Die anderen Systeme gehen uns nichts an, da über Zeit der Zahlenstrahl an den Außengrenzen unseres Sonnensystems sein Ende findet. Dort ist Schluss und damit ist ein Zahlenstrahl immer endlicher Natur. Unendlichkeit findet damit immer im Kleinen statt und damit zwischen den einzelnen Zahlenwerten beispielsweise zwischen Null und Eins.

Es handelt sich, wie bereits erwähnt, um die Spannweite, die innerhalb der einzelnen Werte existiert und jeweils punktuell eingenommen werden kann. Da der Zahlenstrahl über Plus und Minus definiert ist, existiert auch dort der gegenläufige Kreislauf als auch der, der von der Gegenseite aus gestartet werden kann. Das heißt, wir haben insgesamt im absoluten Minimum zwei Plus und zwei Minus auf jeder Seite unserer Null gleich unserer Sonne stehen.

Da wir bereits Kenntnis über Breite, Länge und Höhe unseres Sonnensystems haben, existiert unser Zahlenstrahl exakt dreimal, der sich in Zeit und Raum bewegt, wobei unsere Sonne im Zentrum steht und damit wie alles andere auch. Daraus ergibt sich, dass dreimal Unendlich in einem endlichen Raum, unserem Sonnensystem, stattfindet. Unendlich existiert über drei Systemwerten, die ihre Endlichkeit im übergeordneten System in Kugelform finden. Es steht eine Komponente über drei anderen und vice versa.

Diese Beziehung hatten wir für 1 über 3 gleich Kopf über Herz und 3 über 1 gleich Herz über Kopf als auch im gegenläufigen Kreislauf erhalten. Die systemische Verbindung, die im Mensch verankert ist, spiegelt sich in all den uns umgebenden Systemen in irgendeiner Form wider. Und damit werden wir unter einem Exkurs in Form von Fragen + Antworten, die zur richtigen Lösung führen, die Größe des Sonnensystems und die größte anzunehmende Zahl innerhalb unseres Sonnensystems bestimmen.

Da es immer Unverständnis für bestehende Theorien gibt, die über ein allgemeines Verständnis hinausgehen, betrachten wir die Dinge in Auszügen von einer anderen Seite und liefern damit Beweis und Gegenbeweis.

Wenn wir elektrischen Strom betrachten, dann fließt dieser unserer Ansicht nach immer von Minus nach Plus. Dass unsere Annahme über die alleinige Fließrichtung von Strom nicht stimmen kann, machen wir uns anhand von zwei Magneten deutlich, auch unabhängig davon, dass der gegenläufige Kreislauf fehlt. Wir wissen, dass diese sich gegenseitig anziehen, wenn sich Plus und Minus im System gegenüberstehen. Im Fall, dass Plus und Plus oder Minus und Minus aufeinandertreffen, stoßen diese sich gegenseitig voneinander ab. Daraus folgt, dass wenn Minus und Plus sich begegnen, egal aus welcher Richtung sie aufeinandertreffen, eine Vereinigung stattfindet.

Wenn dies bei Magneten funktioniert, dann funktioniert das auch bei Strom. Da bei fließendem Strom immer auch ein Magnetfeld erzeugt wird, gelten die Gesetzmäßigkeiten, die vorliegen, für beide und damit für Strom und allgemein formuliert für Magnetismus. In der Vereinigung von beiden gelangt man zu dem Begriff Elektromagnetismus. Wir haben auch einen Beweis, da sonst eine handelsübliche Mignonzelle keinen Plus- und Minuspol aufweisen könnte.

Der Kreislauf in das übergeordnete System, wir schließen zum Beispiel eine Lampe an diese an, führt im untergeordneten System und damit innerhalb unserer Batterie zum gegenläufigen Kreislauf, da das übergeordnete System dominiert. Das bedeutet, wir entnehmen in diesem Fall Strom für die Lampe und das führt dazu, dass der Kreislauf auf der Gegenseite geschwächt wird. Im Gegenzug wird der Kreislauf innerhalb der Lampe gestärkt, da diese leuchtet. Es handelt sich also auch hier um gegenläufige Kreisläufe systembedingter Natur.

Warum muss das so sein? Weil sonst Wechselstrom zum Beispiel nicht existieren würde, sondern nur Gleichstrom. Dass es diesen jedoch gibt, ist unbestritten. Wechselstrom bezeichnet elektrischen Strom, der seine Richtung, sprich seine Polung, in regelmäßigen Abständen ändert. Bei diesem stehen sich positive und negative Augenblickswerte gegenüber, so dass sich diese in der Mitte über die Zeit hinweg gegenseitig aufheben und im System Strom in der Null enden. Die Gleichungen lauten damit, dass

1. Plus + Minus = + 1,
2. Minus + Plus = - 1 und
3. (+ 1) + (- 1) = 0 ist.

Da in der Systemnull der Betrag von Eins enthalten ist, entscheiden wir über obige Gleichungen, ob wir die Wirkung oder die Ursache betrachten wollen, da Ursache + Wirkung = 1 ist. Die Wirkung ist bekannt, da wir den sich daraus ergebenden Strom prinzipiell messen können, der sich infolge einer systemorientierten Betrachtung aus der Horizontalen ergibt, denn er fließt von Minus nach Plus. Da wir die Ursache ergründen wollen, stellen wir somit auf die Vertikale ab. Das heißt, es stehen sich Plus und Minus gegenüber, die zur Null führen.

In der Horizontalen müssen wir damit im Gleichgewichtswert landen. Das heißt, dass ganz links in unserer Gleichung ein Systemwert steht, der rechts von unserem Istgleichzeichen ebenfalls gegeben sein muss, da über Plus Plus als auch Minus Minus keine Vereinigung erfolgen kann. Mit anderen Worten, wir haben Dynamik zwischen den Systemwerten in Gleichungsform unterstellt und betrachten die Vertikale im System, welche wir in der Horizontalen in Gleichungsform dargestellt haben.

Warum ist das so richtig? Weil wir die Augenblickswerte innerhalb von Wechselstrom benötigen, um uns den Prozess erklären zu können. In mathematischer Form lässt sich dieser als Sinuskurve darstellen. Wir betrachten somit nicht deren Verlauf, sondern jeweils einen ganz konkreten Punkt, der innerhalb dieser existiert. Da üblicherweise ein Elektrokabel zu dessen Transport verwandt wird, welches über Länge und Durchmesser gegeben ist, erhält man Breite, Länge und Höhe. Daraus ergibt sich, dass das Aufeinandertreffen von Plus und Minus dem Faktor Zeit unterliegt.

Da die Sinuskurve für die Verlaufsform von Wechselstrom steht, welcher sich der Länge nach von Minus nach Plus in unserem Elektrokabel bewegt, gilt das auch für Breite und Höhe. Mit anderen Worten, es sind eigentlich drei Sinuskurven. Da diese einen Gegenkreislauf aufweisen, erhält man sechs, die in ihrer Vereinigung über Dynamik zum Systemwert Null führen und damit Strom liefern. Die Logik dahinter können wir nur gedanklich erschließen, da der Raum, in dem das stattfindet, unendlich klein ist.

Daraus folgt, dass in einem systemischen Gleichgewicht alle 3 Gleichungen (Vgl. Seite 75) erfüllt sind. Doch das ist nur die halbe Wahrheit, da noch der gegenläufige Kreislauf fehlt. Um unser Ergebnis zu vervollständigen, müssen wir diesen ergänzen. Warum? Wir wissen bereits, dass immer ein gegenläufiger Kreislauf existieren muss.

Dieses Wissen ergab sich aus den vorangegangenen Betrachtungen, da sich immer alle Systemwerte im Ergebnis vice versa gegenüberstehen. Die Systemgleichungen sehen im umgekehrten Fall wie folgt aus:

4. Minus + Plus = - 1
5. Plus + Minus = + 1
6. (- 1) + (+1) = 0

Wir haben, wenn man so will, die Systemwerte, die innerhalb für den mathematischen Betrag von Eins gegeben sind, systemrelevant zugeordnet. Da Plus und Minus immer gegeben sind, handelt es sich um die Kausalität, die auch für Magnetismus gilt. Daraus folgt, dass ein elektrisches Feld immer auch ein magnetisches erzeugt. Diesen Zusammenhang bezeichnen wir als Elektromagnetismus. Die Systemwerte für 1. bis 6. in beiden Kreisläufen erhalten wir durch Umformen und Einsetzen der mathematischen Gleichungen.

1. Plus + Minus = + 1
Minus = + 1 - Plus
Plus + (+ 1 - Plus) = + 1

2. Minus + Plus = - 1
Plus = - 1 - Minus
Minus + (- 1 - Minus) = - 1

4. Minus + Plus = - 1
Minus = - 1 - Plus
(- 1 - Plus) + Plus = - 1

5. Plus + Minus = + 1
Plus = + 1 - Minus
(+ 1 - Minus) + Minus = + 1

Damit stehen die Begriffe Kreislauf und Systemgleichgewicht im Fokus, da wir die Logik dahinter erkennen wollen. Dass es diese gibt, hat man in der ersten Betrachtung des Sonnensystems erfahren. Daraus folgt, wir stellen die Systemgleichungen aus 1. und 2. als auch aus 4. und 5. gegenüber und geben diese in ihrer wechselseitigen Abhängigkeit zusammenfassend wieder. Daraus ergibt sich folgender Sachverhalt:

Für 1. und 2. gilt:

Plus + (+ 1 - Plus) = + 1 - 1 = Minus + (- 1 - Minus)

0 + 1 = + 1 - 1 = 0 - 1

Wir nehmen jetzt unsere Gleichung aus 3. (Vgl. Seite 75) und setzen diese für die Null in unserer Gleichung oben ein.

(+ 1) + (- 1) + 1 = + 1 - 1 = (+ 1) + (- 1) - 1

Für 4. und 5. gilt:

(- 1 - Plus) + Plus = - 1 + 1 = (+ 1 - Minus) + Minus

- 1 + 0 = - 1 + 1 = + 1 + 0

Wir nehmen jetzt unsere Gleichung aus 6. (Vgl. Seite 76) und setzen diese für die Null in unserer Gleichung gleichfalls oben ein.

- 1 + (- 1) + (+1) = - 1 + 1 = + 1 + (- 1) + (+1)

Wir halten unsere zwei Gleichungen, die wir aus 1. bis 6. generiert haben, fest, damit wir den Kreislauf, der sich daraus ergibt, verstehen können und den numerischen Zusammenhang begreifen, der sich im Hintergrund abspielt.

(+ 1) + (- 1) + 1 = + 1 - 1 = (+ 1) + (- 1) - 1
- 1 + (- 1) + (+1) = - 1 + 1 = + 1 + (- 1) + (+1)

Wir haben damit links, wenn wir beide Gleichungen zusammenfassen, dreimal + 1 und dreimal - 1 stehen. Auf der rechten erhalten wir ebenfalls dreimal - 1 und dreimal + 1. Wir definieren das so, weil es sich um gegenläufige Kreisläufe handelt, die in der Mitte immer zur Null führen, da (+ 1 - 1) + (- 1 + 1) = 0 ist. Wir haben damit bewiesen, dass

1. Strom von Minus nach Plus fließt und das ist allgmein bekannt.

2. in einem systemischen Gleichgewicht Strom auch von Plus nach Minus fließt und das hat man bisher nicht beachtet, obwohl uns das Gedankenexperiment mit unseren zwei Magneten bereits das richtige Ergebnis geliefert hat.

3. beide Gleichungen immer in der Mitte zur systemischen Null führen.

Damit sind wir im Ergebnis gezwungen, unseren Kreislauf zu vervollständigen und den Systemwert Null miteinzubeziehen. Daraus folgt nachstehendes Gleichungssystem:

(+ 1) + (- 1) + 1 = + 1 = 0 = - 1 = (+ 1) + (- 1) - 1
- 1 + (- 1) + (+1) = - 1 = 0 = + 1 = + 1 + (- 1) + (+1)

Wir wissen, dass beide Gleichungen über den Systemwert Null in der Mitte miteinander verbunden sind. Das heißt, wir müssen beide Gleichungen zusammenfassen, da zwei Nullen nicht in ein und demselben System existieren. Aus Übersichtlichkeitsgründen stellen wir die Systemlogik in etwas abgewandelter Form dar, damit wir die systeminterne verstehen und akzeptieren können. Wir spannen das System grafisch über Unendlich und Endlich auf.

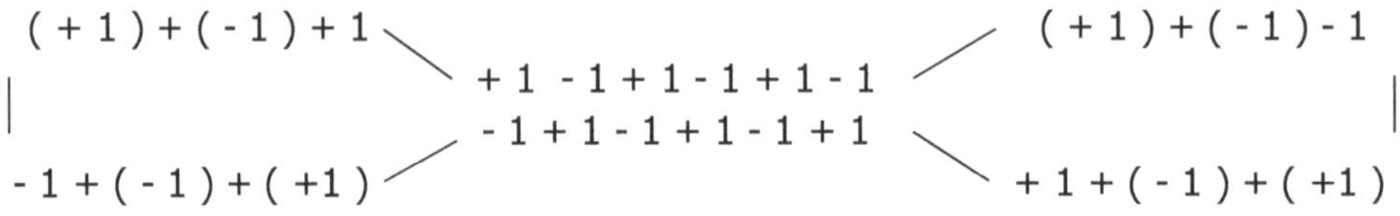

(+ 1) + (- 1) + 1 ╲ ╱ (+ 1) + (- 1) - 1
| + 1 - 1 + 1 - 1 + 1 - 1 |
| - 1 + 1 - 1 + 1 - 1 + 1 |
- 1 + (- 1) + (+1) ╱ ╲ + 1 + (- 1) + (+1)

Grafisch haben wir das Unendlichkeitssysmbol in einem endlichen Raum erhalten. In der Systemnull befinden sich jetzt zwölf Systemwerte, denen jeweils sechs links und rechts davon folgen. Das heißt, dass es sich um ein systemisches Ungleichgewicht handelt, welches wir als Wechselstrom bezeichnen und in der Systemnull zu diesem führt. Daraus folgt, dass in der Systemnull die physikalische Kraft, die dort wirkt, größer ist als an beiden Rändern der sechs Systemwerte. Im Umkehrschluss ist die Geschwindigkeit an den Rändern größer als in der Systemnull, da sechsmal minus Eins und sechsmal plus Eins vorliegen. Interpretationsseitig handelt es sich um Positronen und Elektronen. Da der Raum konstant ist, steigt der elektrische Widerstand im Vergleich zur Ausgangssituation über acht Systemwerten, ergo viermal Minus und viermal Plus. Am Rand unseres Systems ist dieser logischerweise kleiner.

Daraus folgt, dass die Systemwerte am Rand einen größeren Abstand voneinander aufweisen als im Kern, der Systemnull. Es handelt sich um ein System, welches sich aufschaukelt und damit höhere Werte liefert als vergleichsweise Gleichstrom. Da die Systemnull sich in einem unendlich kleinen Raum befindet, können wir nur die Augenblickswerte messen, die sich aus einem Minus über den zwei anderen ergeben, und zwar exakt links und rechts von unserer Systemnull innerhalb der sechs Systemwerte.

Da sich zwei Kreisläufe in der Mitte über die Systemnull begegnen, erhalten wir 6 + 10 = 16 und in der Quersumme Sieben und im Gegenkreislauf ebenfalls, da zwei Systemwerte, einmal Minus und einmal Plus, für die Systemverbindung des korrespondierenden Systemkreislaufes stehen. Diese gehören somit nicht zum einzelnen Kreislauf. Addieren wir erneut und bilden die Quersumme, erhalten wir den Systemwert Fünf, da 7 + 7 = 14 ist. Wir haben damit den Gegenkreislauf miteinbezogen.

Daraus folgt weiterhin, dass die Verschiebung und die Abweichung der Systemwerte im Vergleich zu einer Gleichgewichtssituation analog Gleichstrom dafür sorgt, dass innerhalb von Wechselstrom diese der Systemkomponente Zeit folgen und versetzt aufeinandertreffen. Bei Gleichstrom treffen diese somit gleichgerichtet aufeinander und folgen ebenfalls dem Faktor Zeit. Das heißt, dass die Rotation der Systemwerte über Minus und Plus darüber entscheidet, ob es sich um Gleichstrom oder Wechselstrom handelt.

Damit sieht Wechselstrom beispielhaft grafisch und reduziert auf seinen wesentlichen Kern wie folgt aus. Warum sind wir diesem Beispiel gefolgt? Wir müssen zwingend verstehen, dass beispielsweise Strom als übergeordneter Begriff in einem endlichen Raum möglich ist, die Vielfalt diesbezüglich sich jedoch für diesen aus einem unendlichen, über die dort gegebenen Systemwerte Plus und Minus ergibt.

(+ 1) + (- 1) + (+ 1) - 1   (+ 1) + (- 1) + (- 1) + 1

- 1 + 1 - 1 + 1
+ 1 - 1 + 1 - 1

- 1 + (- 1) + (+1) + (+ 1)   + 1 + (- 1) + (+1) + (- 1)

Wir sehen, dass das Symbol für Unendlich sich grafisch verschoben hat. Das ist somit die systeminterne Logik, der Wechselstrom prinzipiell folgt. Da wir in der Grafik noch weitere Verbindungen beispielhaft einzeichnen könnten, heißt das, dass wir bei der Erzeugung von Strom noch längst nicht alle Möglichkeiten ausgeschöpft haben. Sehen wir uns noch die Grafik für Gleichstrom an für die Systemwerte in sortierter Form.

(- 1) + (+ 1) + (- 1) + (+ 1)   (- 1) + (+ 1) + (- 1) + (+ 1)

- 1 + 1 - 1 + 1
+ 1 - 1 + 1 - 1

(+ 1) + (- 1) + (+1) + (- 1)   (+ 1) + (- 1) + (+1) + (- 1)

Klären wir, warum das so richtig ist. Minus bewegt sich nach Plus. In einem Raum heißt das, dass das vier Diagonalen und drei Geraden betrifft, die zu einem gegenüberliegenden Plus von einem Minus aus führen. Da immer auch der Gegenkreislauf existiert, erhalten wir für Minus ein Plus und für die Diagonalen als auch die Geraden den Systemwert Sieben. Daraus folgt, dass 1 + 1 + 7 + 7 = 16 ist. Die alles entscheidende Systemkomponente lautet damit Zeit und diese folgt exakt denselben Regeln wie alles andere auch.

Daraus ergibt sich, dass sich sowohl viermal Plus als auch viermal Minus links von unserer Null (Vgl. Seite 79) übereinander befinden als auch rechts von dieser, egal ob es sich um Gleichstrom oder Wechselstrom handelt. Die diesbezügliche Unterscheidung ergibt sich ausschließlich über Zeit. Da wir insgesamt vier Kreisläufe haben, da das System sonst nicht funktioniert und bei Plus immer Schluss ist, existiert unser Plus sechzehnmal und unser Minus ebenfalls und damit links als auch rechts von unserer Null in der Mitte. Wir erhalten damit insgesamt zweiunddreißig Werte, die sich aus jeweils sechzehnmal Plus und aus jeweils sechzehnmal Minus links und rechts von der Null ergeben.

Diese liegen damit übereinander. Unser Ergebnis ist somit richtig, da wir der Vertikalen gefolgt sind, lediglich um des Verstehens Willen die Systemgleichung horizontal aufgestellt haben. Da wir der Vertikalen nur anders gefolgt sind, heißt das, das die Systemwerte der Höhe nach variieren und von dem dort vorhandenen Gleichgewichtswert Null innerhalb einer bestimmten Toleranz von diesem abweichen. Wenden wir diese Logik auf unser Sonnensystem an, heißt das, dass die unserer Sonne systemisch zugewiesenen acht Planeten keiner Kreisbewegung im eigentlichen Sinn unterliegen, sondern einer spiralförmigen um diese. Da unser Sonnensystem sich in einer spiralförmig angelegten Galaxie befindet, heißt das, dass unser Sonnensystem als untergeordnetes System dem übergeordneten logisch folgt. Da immer auch der Gegenkreislauf existiert, folgt im Umkehrschluss unsere Galaxie unserem Sonnensystem. Es ist in diesem Fall ein systemischer Kreislauf gegeben, der einem gegenläufigen unterliegt und vice versa. Daraus folgt, dass die Systemverbindung 1 über 1 und im Gegenkreislauf 1 über 1 für beide gilt. Das heißt, was im Großen stattfindet findet auch im Kleinen statt und vice versa. Wenn man simplifiziert, bleiben nur Minus und Plus übrig. Das heißt, dass alles, was uns umgibt, auf Energie basiert. Die Logik innerhalb von Wechselstrom ist damit dieselbe wie in unserem Sonnensystem und der uns übergeordneten spiralförmig angelegten Galaxie. Doch zurück zu unserem Beispiel.

Da die Werte übereinander angeordnet sind, handelt es sich um die mathematische Höhe. Dies begründet sich allein auch daraus, dass wir bei unserer Wippe der Auf-und-Abwärts-Bewegung gefolgt sind. Wir wissen, dass links und rechts der Null jeweils viermal Plus und jeweils viermal Minus stehen, da sich das in der Gegenüberstellung ergeben hatte. Da es sich immer um gegenläufige Kreisläufe handelt, folgen dem sechzehnmal Plus und sechzehnmal Minus, da 4 x 4 = 16 ist. Damit erhält man insgesamt zweiunddreißig Werte. Wir haben die vier Achsen von rechts nach links beziehungsweise von links nach rechts verfolgt und da alle vier übereinanderliegen, steht auch hier derselbe Wert wie bei der mathematischen Höhe. Im Gegensatz zur Höhe wurde jetzt die Länge des Systems beschrieben. Die Breite bestimmt sich analog. Damit ergeben sich sechzehn Werte positiver Natur als auch negativer im Konkreten in der Tiefe.

Doch vorab ist vorgenannter Sachverhalt zu veranschaulichen, da man mit dieser Komplexität nicht vorankommt beziehungsweise es zu unübersichtlich wird. Wir vereinfachen damit die Dinge auf das, was sie sind. Wir haben die systemischen Werte + 1, 0 und - 1 gegeben. Die Null bleibt stehen, da sich in dieser bereits alle Kreisläufe wiederfinden lassen. Die plus Eins und minus Eins kennen wir als Ergebnis vom mathematischen Betrag. Dieser ist definiert, dass der Betrag von X (|X|) gleich - x und + x ergibt. Es folgt, dass der Betrag von 1 (|1|) gleich + 1 und - 1 ist. Daraus folgt weiterhin, dass man diesen im weiteren Verlauf zur Vereinfachung verwendet. Für den Betrag von Eins erhält man für die Systemwerte plus Eins und minus Eins simplifiziert die Eins. Daraus folgt, dass wenn man die Systemwerte erneut zusammenfasst, jeweils vier Plus und vier Minus in einer systemischen Null stehen und damit ergibt sich zum Beispiel für die Höhe nachstehendes Bild. In der Mitte bleibt die systemische Null erhalten, welche viermal Eins enthielt. Letztere spannen wir um die Null auf, damit wir das Grundkonstrukt erkennen können.

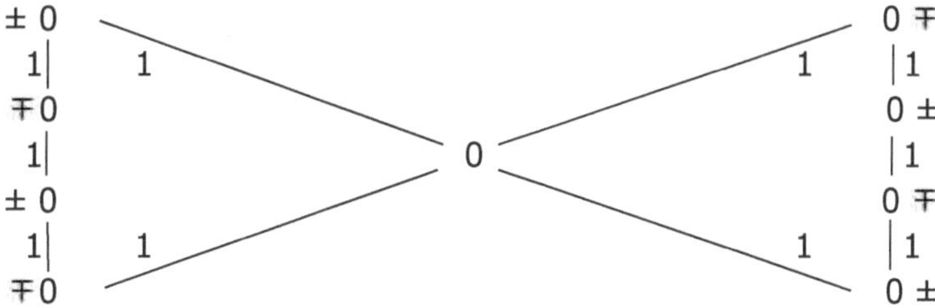

Wie man sieht, handelt es sich um eine Seite des übergeordneten Systems, in der alle acht Nullen zuzüglich der in der Mitte miteinbezogen sind. Insgesamt sind zehn Einsen im System. Daraus folgt, dass 9 + 10 = 19 ist und diese in der Quersumme zur systemischen Zehn und damit auch zur Eins führt. Damit ist man im übergeordneten System gelandet, da man das Ergebnis wie in der Betrachtung zuvor erhält.

Unsere Null in der Mitte besteht ebenfalls aus acht Nullen und steht in diesem Fall für das untergeordnete, da in diesen die Systemwerte Null und Eins sowohl positiver als auch negativer Natur bereits enthalten sind, und das wurde anhand von Wechselstrom als auch Gleichstrom bewiesen. Die Logik dahinter ist ihrem Wesen nach damit identisch. Des Weiteren hatten wir vorausgesetzt, dass wir die Höhe betrachten. Da alles 1 ist, sehen Breite und Länge nicht anders aus. Daraus folgt, dass es sich um einen Würfel wie in der vorangegangenen Betrachtung handeln muss, da Breite gleich Länge gleich Höhe ist.

Des Weiteren fällt uns auf, dass das Symbol, welches sich aus den Verbindungslinien ergibt, das Zeichen für Unendlichkeit in abgewandelter Form darstellt. Damit sehen wir uns eine Grafik an, da vier Nullen in der Randposition links und rechts ein Quadrat aufspannen. Bei der Grafik lassen wir die Vorzeichen für die Null weg und ergänzen die Eins, damit es verständlicher wird.

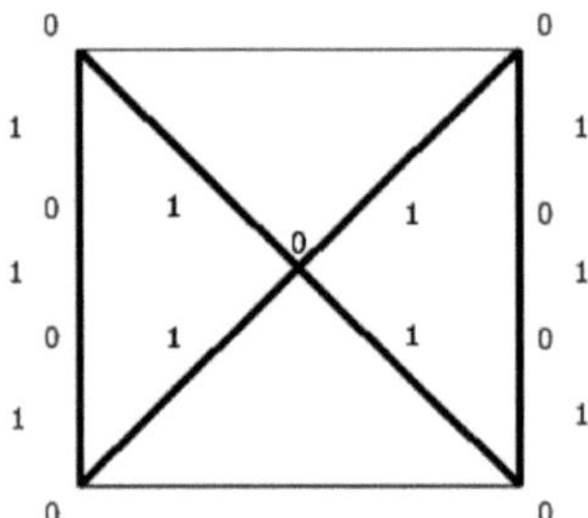

Man sieht die Unendlichkeit, die mit dickeren Linien markiert wurde. Wenn oben und unten zwei Geraden hinzugefügt werden, erhält man ein Quadrat. Wir müssen unterscheiden, da es bereits zum jetzigen Zeitpunkt insgesamt fünf Kreisläufe sind. Man hat auf jeder Seite fünfmal Null und fünfmal Eins stehen, wobei die fünfte Null sich in der Mitte mit allen anderen trifft und damit zweimal eingeht.

Dass ein Ergebnis Null zu nichts führt, weiß man. Egal wie groß das System innerhalb dieser ist, birgt es keinerlei Dynamik in sich. Es ist ein systemisches Gleichgewicht und das steht immer auch für Stagnation. Im Ergebnis erhalten wir 1 = 1.

Formen wir um, erhält man 1 - 1 = 0 beziehungsweise 0 = 1 - 1 und damit erneut den Systemwert Null. Daraus folgt, dass um Entwicklung in sich zu bergen, sich die Systemwerte um die Null und um die Eins über Zeit bewegen müssen. Damit pendeln diese um die einzelnen Systemwerte. Die Frage ist nur, wie weit und dafür verwendet man den Begriff der Toleranz.

Dass es eine geben muss, ist selbstredend, da ab einem bestimmten Punkt zum Beispiel der Geduldsfaden reißt. Jemand hat unseren Toleranzbereich überschritten und damit funktioniert das System zwischen uns nicht. Dieser einfache Sachverhalt gilt auch hier.

Wir sehen, dass unser Unendlichkeitszeichen aus zwei Teilen besteht, die sich in der Mitte treffen. Unschwer zu erkennen, beide sind gleich groß und die erste systemische Verbindung lautet fünf ist gleich fünf. In der Systemtheorie nennen wir das 5 über 5. Daraus folgt, dass der erste systemische Kreislauf 5 über 5 lautet und dieser existiert exakt viermal, da sich hinter dem Systemwert Fünf unser Plus und unser Minus verbirgt und der gegenläufige somit auch gegeben ist. Warum ist das so?

Wir haben links fünfmal Null und fünfmal Eins stehen und im Gegengewicht auch, da der Wert Null in der Mitte mehrmals vorhanden ist. In welcher Null man konkret landet, spielt in einem System dieser Art keine Rolle. Hauptsache, es geht weiter. Man erhält, wenn man alle Seiten und damit Breite, Länge und Höhe betrachtet, erneut einen Würfel, der über neun Systemwerten und der systemischen Null in der Mitte etabliert ist. Man erhält exakt das Ergebnis, welches wir in der Vorbetrachtung bereits erhalten haben. Damit hätten wir den Beweis geliefert, dass es so ist.

Jetzt werfen wir erneut einen Blick auf das System Wippe und liefern den Gegenbeweis. Es geht in diesem Beispiel darum, dass die Logik, die innerhalb eines Systems, welches offensichtlich keinen Zusammenhang zu einem anderen herstellt, ein und dieselbe ist. Es ist völlig richtig, anzunehmen, dass zum Beispiel ein Mischwald (Laubwald + Nadelwald = 1) mit einer Wippe auf einen ersten Blick nichts zu tun hat, genauso wenig wie mit unserem Sonnensystem. Wir haben jedoch gerade bewiesen, dass dies eine völlig falsche Annahme ist, denn wir haben das gleiche Ergebnis systemischer Natur erhalten. Daraus folgt, dass wir uns bei der Suche nach Lösungen kreuz und quer durch jedwedes System bewegen können, solang wir den gemeinsamen Zusammenhang dahinter erkennen und den dort existierenden Gesetzmäßigkeiten Folge leisten. Wir müssen in der Lage sein, einen logischen Bezug zwischen unterschiedlichen Systemkomponenten herzustellen und immer, wenn uns das gelingt, erhalten wir ein systemübergreifendes Ergebnis, welches allgemein Gültigkeit erlangt.

Einen ersten Hinweis hatten wir bereits erhalten, denn unsere Verbindungslinien ergeben das Symbol für Unendlichkeit im System Wippe. Offensichtlich scheint diese bei Kind 2 und dem, was wir als dazugehörig betrachtet haben, bereits vorhanden zu sein.

In einem Gleichgewicht müsste sich die Wippe in der Waagerechten befinden und damit die Gleichung 50% + 50% = 100% erfüllen. Wie wir jedoch am Beispiel beobachten konnten, existiert ein Gleichgewicht nicht nur bei + 100%, sondern auch bei - 100%. Damit schreiben wir unsere Gleichungen, die es in einem Systemgleichgewicht gibt, erst einmal richtig hin.

1. (+ 50%) + (+ 50%) = + 100%
2. (- 50%) + (- 50%) = - 100%
3. Aus 1. und 2. ergibt sich in der Summation, dass (+ 50%) + (+ 50%) + (- 50%) + (- 50%) = (+ 100%) + (- 100%) = 0 ist.

Und damit steht fest, dass ein systemisches Gleichgewicht nicht nur bei + 1 beziehungsweise bei + 100% existiert, sondern offensichtlich auch bei - 1 und - 100% und bei 0 selbst. Erstere beiden stehen immer für das, was in den Extrempunkten eines Systems erreicht werden kann. Die Null ist offensichtlich in der Mitte und damit für die Verbindung aller Extrempunkte in diesem System verantwortlich. Wir wissen zusätzlich, dass es sich dort um zweimal Null handelt, die durch ein Gleichheitszeichen miteinander verbunden sind. Diese Aussage treffen wir vorab, weil unter anderem Stephen Hawking und andere davon ausgegangen sind, dass ein systembedingtes Gleichgewicht immer nur in der Eins landet und bekanntermaßen rechts in der Gleichung steht. Wir wissen mittlerweile, dass nicht nur die plus Eins, sondern auch die minus Eins und die Null vorhanden sein muss.

Üblicherweise würde man behaupten, dass ein Systemgleichgewicht nur bei 50% und damit bei dem Wert von 0,5 existieren kann. Dieses müsste dann entweder bei + 50% und damit + 0,5 und im Gegenteil bei - 50% und damit - 0,5 gegeben sein. Und so müssen wir klären, obwohl man das nicht vermuten würde, warum der Wert - 0,5 und + 0,5 in einem systemischen Gleichgewicht nur vorübergehend eingenommen werden kann.

Wenn wir uns die minus Eins und plus Eins zum Beispiel anschauen, würde im Ergebnis, da (+ 1) + (- 1) = 0 ist, eine Null stehen. Doch wie kann das sein, wenn alles 1 ist? Bis zum jetzigen Zeitpunkt haben wir stets angenommen, dass die Null keinen systemischen Wert besitzt. Im Sprachgebrauch sagen wir einfach nichts dazu. Doch wie lässt sich das verstehen, dass die Null offensichtlich viel, viel mehr in sich trägt und wir werden das klären müssen. Es ist Elementarwissen und Voraussetzung, um das numerische System Mensch überhaupt begreifen zu können und einer Lösung zu überführen.

Warum ist das so? Das eine Kind befindet sich an dem einen Ende der Wippe am Boden und im systemischen Minus, da es sich unterhalb des Systemgleichgewichts in der Waagerechten befindet. Weiter geht es in dieser Situation nicht nach unten. Die systemischen Werte sind damit negativ und wir haben ein Minus als mathematisches Vorzeichen erhalten. Im Gegenteil hängt das andere nach wie vor in der Luft und auch da geht es nicht weiter, was allein der Reichweite der Hebelarme unserer

Wippe, ihrer zwei, geschuldet ist. Die systemischen Werte sind im Ergebnis positiver Natur und tragen damit ein Plus als mathematisches Vorzeichen, da unser Kind sich in irgendeiner Form auf einem aufsteigenden Ast befindet, wo es nicht weitergeht.

Beide Positionen, die unsere Kinder gemäß obigem Beispiel einnehmen, ergeben die Randpunkte der Auf-und-Abwärts-Bewegung in unserem System Wippe, die wir als Extrempunkte bezeichnen.

Es ist damit das Minimum und das Maximum, welches innerhalb dieser eingenommen werden kann, und zwar exakt in diesen beiden Punkten. Eine Auf-und-Abwärtsbewegung innerhalb eines vordefinierten Systems und damit einer vorgegeben Strecke in der Vertikalen bezeichnet man als Höhe, die man der Beschreibung nach prinzipiell einem Körper zuordnet.

Fehlen uns noch Breite und Länge und wir machen es kurz. Die Breite der Wippe und damit deren Seitwärtsbewegung ist durch den Drehpunkt in der Mitte und durch die Länge der beiden Hebelarme bestimmt. Das Spiel und damit die Abweichung im Drehpunkt ermöglicht erst die offenkundige und ersichtliche Seitwärtsbewegung. Ob gewollt oder nicht, sei dahingestellt, sie ist da. Es geht damit nicht nur hoch und runter, sondern auch nach links und rechts. Die Extrempunkte links und rechts versehen wir ebenfalls mit einem mathematischen Plus beziehungsweise einem mathematischen Minus, denn weiter nach links oder rechts geht es auch dort im Extremfall nicht und damit ist unser System der Breite nach vollständig beschrieben.

Was die Länge anbelangt, machen wir es noch kürzer. Diese ergibt sich aus der Länge unseres Wippbalkens und damit dort, wo dieser einschließlich der beiden Sitzflächen links und rechts davon sein Ende findet. Dabei müssen wir jedoch beachten, dass unsere beiden Kinder nicht nur auf den dafür vorgesehenen Sitzen Platz nehmen können, sondern auch auf dem Balken selbst. Die Position auf dem Balken, die unsere zwei Kinder einnehmen, ist damit nicht ausschließlich auf die zwei Sitzflächen begrenzt, sondern kann auf diesem über die ganze Länge hinweg verändert werden.

Und das machen die Kinder, wie man regelmäßig beobachten kann. Damit ist unser System über Breite, Länge und Höhe hinreichend definiert. Und wir veranschaulichen uns diesen Sachverhalt in einer Grafik.

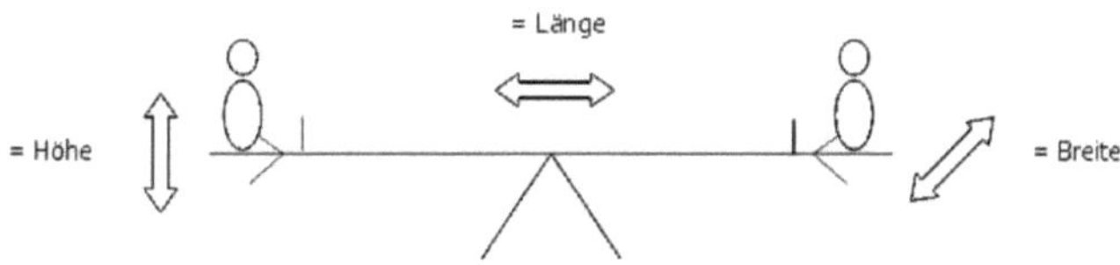

Wir sehen, es geht innerhalb des Systems Wippe bewegungsseitig nach oben und unten, seitwärts nach links und rechts sowie längsseitig vor und zurück. Die Extrempunkte in den einzelnen Richtungen und damit alle möglichen Punkte, die es in diesem System maximal zu erreichen gilt, ergeben den Raum, wo die Wippe ihr Leben fristet. Mehr geht nicht.

Es ist unmöglich, diesen zu verlassen oder ohne Fremdeinwirkung zu erweitern. Die Wippe ist auf das übergeordnete System angewiesen. Es ist ihr systembedingt erlaubt, jedweden Punkt in diesem Raum in irgendeiner Form zu erreichen, aber mehr auch nicht. Regeln und Gesetze werden damit immer über das übergeordnete System vorgegeben. Daraus folgt, dass der Wachstumsbegriff, den wir im Sprachgebrauch verwenden, nicht stimmen kann, da unser Sonnensystem ein untergeordnetes ist.

Die Wippe kann den Raum aus eigener Kraft nicht verlassen, wenn wir so wollen, und die zwei Kinder auch nicht, wenn sie darauf toben beziehungsweise spielen. Das System Wippe ist damit durch das übergeordnete formal begrenzt. Formales Wachstum ist damit immer ein gesteuerter Prozess und das gilt für unser Universum gleichermaßen.

Unsere Wippe steht somit für das untergeordnete und es spielt keine Rolle, ob da zwei Kinder am Agieren sind oder auch nicht, da die Regeln bereits feststehen und die Wippe bauseits gegeben ist.

Entscheidend ist immer nur die Größe des Systems, in welchem man sich bewegt und welche Punkte innerhalb diesem im besten Fall erreicht werden können. Das Ergebnis ist ein und dasselbe. Wenn man jetzt den dazugehörigen übergeordneten Raum hinzufügt, sieht die Grafik wie folgt aus:

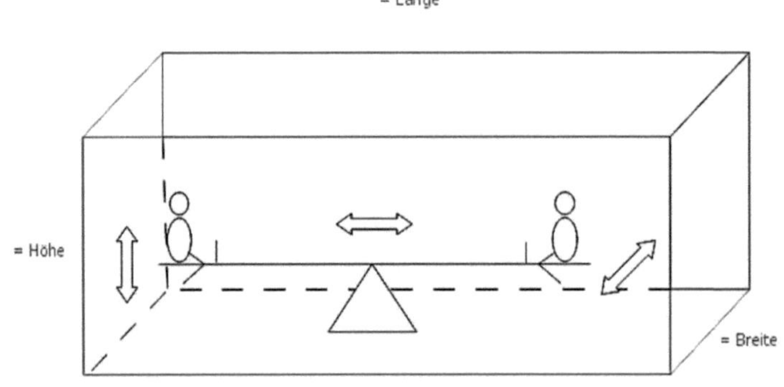

Breite, Länge und Höhe ergeben zusammen einen Raum, den man in der Mathematik als Quader bezeichnet, da Breite, Länge und Höhe nicht identisch sind. Dieser Quader stellt damit das Maximum dar, indem sich die Wippe und unsere zwei Kinder bewegen können. Wir haben gemeinsam herausgefunden, dass der Quader und damit der Raum, den er einschließt, sich über die Extrempunkte und somit Breite, Länge und Höhe, die im System Wippe maximal eingenommen werden können, bestimmen lässt. Er ist damit eindeutig beschrieben und bei gegebenen Werten für Breite, Länge und Höhe berechenbar. Kommen wir zur Auswertung und liefern die Begründung, warum wir diesem Beispiel so hartnäckig gefolgt sind, obwohl es uns auf einen ersten Blick als überflüssig erscheint.

In unserem Quader befindet sich die Wippe nebst den zwei Kindern. Damit steht der Quader stellvertretend für das übergeordnete System. Das untergeordnete ergibt sich aus der Wippe selbst, den zwei Kindern und dem Aktionsradius der Wippe. Wenn man das jetzt verstanden hat, erschließt sich, dass das übergeordnete System endlicher Natur ist, da es über Breite, Länge und Höhe eindeutig definiert ist. Das systembedingte Maximum liegt in den Extrempunkten, die im untergeordneten System erreicht werden können. Das übergeordnete System kann aus eigener Kraft unmöglich wachsen. Dazu müsste man von außen eingreifen. Das heißt, wir bauen gegebenenfalls einfach eine größere Wippe. Doch im Ergebnis wird diese wieder endlich sein, denn sie ist ebenfalls durch Breite, Länge und Höhe definiert und in ihrem Wachstum systemischer Natur begrenzt. Damit bleibt der Raum des übergeordneten Systems auch in diesem Fall endlich.

Innerhalb dieses Quaders können wir jedoch durch den Aktionsradius der Wippe jedweden Punkt erreichen. Jeder einzelne Punkt, den wir in diesem Spiel erreichen können, ist ebenfalls durch Breite, Länge und Höhe eindeutig bestimmbar. Der Möglichkeiten für dieses Szenario gibt es ihrer unendlich viele.

Damit steht fest, dass Unendlichkeit immer im untergeordneten System stattfindet, denn es gibt unendlich viele Punkte, die man erreichen kann. Je mehr diese das untergeordnete System ausfüllen, umso mehr nähert es sich dem übergeordneten in irgendeiner Form an. Das ist übrigens eine der Kernaussagen von Stephen Hawking, die wir mit der Gleichung untergeordnetes System + übergeordnetes System = 1 erwähnt haben, wenn diese ein systemisches Gleichgewicht erfüllt und den Wert 1 annimmt. Das heißt, dass ein Raum immer endlich und das, was in ihm stattfindet, unendlich ist.

Diese Logik steht ebenso für die im System Mensch. Das System Mensch ist durch den menschlichen Körper räumlich begrenzt und damit endlich. Die in ihm stattfindenden Prozesse sind unendlich. Daraus folgt, dass die systemische Logik innerhalb des Systems Mensch numerischen Werten unterliegt wie die Wippe auch.

Zu welcher grundlegenden Erkenntnis gelangt man, da alles 1 ist. Wenn das auf das System Wippe zutrifft, dann muss diese Logik in jedwedem anderen System gegeben sein. Daraus folgt, dass jedes System, egal wie groß es ist, dieser Erkenntnis folgt und berechenbar ist. Wir könnten mit diesem Grundverständnis die exakte Größe des Sonnensystems bestimmen und zahlenmäßig definieren. Vertrauen wir darauf, denn es geht.

Wozu brauchen wir das? Es ist wichtig zu wissen, wie das uns übergeordnete System sich mathematisch gestaltet und aussieht, damit wir zu den richtigen Schlussfolgerungen im untergeordneten kommen können. Die Ergebnisse, die sich daraus ergeben, führen uns automatisch zum System Mensch, weil dieses gleichfalls über einem unter- als auch übergeordneten System errichtet worden ist. Mit anderen Worten, es folgt gleichermaßen einer ganz konkreten Logik, und zwar genau derselben. Weiter mit unserer Wippe.

Wer aufgepasst hat, wird sich die Frage gestellt haben, ob noch etwas fehlt. Woher nimmt man, dass das eine Kind, welches sich am Boden befindet und die Stellung beibehält, in dieser Position ausschließlich für einen negativen Wert Rechnung trägt? Diese Frage ist völlig berechtigt, da immer ein gegenläufiger Kreislauf existiert, der die Dinge in der Waage hält. Es gibt immer zwei Seiten der Medaille, doch das vergessen wir gelegentlich.

Das Kind am Boden hat zum Beispiel Freude daran, dass es sein viel, viel schwereres Gegenüber geschafft hat, auf der Gegenseite oben zu halten. Damit ist im konkreten Fall der Systemwert nicht mehr negativ, sondern positiv. Freude kann sowohl aus einem positiven Beweggrund als auch einem negativen Beweggrund heraus resultieren. Letzteren nennen wir im täglichen Sprachgebrauch übrigens Schadenfreude und im Gegenteil Übermut. Daraus folgt, dass der Systemwert am Boden nicht nur ein Minus, sondern auch ein Plus als mathematisches Vorzeichen tragen kann.

Da wir vier Extrempunkte in unserem Spiel Wippe erhalten haben, existiert diese Konstellation exakt viermal in unserem System und in jedem unserer Extrempunkte finden wir diese nur jeweils einmal wieder. Das heißt, dass in den Extrempunkten die Werte plus Eins und minus Eins gleichermaßen vertreten sein müssen. Daraus folgt, dass auf jeder Seite in unserem System Wippe an den Außenseiten, wenn wir diese zusammenfassen, jeweils zweimal Plus und zweimal Minus vorhanden sind und damit links und rechts von dieser. Befindet sich der Balken in der Waagerechten, heben sich Plus und Minus prinzipiell auf und führen zum Systemwert Null. Die Null besitzt damit einen Wert.

Wir wissen, dass die Null in diesem Spiel nur erreicht werden kann, wenn $-1+1=0$ oder $+1-1=0$ erfüllt ist und das ist nur möglich, wenn der Wippbalken sich in vollständiger Balance befindet und auf Dauer in der Waagerechten befindet. In einem Gleichgewicht müssen beide Gleichungen gegeben und damit parallel erfüllt sein.

Man sieht sofort ein Problem, da es nicht möglich ist, sich dauerhaft in der Waagerechten zu halten. Damit haben wir die Begründung, dass das systemische Gleichgewicht in der Mitte eigentlich nie existiert und nur vorübergehend eingenommen werden kann. Daraus folgt, dass auch hier Zeit eine Rolle spielt und welcher Toleranzbereich hierfür zulässig ist.

Die Gleichungen für - 1 - 1 = - 2 und + 1 + 1 = + 2 können wir in diesem Zusammenhang vernachlässigen, da es sich wie bei den zwei Magneten verhält, wenn diese mit der gleichen Polung in der Mitte aufeinandertreffen. Sie sind nicht in der Lage, sich zu begegnen und zu vereinen. Das gilt auch für die Wippe in den Randpositionen, da eine Aufwärtsbewegung auf der einen Seite nicht in einer Aufwärtsbewegung auf der anderen enden kann und eine Abwärtsbewegung, der im Ergebnis eine Abwärtsbewegung gegenübersteht, nicht existiert. Die Wippe müsste dazu auseinanderbrechen, um das zu erfüllen. Macht sie hoffentlich nicht.

Unabhängig davon, dass die Systemwerte plus Zwei und minus Zwei im System nicht existent sind. Diese sind über + 1 und - 1 beziehungsweise über + 100% und - 100% definiert. Die Lösung + 2 beziehungsweise - 2 existiert prinzipiell nicht, da das übergeordnete System immer in der numerischen Eins endet und darauf systemisch begrenzt ist. Es ist immer die Eins. Wir haben somit eine ganz einfache Begründung gefunden, dass Stephen Hawking mit seiner Theorie richtig lag. Wir sehen uns diesen Sachverhalt in einer vereinfachten Form grafisch an. Wir verwenden die Buchstaben A, C und B in der Horizontalen. A und B stehen für den mathematischen Betrag von Eins und liefern die Systemwerte innerhalb dieser, die zu Bewegung führen und in der Mitte über den Systemwert Null laufen.

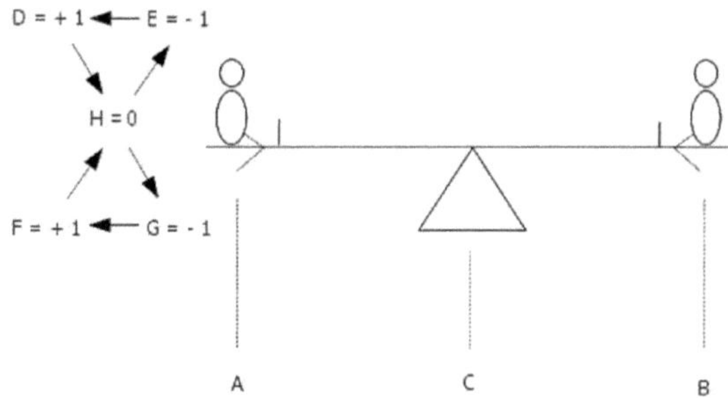

Wir haben links den systemischen Kreislauf dargestellt, der sich aus den Werten in den Extrempunkten, ihrer vier, zweimal + 1 (D = + 1 und F = + 1) und zweimal - 1 (E = - 1 und damit G = - 1) ergibt und in der Mitte unserer Null (H = 0) folgt. Wir haben damit insgesamt fünf Werte im System stehen, die wir mit D, E, F, G und H gekennzeichnet haben. Den Wert Fünf merken wir uns erneut, da er uns zum gegebenen Zeitpunkt wiederbegegnen wird. Im Zweifelsfall nehmen wir unsere fünf Finger einschließlich Daumen zu Hilfe, wenn wir ihn uns nicht merken können. Auch das hat seinen Grund, warum es ausgerechnet fünf sind. Daraus folgt, wenn wir die Systemwerte den jeweiligen Buchstaben zuordnen, dass sich dort zweimal plus Eins, zweimal minus Eins und einmal Null ergeben. Die beiden Werte plus Eins und minus Eins, jeweils zweimal im System vorhanden, können sowohl oberhalb des Gleichgewichts in der Mitte eingenommen werden als auch unterhalb. Wir haben damit vier Extrempunkte, die links in der Grafik dargestellt sind, und jeder dieser vier ist entweder über plus Eins oder minus Eins definiert, wie man bereits erfahren hat. In der Mitte führen diese immer zur Null und damit steht unsere Null für das Gleichgewicht innerhalb der Auf-und-Abwärtsbewegung im System und hat den Buchstaben H erhalten.

Diese Konstellation und somit der übergeordnete Kreislauf, welcher über zweimal plus Eins und zweimal minus Eins eindeutig beschrieben ist, endet in der Mitte der Bewegung und beginnt im Umkehrschluss im Buchstaben H. Das heißt, dass die systemische Null in einem Gleichgewicht immer gegeben ist und die vier Werte, zweimal plus Eins und zweimal minus Eins, in dieser vorhanden sein müssen. Systemwerte können nicht einfach aufhören zu existieren oder einfach verloren gehen. Sie sind in einem System allgegenwärtig. Damit wissen wir, dass Folgendes gilt:

1. Es liegt jeweils ein Plus und ein Minus auf jeder Seite der Null an und somit sind es jeweils zwei Systemwerte, die zur Null in der Mitte führen.

2. Damit steht im Ergebnis, dass nicht nur ein Kreislauf zur Null führt, sondern zwei, da es sowohl einen über der Null als auch einen unterhalb gibt.

3. Die Null ist offensichtlich über die gleichen Systemwerte in der Mitte definiert wie die innerhalb der beiden Kreisläufe, deren Beschreibung bereits erfolgt ist.

4. Es existieren damit die Systemwerte zweimal plus Eins und zweimal minus Eins innerhalb der Null.

5. Mit anderen Worten, was im übergeordneten System gegeben ist, gilt im untergeordneten gleichermaßen und die systemischen Werte sind vollkommen identisch.

Damit wurde bewiesen, dass die Null, der man in der Theorie das pure Nichts zu sein unterstellt, nicht stimmt, denn wir haben zweimal plus Eins und zweimal minus Eins in dieser erhalten und eine Eins ist jawohl nicht das pure Nichts, egal welches Vorzeichen sie trägt.

Damit bedarf die Theorie von Stephen Hawking einer Erweiterung, denn wir müssen die Annahmen auf minus Eins und Null erweitern und erhalten damit zwei weitere mathematisch basierte Gleichungen, die uns im System fehlen. Die für plus Eins haben wir und diese ist allein seinem Genie zu verdanken.

Aus 1. bis 5. ergibt sich, dass wir etwas Weiteres vorab noch klären müssen. Die Extrempunkte sind alle über das mathematische Plus und Minus definiert. Plus und Minus findet man zum Beispiel auch innerhalb dem uns allen bekannten elektrischen Stromkreis wieder. Von diesem weiß man, dass ein Strom von Minus nach Plus fließt. Im System wäre bei Plus immer Schluss, da ein Strom sich angenommenermaßen nicht von Plus nach Minus bewegt. Zumindest ist das die bisherige Annahme gewesen, die aber widerlegt wurde. Jedoch um das System zu verstehen, hilft diese etwas verquere Ansicht weiter.

Diese Laufrichtung existiert somit rein hypothetisch in einem Stromkreislauf nicht und das gilt auch für unser System Wippe, da alles 1 ist und damit ein und dasselbe. Daraus folgt, dass ein gegenläufiger Kreislauf existieren muss, den man nicht vordergründig wahrnimmt. Das heißt gemessen an unserem Beispiel, dass sich im widrigsten Fall unsere zwei Kinder nur in den Extrempunkten oberhalb der Null bewegen könnten beziehungsweise immer nur unterhalb von dieser. Es wären somit zwei Räume existent, denen jeweils nur ein Kind zugewiesen wäre. In diesen beiden Räumen würde sich immer nur eines der Kinder bewegen können, da nur die bisherige Lösung existiert. Das kann einfach so noch nicht sein, da sie wippen.

Es existiert damit ein gegenläufiger Kreislauf, der fernerhin auf einem Gleichgewicht basieren muss. Noch haben wir diesen nicht in unsere Betrachtung einbezogen und so widmen wir uns vorerst den systemrelevanten Entscheidungen, die sich in D, E, F und G für unsere Kinder ergeben, da wir diese brauchen. Halten wir vorab fest, was wir bereits gegeben haben. Dabei muss man sich ein wenig konzentrieren, da viele Zusammenhänge bereits erarbeitet wurden, die es im weiteren Verlauf zu beachten gilt.

1. D = + 1 (Oberer Extrempunkt in der linken Randposition)
2. E = - 1 (Oberer Extrempunkt in der rechten Randposition)
3. F = + 1 (Unterer Extrempunkt in der linken Randposition)
4. G = - 1 (Unterer Extrempunkt in der rechten Randposition)

5. D + G = (+ 1) + (- 1) = 0 = Systemkreislauf 1
6. F + E = (+ 1) + (- 1) = 0 = Systemkreislauf 2
7. 0 = D + G + F + E = (+ 1) + (- 1) + (+ 1) + (- 1) = Systemkreislauf 3

8. Es stehen sich in der Diagonalen D = + 1 und G = - 1 gegenüber, die in der Summe und damit in der Mitte Null ergeben.

9. Es stehen sich in der Diagonalen F = + 1 und E = - 1 gegenüber, die in der Summe ebenfalls in der Mitte zur Null führen.

10. Weiterhin existiert in der Waagerechten oberhalb der Null die Beziehung E = - 1 und D = + 1 und ergibt auch dort den Systemwert Null.

11. Unterhalb dieser in der Waagerechten stehen die Werte G = - 1 und F = + 1, die ebenfalls in der Summe zur systemischen Null führen.

12. Aus der Stromlehre weiß man, dass der systemische Fluss immer im Plus endet und damit geht es dort schon mal prinzipiell nicht weiter. Die Verbindung erfolgt immer systembedingt von Minus nach Plus nach landläufiger Meinung. Diese kann nicht richtig sein, sonst würde es beispielsweise Explosion und im Gegenkreislauf Implosion nicht geben.

Und damit wissen wir, dass ein gegenläufiger Kreislauf vorhanden sein muss. Wir haben also die Punkte D, E, F, G und H, die unser System bestimmen. Zu dem einen Kind gehören die Punkte D und E und zum anderen F und G. In der Mitte steht wie gesagt unsere Null und damit H. Insofern sind zwei Kreisläufe vorhanden, die in irgendeiner Form über D, E und H laufen und im Gegenteil über F, G und H.

Sehen wir uns ein Kind an und welche Entscheidungen es in diesem System treffen kann. Wir betrachten das, welches sich oberhalb der Null bewegt und beginnen bei plus Eins.

D steht dafür, es will hoch. Die plus Eins ist damit im System gegeben. Es ist oben, da wo es sein will.

E steht dafür, dass es wieder nach unten möchte. Die minus Eins ergibt sich im System oben, rechts. Irgendwann geht es bergab. Es landet am Boden und damit entweder in der plus Eins oder minus Eins, ergo in den Punkten F oder G.

F steht dann am Boden für "Ich will wieder nach oben." und trägt den Wert plus Eins.

G steht somit dafür, dass es in die minus Eins will und damit auf den Boden. Es ist angekommen. Im nächsten Schritt trifft es die Entscheidung, ob es bleiben oder wieder nach oben will.

Wir wissen, es wäre nach der ersten Entscheidung bereits Schluss mit dem Wippen, denn wir landen jedes Mal im Plus und dort geht es nicht weiter, da Strom von Minus nach Plus fließt. Daraus folgt, dass die Entscheidung des anderen Kindes entscheidend dafür ist, dass es in irgendeiner Form weitergeht.

Daraus ergibt sich, dass die Entscheidungen des anderen Kindes, dem des einen entgegenstehen, und zwar genau im Gegenteil, sonst geht es nicht weiter. Es existieren hierdurch zwei Kreisläufe, die sich irgendwo begegnen und im Zuge dessen gegenläufiger Natur sind.

Damit steht Unendlich, wenn wir uns an die Formel hierfür erinnern, immer für alle Entscheidungen innerhalb eines Systems. Endlich ergibt sich, welche überhaupt möglich sind. Es ist notwendig, dass verstehen zu wollen, da Systeme nie Werte annehmen können, die dieser Kausalität nicht folgen. Wenn man das bereit ist anzunehmen, reduzieren sich sämtliche Dinge auf einen einfachen Zusammenhang.

In diesem Fall landet man erneut bei der Gleichung, dass das übergeordnete System + das untergeordnete System = 1 ist. Das sehen wir uns in einer Grafik an.

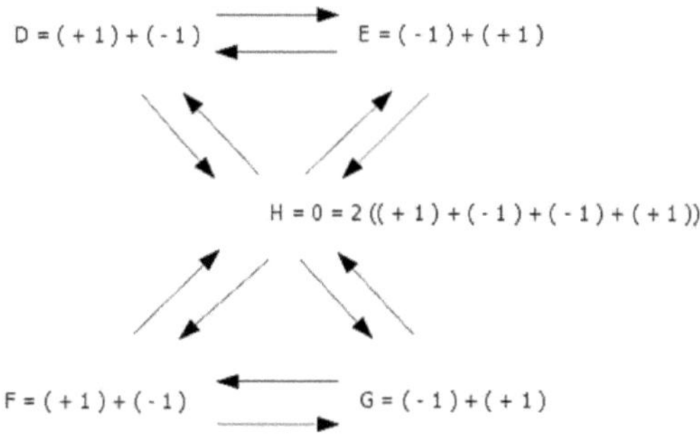

Es wurden an alle Eckpunkte einschließlich Null, Buchstabe H, die Systemwerte geschrieben, die in einem ersten Anlauf existieren können. Das System läuft. Es befindet sich alles in einem systemischen Gleichgewicht und dieses steht immer dafür, dass irgendetwas funktioniert.

Ein Kind befindet sich in der plus Eins und möchte nach unten. Es lehnt sich zurück, verlagert sein Gewicht und es geht hinab in die minus Eins oder plus Eins. Im Gegenzug möchte es nach oben und zum Beispiel von der plus Eins, da es auch die minus Eins im gegenläufigen Kreislauf am Boden sein könnte, wieder in die minus Eins im oberen System.

Will es nach oben, lehnt es sich in der Regel etwas nach vorn und stößt sich mit beiden Beinen vom Boden ab. Die Werte im System der Auf-und-Abwärtsbewegung bleiben von Bestand. Damit wissen wir, denn wir haben bisher nur die Bedingungen für die Höhe erörtert, dass diese für Breite und Länge ebenfalls existieren müssen. Das Vor- und Zurückbewegen des Oberkörpers gehört bereits zur Längsbewegung. Damit steht fest, da alles 1 ist, dass die gleichen Bedingungen vorherrschen müssen wie bei der Auf-und-Abwärtsbewegung. Da dem so ist, gilt das für die Bewegung in der Breite als auch für die Bewegung in der Länge. Das System ist damit vollständig beschrieben.

Sehen wir uns erneut die Logik an, die wir dadurch erhalten. Man hat zwei Kreisläufe, die übereinanderliegen und sich in der Mitte treffen. Man hat beispielsweise nachstehende Möglichkeiten, um zu entscheiden, wann der obere Extrempunkt in der linken Randposition eingenommen wird. In diesem Fall stehen die plus Eins und die minus Eins gleichwertig nebeneinander.

1. Man bleibt oben. Der Wert lautet plus Eins.

2. Man möchte weg. Damit ist der Wert minus Eins relevant.

3. Von der minus Eins kann man immer nur zu einer plus Eins gelangen. Diese befindet sich im oberen Extrempunkt in der linken Randposition, in der Mitte sowieso und im unteren Extrempunkt in der linken Randposition als auch der rechten, da über einem Minus immer auch ein Plus existiert und vice versa.

4. Es gibt eine Entscheidung, die sich aus vier möglichen ergibt.

5. Daraus folgt, man bleibt oben, gelangt in die Mitte oder in das Plus oder Minus am Boden. Der gegenläufige Kreislauf verfügt sowohl über Plus als auch Minus.

6. Es steht damit eine Entscheidung über vier möglichen Positionen im Ergebnis.

7. Daraus folgt, dass eine Entscheidung zu vier Ergebnissen führt. Numerisch ergibt

sich daraus in der Quersumme die Fünf und die sollten wir uns bereits gemerkt haben.

In der Systemtheorie bezeichnet man diese Konstellation mit der Umschreibung 1 über 4 und im gegenläufigen Kreislauf mit 4 über 1. Eine Entscheidung über vier möglichen Optionen, um zu einer konkreten zu gelangen. Im Gegenteil besitzt das andere Kind ebenfalls diese Möglichkeit. Daraus folgt die Konstellation 1 über 4. In einem systemischen Gleichgewicht ist die Entscheidung von beiden Kindern relevant und damit erhält man sowohl 1 über 4 als auch 4 über 1. 4 über 1 ergibt sich in diesem Fall für das Gegengleichgewicht im System. Damit gilt das auch für das System Mensch.

In der Quersumme ergibt sich jeweils der Systemwert Fünf für beide Entscheidungen, die sich im Ergebnis gegenüberstehen. In vereinfachter Form lautet das Ergebnis 5 über 5, die zusammen den Wert Zehn ergeben. Diese numerische Zehn ist im System Mensch fest verankert und steht stellvertretend für das Gleichgewicht, welches sich aus 5 + 5 = 10 ergibt. Diese Zehn stellt die Basis für unsere Existenz dar. In der Quersumme für die Zehn erhält man die Eins, da 0 + 1 = 1 ist. Damit haben wir bewiesen, dass für das übergeordnete System 1 über 10 und 10 über 1 beziehungsweise in verkürzter Form 1 über 1 und 1 über 1 im gegenläufigen Systemkreislauf gelten muss.

Eigentlich könnte man jetzt aufhören, da unsere Theorie vollständig zum jetzigen Zeitpunkt bereits bewiesen ist, da der Gegenbeweis ebenfalls geliefert wurde. Machen wir jedoch weiter, da die Dinge sitzen müssen.

Kommen wir deshalb zurück zu unserer vorherigen Abbildung. Es ist unschwer zu erkennen, dass beide gegenläufigen Kreisläufe dem Symbol der Unendlichkeit folgen. Der eine läuft links herum und der andere ist rechtsläufig. Das kann man nachvollziehen, indem man den Pfeilen immer in eine Richtung folgt. Dabei ist festzustellen, dass einer der Kreisläufe immer innen liegt und der andere sich außerhalb befindet. Dieses Szenario erfolgt im steten Wechsel. Erst liegt der äußere innen und der innere außen, dann der innere außen und der äußere innen. Es ist ein systemischer Kreislauf.

Was man dabei feststellt, dass Endlichkeit immer für das übergeordnete System steht und Unendlichkeit für das untergeordnete. Wir lagen mit unserer Behauptung einige Seiten zuvor richtig, sonst hätten wir das Unendlichkeitssymbol zum Beispiel grafisch nicht auf einer Seite Papier unterbringen können. Es wäre unmöglich, dieses Symbol auf einem Blatt Papier zu skizzieren, wenn es unendlich wäre.

Mit anderen Worten und ganz einfachen, Unendlichkeit könnte man zum Beispiel in einem Fingerhut unterbringen, denn diese findet auch in diesem statt. Damit würde der Fingerhut als solcher für die Endlichkeit stehen. Wie wir bereits wissen, steht dieser dann für das übergeordnete System und das, was in ihm stattfindet, für das untergeordnete. Damit haben wir einen Auftrag erhalten. Wir müssen uns das Thema Endlich und Unendlich vor Augen halten. Wie man bereits zur Kenntnis genommen hat, findet Unendlichkeit immer im Kleinen statt. Sehen wir uns das als Erstes gemeinsam an.

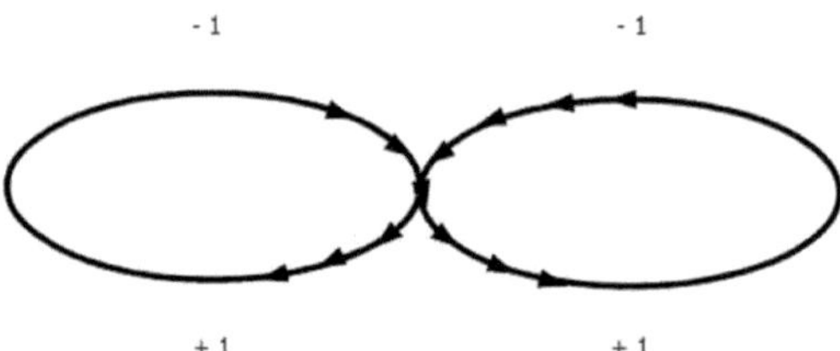

Was sieht man? Es sind zwei Ellipsen und damit zwei geschlossene ovale Kurven, die sich in der Mitte treffen. Da sich Strom der vorherrschenden Meinung nach immer von Minus nach Plus bewegt, kann sich das Minus in unserer linken Ellipse entweder nur nach unten in das Plus links begeben oder rechts. Es steht im Ergebnis minus Eins über zweimal plus Eins. Im umgekehrten Fall kann das Minus in der rechten Ellipse entweder nur im Plus rechts, unten enden oder links, unten und ist damit im unteren Kreislauf jeweils links und rechts zu finden. Auch hier ergibt sich am Ende unsere minus Eins über zweimal plus Eins. Fassen wir unsere zweimal plus Eins zusammen, erhalten wir den Systemwert plus Zwei. In der Systemtheorie steht damit numerisch beziehungsweise zahlenorientiert 1 über 2 im Resultat.

Wie wir sehen, da die Eins ungleich der Zwei ist, kann es sich noch nicht um ein systemisches Gleichgewicht handeln, denn es fehlt der gegenläufige Kreislauf. Dieser muss folgerichtig 2 über 1 lauten. Warum ist das so? In beiden Ellipsen endet der Kreislauf immer im Plus und dort geht es bekanntermaßen nicht weiter. Wir erinnern uns, dass es so sein muss, da Strom gemäß unserer Annahme stets von Minus nach Plus fließt. Sehen wir uns den gegenläufigen Kreislauf an.

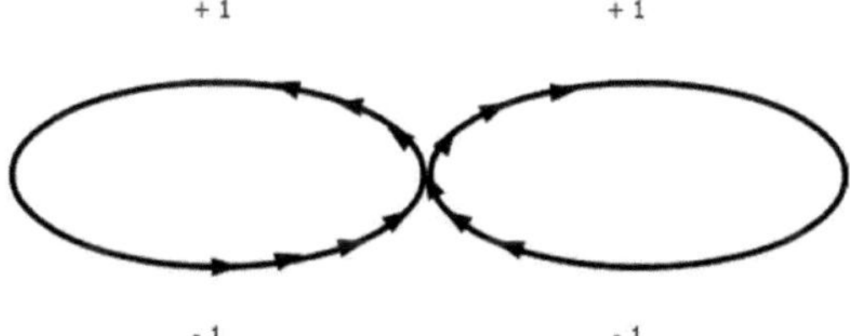

Unsere minus Eins links, unten kann sich jetzt entweder nach oben, links zur plus Eins bewegen oder nach oben, rechts. Im Gegenteil hat die minus Eins rechts, unten nur die Möglichkeit, sich nach oben, rechts zur plus Eins oder oben, links zu bewegen. Es wurden bewusst die zweimal plus Eins oberhalb in der Grafik angesiedelt, da sich im Ergebnis zweimal plus Eins über einmal minus Eins befinden. Das gilt für beide Kreisläufe.

Damit erhalten wir im Ergebnis in verkürzter Form 2 über 1. Auch dort endet der Kreislauf im Plus, da sich das Plus aus eigenem Antrieb nicht zurück zur minus Eins bewegen kann. Wäre das möglich, würde die plus Eins entweder in der minus Eins unten, links oder unten, rechts enden. Infolge des fehlenden Gegenkreislaufes ist keine Funktionsfähigkeit gegeben. Damit das passfähig wird, gibt es einen ganz einfachen Schluss. Die zwei Unendlichkeiten, welche beide durch die Endlichkeit des Systems begrenzt sind, müssen im System somit folgerichtig übereinander angeordnet sein. Über Endlich erfolgt somit die Verbindung.

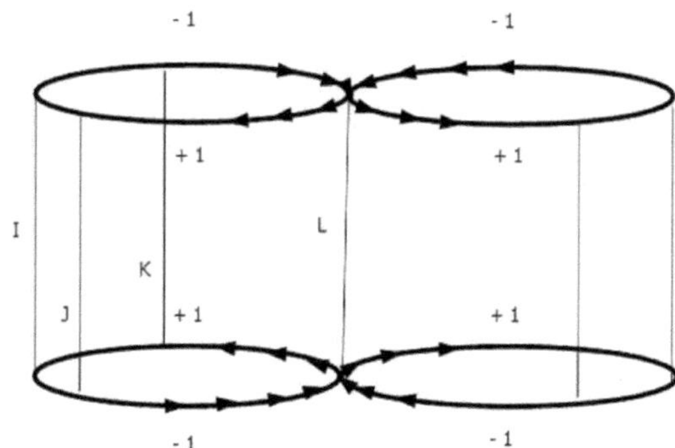

Unendlichkeit findet somit immer im untergeordneten System statt, da wir jedweden Punkt innerhalb unseres Unendlichkeitszeichens und auf der Bahn bestehend aus den zwei Ellipsen, die sich in der Mitte exakt in einem Punkt treffen, erreichen können. Bekanntermaßen gibt es dort unendlich viele Punkte. Das Symbol der Unendlichkeit ist begrenzter Natur, denn es steht ja auf unserem Blatt Papier und dieser Sachverhalt ist uns bereits bekannt. Daraus folgt, dass Unendlich + Endlich = 1 ist und für das übergeordnete System + das untergeordnete System ebenfalls = 1 gilt. Wir haben bewusst die zwei Kreisläufe etwas auseinandergezogen, damit wir sehen können, was zwischen diesen beiden abläuft. Wir wissen natürlich, dass diese üblicherweise miteinander engverbunden sind und direkt aufeinanderliegen. Es wurden zum Zweck der Veranschaulichung vier Senkrechte eingezeichnet, die mit I, J, K und L gekennzeichnet sind. Diese sind für die Verbindung zwischen den Systemen, ergo zweimal Unendlich, verantwortlich, da diese jeweils in plus Eins enden. Das Problem ist jetzt behoben, da man sich nun zu jedem Punkt innerhalb des Gesamtsystems bewegen kann. Zur Veranschaulichung spannen wir uns einen Teil der Grafik auf.

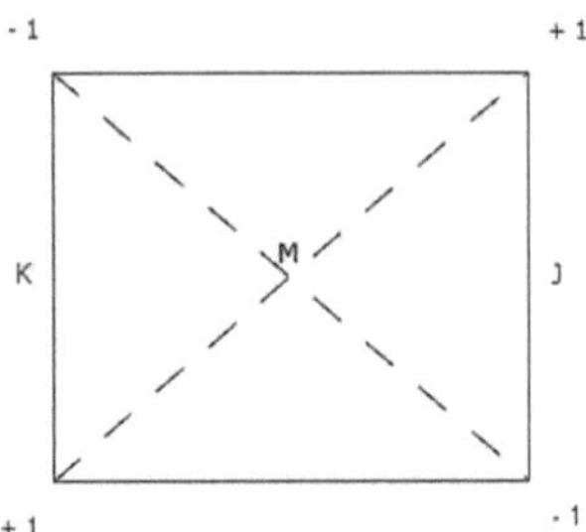

K und J stehen für die systemische Verbindung zwischen den zwei Unendlichkeiten. Auch hier kann sich nur von minus Eins nach plus Eins bewegt werden. Es wäre bei plus Eins Schluss. Infolge lautet die systemische Grundgleichung 1 über 2. Wir müssen somit den Querschnitt betrachten, den man in der Längsrichtung erhält, da wir der Seitenrichtung gefolgt und damit in die Tiefe gegangen sind. Daraus folgt, dass es sich um die Fläche, die zwischen I und L liegt, handelt.

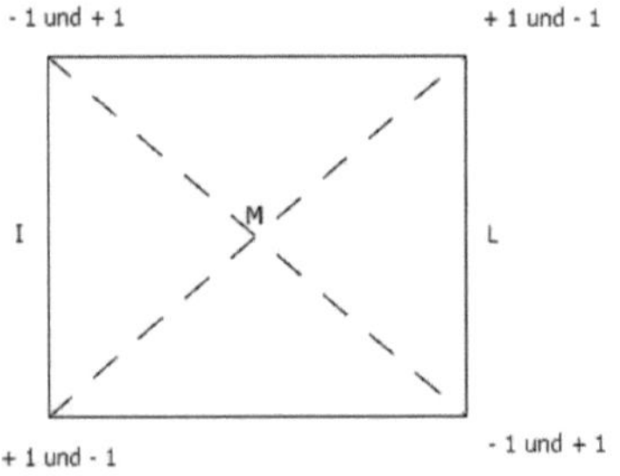

Da es sich um den Querschnitt, den man aus der Blickrichtung von vorn erhält, handelt, stehen sich links und rechts als auch oben und unten die Werte plus Eins und minus Eins als auch minus Eins und plus Eins im gegenläufigen Kreislauf gegenüber. Diese treffen sich in der Mitte und bilden dort eine Gerade, die durch die Punkte I, L und M geht. Wir wissen damit, dass im Punkt M die systemische Null vorhanden sein muss. Diese existiert nun nicht mehr nur dort, sondern auch in den Punkten I und L und damit dreimal in der Waagerechten.

In der Breite hatten sich diese in den Punkten K, J und M ergeben. Wir haben im System mittlerweile fünfmal die Null stehen. Jetzt müssten wir noch die Höhe betrachten, aber das ist eigentlich nicht notwendig, da diese genau derselben Logik folgt. Es existiert auch dort eine Gerade, die durch drei Punkte geht und der mittelste ist wieder unsere Null. Im Ergebnis haben wir insgesamt siebenmal die Null erhalten, wovon eine davon sich exakt in der Mitte befindet. Sechsmal Unendlich und einmal Endlich finden sich in diesem, einem Punkt wieder, für den Unendlich + Endlich = 1 gilt. Es sind somit drei Achsen, die sich in einem Punkt in der Mitte treffen. Da wir dieses Ergebnis im Vorfeld bereits erhalten haben, stehen diese sechs Nullen gleichfalls für die sechs Sonnen, die systemisch mit der unsrigen über die drei Geraden aus Breite, Länge und Höhe in unserem Sonnensystem verbunden sind.

Die Vereinigung und damit die Verbindung wird über die Systemwerte des mathematischen Betrages von Eins definiert, die in einem Gleichgewicht zum Systemwert Null führen. Daraus folgt, dass die Systemwerte minus Eins und plus Eins elementar für den Aufbau unseres Sonnensystems sind. Es folgt weiterhin, da man mehr Beweise nicht benötigt, dass alle Systemwerte innerhalb unseres Sonnensystems und damit auch innerhalb von uns, im System Mensch, über den mathematischen Betrag von Null und Eins definiert sind. Sehen wir uns das grafisch an.

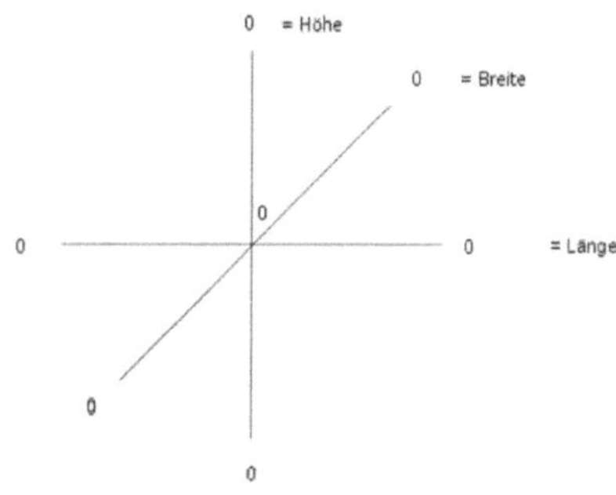

Es sind im Ergebnis drei Achsen, die gleich lang sind und sich in der Mitte treffen. Jede Position an den Rändern und in der Mitte ist mit einer Null besetzt und es sind insgesamt sieben. Daraus folgt, dass benachbarte Systeme genau so aufgebaut sein müssen wie das unsrige auch.

Doch vorab könnte die Frage aufkommen, warum diese gleich lang sind. Und das hat eine ganz einfache Bewandtnis und diese veranschaulichen wir uns anhand unserer Wippe. Wir setzen dabei voraus, dass die zwei Kinder das systemische Gleichgewicht in der Mitte erkannt und sich direkt darübergestellt haben.

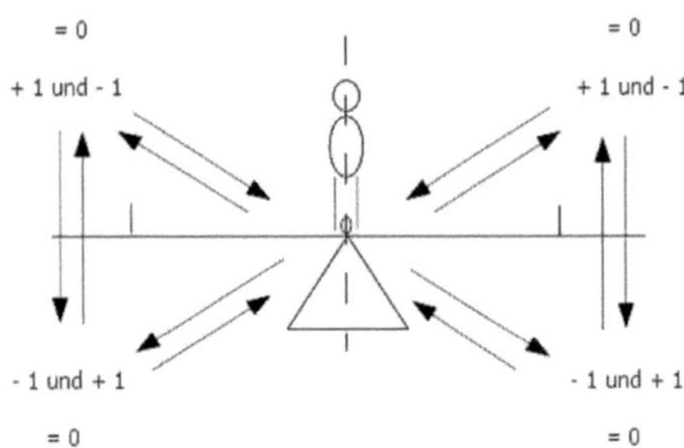

Was man sieht, dass jeweils zweimal Plus und zweimal Minus von jeder Seite in der Mitte in der Null aufeinandertreffen. Das heißt, dass sich diese begegnen und in irgendeiner Form gegenüberstehen. Da die jeweils Vier (zweimal Plus + zweimal Minus) sich von beiden Seiten in der Mitte treffen, heißt das, dass sich diese gegenüberbefinden. Da Minus immer nach Plus läuft, stehen sich diese beiden Kreisläufe links und rechts in der Mitte etwas versetzt über Zeit gegenüber.

Daraus folgt, dass es vier Kreisläufe in der Summe sein müssen, die übereinanderliegen. Diese sind in der Vertikalen miteinander verbunden. Sehen wir uns vorab den Querschnitt innerhalb Unendlich auf der rechten und linken Seite an.

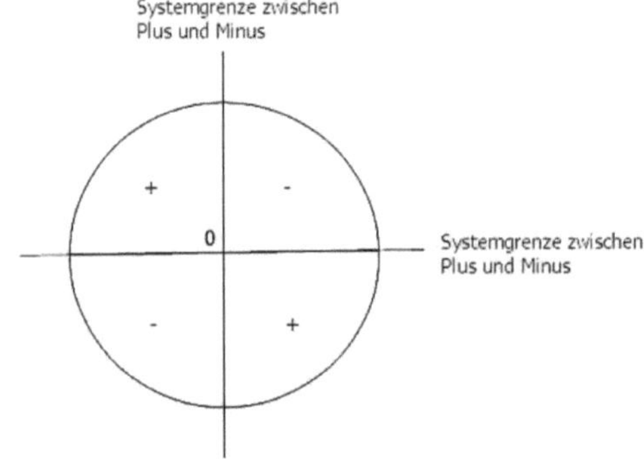

Es ist völlig egal, ob das links oder rechts ist, aber die Konstellation innerhalb von Unendlich und damit im Querschnitt, der diese folgt, muss genau so aussehen. Man sieht auch hier, dass der Kreislauf innerhalb dieser bei Plus sein Ende finden würde. Daraus folgt, wie man bereits richtig vermutet, dass die andere Schleife (der gegenläufige Kreislauf) von Unendlich etwas gedreht sein muss, denn sonst würde der systemische Kreislauf nicht funktionieren. Damit erhalten wir folgendes Bild:

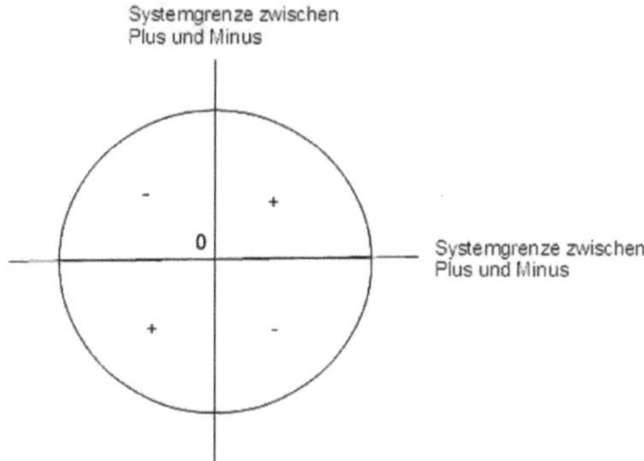

Würden wir jetzt beide Querschnitte übereinanderlegen, stehen sich immer Plus und Minus gegenüber und damit funktioniert das System. Die Bewegung innerhalb dessen sieht, wenn wir immer jeweils ein Plus und jeweils ein Minus übereinanderliegend zusammenfassen würden, so aus. In der Gesamtheit ergibt sich Unendlich bereits zu einem Teil, welches sich innerhalb Endlich bewegt. Wir halten uns diese Logik exemplarisch (zweidimensional) nur vor Augen, da das Gefüge in einer Gesamtbetrachtung einfach zu groß werden würde, obwohl es sich in einem unendlich kleinen Raum abspielt. Es soll uns nur verdeutlichen, welcher Komplexität das Sonnensystem unterliegt.

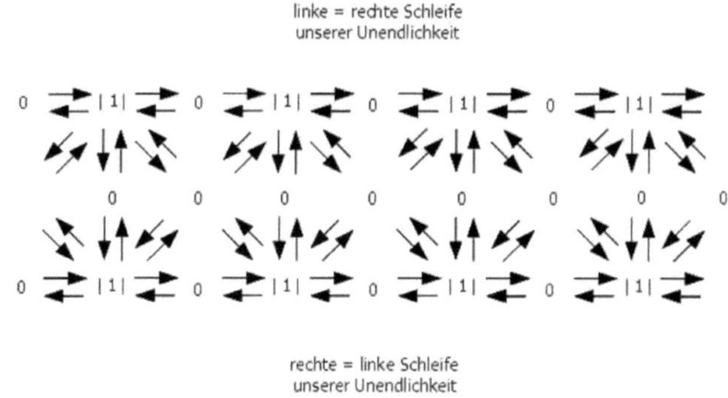

Man sieht, dass vier Pfeile immer auf einen Wert im System gerichtet und gegenläufig installiert sind und damit acht. Wir erhalten auch hier viermal Minus und viermal Plus im System, die zur systemischen Null oder Eins führen. Da wir simplifiziert haben und die Systemwerte Null und Eins somit über Breite, Länge und Höhe übereinanderliegen, sind es tatsächlich wesentlich mehr Verbindungen, da diese bei minimalster Betrachtung vierzehn Pfeile in einem Systemwert ergeben müssten, welche sich aus drei Geraden und vier Diagonalen einschließlich Gegenkreislauf ergeben. Da das aber zu komplex wird, wurde nur auf einen kleinen Teil der Systemlogik abgestellt, um ein grundlegendes Verständnis diesbezüglich zu bekommen. Im gegenläufigen Kreislauf ergibt sich damit auszugsweise:

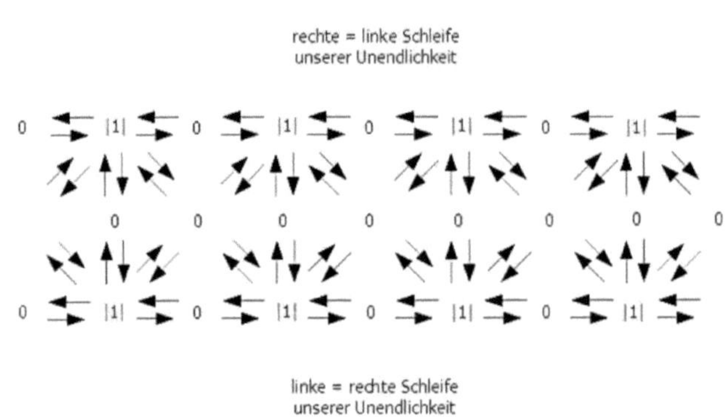

Wir erhalten, dass alle Pfeile jetzt in die jeweils andere Richtung zeigen und damit handelt es sich um den gegenläufigen Kreislauf, der zu viermal Plus und viermal Minus führt. Da wir wissen, dass immer auf der Gegenseite dieser Kreislauf wieder genau gegenläufig stattfindet, erhalten wir insgesamt achtmal Plus und achtmal Minus, die wieder zur systemischen Null führen. Da unsere Betrachtung nur auf eine Seite unseres Würfels abgestellt ist, ergibt sich diese Logik sowohl für Breite, Länge und Höhe wie bei allen anderen auch. Daraus folgt, dass man einen Würfel erhält, der über den mathematischen Betrag von Null und Eins definiert ist und über Zeit und Raum zu einer Kugel führt. Damit steht fest, dass Unendlich immer im Kleinen stattfindet und Endlich im Großen. Diese sind über das, was wir überall und in allen Betrachtungen erhalten haben, definiert.

Es steht fest, dass Unendlich über Breite, Länge und Höhe erfolgt und sich mittels dreier Achsen immer in der systemischen Null trifft. Der übergeordnete Raum ergibt damit immer Endlich. Innerhalb des Systems liegt Bewegung in der Verantwortung von Zeit. Diese ist gleichbedeutend für die systemische Verbindung zwischen übergeordnetem System und untergeordnetem. Das impliziert, dass unser Lebensraum künstlich erschaffen worden ist. Der Mensch ist damit ein Konstrukt, wie wir bereits mehrmals bewiesen haben.

Das, was wir als natürlich begreifen, ist somit nicht existent. Liest sich etwas absonderlich und merkwürdig, aber es ist so. Damit sind für jeden Mensch innerhalb von diesem riesengroßen System auch Regeln gegeben. Das gilt gleichermaßen für Mann und Frau. Wie so oft fällt auch das Thema unter die Rubrik völlig falsch verstandener Freiheit. Damit beginnen die Dinge negativer Natur immer bei uns selbst.

Halten wir fest: Für Behauptung, Beweis und Gegenbeweis ergab sich jeweils ein Würfel, der über neun numerischen Werten definiert ist und zur systemischen Null führt. Da Behauptung gleich Beweis gleich Gegenbeweis ist und diese ebenfalls systemisch miteinander verbunden sind, sind es im Ergebnis auch unsere drei Würfel, die wir als Lösung erhalten haben und in der Bewegung jeweils zu einer Kugel führen. Damit sind es drei Kugeln, die miteinander verbunden sind. Daraus folgt, dass unserem Sonnensystem jeweils zwei andere in der jeweiligen Geraden gegenüberstehen und zugeordnet sind. Wir fassen die Ergebnisse kurz zusammen:

1. Der Mensch ist ein System. Damit ist die Menschheit ebenfalls ein System, in deren kleinster logischen Einheit jeder Mensch mit jedem in irgendeiner Form verbunden ist. Jeder von diesen ist über den Solarplexus im Sonnensystem verankert.

2. Unser Sonnensystem ist von 26 Systemen umgeben, davon sind sechs selbst ein Sonnensystem und damit existiert dort auch Leben. Da zeitlich vor uns entstanden, ist dieses uns in jeder Hinsicht überlegen.

3. Sämtliche Systeme führen in Raum und Zeit zu einer Kugel, die der Logik eines Würfels folgen. Alle Systeme sind über Breite, Länge, Höhe und vier Diagonalen miteinander verbunden und exakt berechenbar. Es ist folgerichtig ein riesengroßes Netzwerk, um das es sich in letzter Konsequenz handelt, dem wir alle unterliegen.

4. Damit gehört die Hälfte der Unendlichkeit eines Systems immer zur Endlichkeit eines Nachbarsystems als auch vice versa, da Unendlich als auch Endlich systemübergreifend übereinanderliegen, denn wir haben dreimal denselben Würfel, der in der Bewegung zu drei Kugeln führt, erhalten. Es existiert damit eine systemische Verbindung, die über die einzelnen Systeme hinweg ineinandergreift. Die systemische Verbindung lautet immer 1 über 1 und im Gegenkreislauf ebenfalls, nur gegenläufig.

5. Daraus folgt, was wir im System Erde in ein Ungleichgewicht überführen, ist dort

spürbar und da wir das auf allen Ebenen unseres Zusammenlebens erreicht haben, sind die Auswirkungen in den Nachbarsystemen heftig, da Ursache + Wirkung = 1 ist und in diesem Fall ein negatives Ergebnis liefert.

6. Ursache und Wirkung driften zeitlich und räumlich immer auseinander. Die Wirkung tritt immer fern vom Ort der Entstehung und damit der Ursache ein.

7. Daraus folgt, dass unser Fehlverhalten in den übergeordneten Systemen vollständig angekommen ist und wahrgenommen wird.

8. Man wird uns bemerkt und lokalisiert haben. Aber das ist ebenso, wenn man sich für unfehlbar und den Größten im Universum hält.

Wir gehen jetzt gedanklich gemeinsam in eine Raumstation, die im Orbit ist, und über ein riesengroßes Fenster sehen wir gemeinsam auf unsere Erde und die Sonne, um uns ein paar Dinge erneut vor Augen zu halten. Die Erde bewegt sich um die Sonne und dreht sich dabei um ihre eigene Achse. Daraus folgt, dass die Bewegung der Erde für Breite und Länge innerhalb eines Raumes steht, da sie zu jeder Zeit auf gleicher Höhe stattfindet. Deshalb erfolgt diese grundlegende Bewegung auf einer Umlaufbahn, die wir allgemein als Erdumlaufbahn bezeichnen. Doch wo ist die Höhe und diese sehen wir nicht, obwohl es offenkundig ist. Dazu sehen wir uns zwei Fotos von unserer Sonne an.

Bild 1

Wir sehen den Sonnenstrahl in Form einer Geraden. Diese Gerade steht stellvertretend für die Höhe, die uns noch fehlt. Daraus folgt, dass die Höhe unseres Sonnensystems über die Achse, die in der Vertikalen durch unsere Sonne in ihrem Zentrum geht, gegeben ist. Es handelt sich um einen dreidimensionalen Raum. Wenn das für unsere Sonne gilt, gilt das für das ganze Sonnensystem. Sehen wir uns Bild 2 an, welches wesentlich später am selben Tag aufgenommen worden ist. Wir halten jedoch vorab fest, dass die Bewegung von links nach rechts über dem Drehpunkt und damit über dem Zentrum in unserer Sonne erfolgt. Da wir uns auch auf der anderen Halbkugel unserer Erde hätten befinden können, lautet die gegenläufige Bewegung von rechts nach links. Am Beispiel liegt diese Bewegung unterhalb unseres Sonnenstrahls auf der linken Seite, und zwar über die ganze Fläche verteilt, welche dort vorhanden ist.

Bild 2

Dieses Bild wurde am selben Tag nur wesentlich später aufgenommen, wie wir bereits erfahren haben. Wir sehen, dass die Bewegung im blanken Gegenteil gelandet ist. Was vorher rechts war, ist jetzt links und umgedreht und was vorher oben war, ist jetzt unten und vice versa. Daraus folgt, dass das ganze Sonnensystem über die Achse, die durch die Sonne in der Vertikalen verläuft, sich der Höhe nach im gesamten System bewegt. Das heißt, dass das ganze Sonnensystem sich über Breite, Länge, Höhe und damit auch über die vier Diagonalen hinwegbewegt. Die Erde hingegen wird künstlich in der Höhenbewegung unserer Sonne zugeordnet, sonst würden wir dauerhaft einen Drehwurm erleiden. Das Gefühl diesbezüglich kennen wir, wenn es uns zum Beispiel dreht oder schwindlich ist. Das heißt, wir sind in diesem Fall mit dem systemischen Rhythmus der Seiten-, Längs- und Höhenbewegung unserer Sonne in Kollision geraten. Man läuft in diesem Moment gerade mal nicht richtig rund, wenn wir so wollen.

Daraus folgt, dass sich das ganze Sonnensystem bewegt und das übergeordnete dem bestehenden leicht asynchron folgt. Im Ergebnis heißt das, dass die Bewegung der angrenzenden Systeme von der unsrigen immer etwas abweicht, damit die siebenundzwanzig Systeme einschließlich uns im Gesamtgebilde in der Summe wieder zu einem Gleichgewicht führen. Und dieses grundlegende Gleichgewicht haben wir geschlossen als Menschheit erheblich gestört, da alle Systeme am Ende zu einem führen.

Gehen wir noch einen Schritt weiter, wo wir zum Beispiel Unendlichkeit als auch Endlichkeit sehen können. Wir blicken dazu gemeinsam erneut aus unserem Fenster in unserer Raumstation. Wie wir wissen, liegt ein Magnetfeld um unsere Erde. Dieses ist über den beiden Polen errichtet und erstreckt sich über die ganze Erde und damit in alle Richtungen. Dieses Magnetfeld läuft nicht nur in eine Richtung, sondern wie bei allen anderen Dingen auch, so, wie wir es beschrieben haben, in alle. Damit haben wir auch dort Breite, Länge, Höhe und vier Diagonalen, die zur systemischen Null in der Mitte führen, und diese finden wir in diesem Fall in unserem Erdkern, indem sich alle Kreisläufe unseres Erdmagnetfeldes in irgendeiner Form wiederfinden lassen.

Wenn man diesen Zusammenhang noch in die Systemgleichung übergeordnetes System + untergeordnetes System = 1 einordnen will, dann steht unsere Erde für das untergeordnete und unser Magnetfeld für das übergeordnete, die in einem Systemgleichgewicht zur numerischen Null führen. Beide kann man nicht voneinander trennen, denn es hätte unmittelbare Auswirkungen auf das System Erde und damit auch auf uns selbst. Das da irgendetwas bereits nicht stimmt, diese Erfahrung haben wir längst gemacht. Nicht ohne Grund setzen sich weltweit mittlerweile viele Menschen dafür ein, die Dinge grundlegend zu überdenken.

Die Logik, die sich für diesen Sachverhalt ergibt, ist damit diejenige, die auch für alles andere gilt, ergo für unsere Sonne, unseren Mond als auch für uns selbst. Daraus folgt, dass der menschliche Körper als solcher das übergeordnete System darstellt und das, was in ihm stattfindet, für das untergeordnete steht. Endlich ist damit unser Körper in seiner rudimentären Form und die Prozesse in diesem sind unendlicher Natur.

Wo genau? Zwischen linker und rechter Gehirnhälfte und im erweiterten Systemkreislauf auch zwischen anatomischem Herz und Solarplexus und damit insgesamt vier Systemkomponenten. Warum können wir uns das immer nicht vorstellen, dass es so ist? Weil unsere Vorstellung über Raum in der Regel völlig verkehrt ist, und damit landen wir noch auszugsweise bei Albert Einstein und seiner Relativitätstheorie.

Und das machen wir ganz einfach, indem wir uns nur auf die Kernaussage beziehen und die lautet: Relativ gesehen sind Systeme ihrem Wesen nach identisch und der Raum ebenfalls, egal wie groß oder klein dieser ist. Kommt uns das in irgendeiner Form bekannt vor? Sollte es, denn dahinter, verbirgt sich auch nichts anderes, als wir zum jetzigen Stand bereits wissen, dass das übergeordnete + das untergeordnete System = 1 ist. Und damit ein Exkurs für ein generelles Verständnis.

Wir machen das in Form eines gemeinsamen Gedankenexperiments. Wir stellen zehn Personen in einen Raum, die stellvertretend für einen Mensch, eine Sonne und insgesamt acht Planeten stehen. Dazu nimmt man einen Würfel, den man irgendwo in den Raum legt. Gemäß Albert Einstein sind die Dinge relativ. Das heißt, das was im Raum mittels der zehn Personen dargestellt wird, findet auch in diesem Würfel statt. Albert Einstein hat mit seiner Theorie bewiesen, dass Systeme prinzipiell identischer Natur sind und damit ein und derselben Logik folgen. Eine Aussage über die Größe des Raumes, in welchem diese sich bewegen, hat er nicht getroffen. Er hat uns einfach die Zunge rausgestreckt auf seinem wohl bekanntesten Foto von ihm, da wir es selbst erkennen sollten.

Was heißt das im Endeffekt? Denken wir uns mit derselben Logik in den Würfel hinein, ergibt sich, dass wir den übergeordneten Raum, in welchem wir uns, die insgesamt zehn Personen eben noch befunden haben, nur mit dieser Logik erschließen können. Warum? Weil wir die Außengrenzen des übergeordneten Raumes nicht erkennen können. Er ist einfach zu groß. Dieses einfache Beispiel steht zum Beispiel dafür, dass die Logik zwischen Sonnensystem und Universum ein und dieselbe ist. Die diesbezüglichen Systeme sind somit identisch. Das wurde auch durch Stephen Hawking bewiesen, der die Theorie "Alles ist 1." aufgestellt hat.

Weiterhin hat Albert Einstein auf Zeit abgestellt, die relativ ist. Das heißt, dass die Systemwerte Plus und Minus über Zeit einer generellen Bewegung unterliegen, aber einer eindeutig definierten Position innerhalb von Raum zugeordnet beziehungsweise zugewiesen sind. Es handelt sich auch hier um Augenblickswerte, die diese einnehmen, welche einer Schwankung um einen Gleichgewichtswert folgen. Das heißt, dass die Position eines Systemwertes innerhalb von Raum über Zeit einem klar und eindeutig definierten Toleranzbereich unterliegt. Mit anderen Worten, es ist die Logik, die wir auch für Wechselstrom erhalten haben.

Finden wir einen Beweis? Es wurde im Universum ein leuchtendes Objekt nachgewiesen, welches die Form eines Würfels besitzt. Gehen wir gedanklich in den Raum zurück, können wir zum Beispiel den Würfel im Raum sehen. Begeben wir uns gedanklich in den Würfel, ist es uns unmöglich, die Größe des übergeordneten zu erkennen. Und genau so verhält es sich auch hier. Er ist einfach zu groß, als dass wir dessen systemische Grenzen visuell erfassen können. Daraus folgt auch hier die Erkenntnis, dass übergeordnetes System + untergeordnetes System = 1 ist. Eins ist damit immer ein und dasselbe. Raum spielt ergo keine Rolle. Egal, aus welcher Richtung wir die Dinge betrachten.

Das würfelförmige Objekt, welches man kürzlich gesichtet hat, ist somit ein untergeordnetes System und es leuchtet. Daraus folgt, es existiert auch Leben. Im Ergebnis handelt es sich letztlich damit um ein unserem System untergeordnetes Universum. Betrachtet man unter diesem Aspekt die Systembegriffe Kosmos, Weltall und Universum, welche ihrer Logik nach zusammengehören, ergibt sich Folgendes:

Kosmos	= 6 Buchstaben
Weltall	= 7 Buchstaben
Universum	= 9 Buchstaben

Mittels Addition erhalten wir den Systemwert Zweiundzwanzig, der in der Quersumme zur Zahl Vier führt. Das heißt, da der Gegenkreislauf nicht betrachtet wurde, dass hier nichts anderes als 1 über 3 und 3 über 1 für das System Mensch steht.

Da Zeit und Raum gemäß Albert Einstein relativ sind, bedeutet das, dass wir unsere Annahme über die sechs Sonnen, die mit der unsrigen verbunden sind, erweitern müssen. Daraus folgt, dass die sechs Sonnen sich nicht in unmittelbarer Nachbarschaft befinden müssen, sondern die Logik aufgezeigt wurde, zu welcher davon diese vom System Sonne aus führt. Dementsprechend muss eine benachbarte Sonne nicht immer im kosmischen Nachbarraum zu finden sein. Das heißt, dass es sich um den systemischen Weg zu dieser handelt, welcher über den Systemwert Null beschrieben ist.

Die systemischen Nullen stehen folgerichtig für die Verbindung zu den sechs Sonnen ausgehend von unserer, wenn man Räumlichkeit voraussetzt. Daraus folgt, dass die Null in der Mitte eines Systems nicht zwangsläufig mit einer Sonne besetzt sein muss, da sich die benachbarten Räume in Zeit und Raum bewegen. Es folgt, dass der Systemwert Null in der Mitte innerhalb seiner Struktur der gleichen Logik folgt, jedoch über den Faktor Zeit im Gesamtsystem und über die vier Diagonalen bewegungsseitig von unserem Sonnensystem abweicht. Im Ergebnis erhalten wir nachstehendes Bild, wenn man eine Seitenfläche betrachtet.

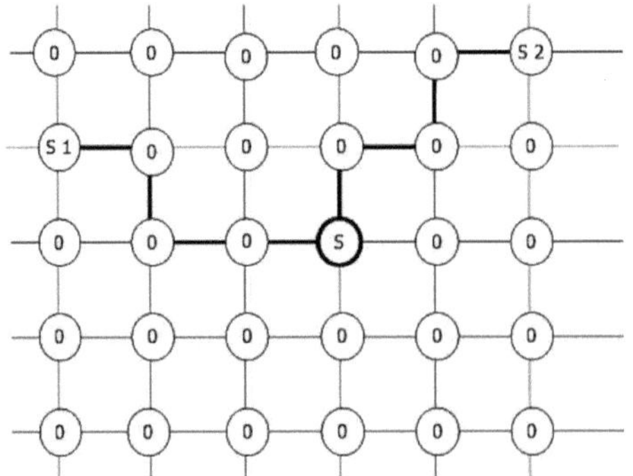

Der Buchstabe S steht stellvertretend für Sonne. Der dick umrandete ist unsere, die mit zwei weiteren S 1 und S 2 in Verbindung steht. Da sich das Gesamtkonstrukt in Zeit und Raum bewegt, sind die Geraden, die wir über Breite, Länge und Höhe erhalten haben, regelmäßig durchbrochen und verändern am Bruchpunkt ihren weiteren Weg. Beispielhaft wurde der systemische Weg von S zu S 1 und von S zu S 2 dick eingezeichnet. Die Geraden unterliegen in regelmäßigen Abständen einer Richtungsänderung, da angrenzende Räume prinzipiell der Bewegung unterliegen wie unser Sonnensystem ebenso. Daraus folgt, dass die korrelierende Bewegung in den benachbarten Systemen der unsrigen folgt als auch vice versa. Es besteht eine systemische Verbindung. Das heißt, dass eine Sonne immer über den sechs anderen Sonnen im System gegeben ist und vice versa. Numerisch ergibt sich 1 über 6 und im Gegenkreislauf 6 über 1. Es handelt sich um gegenläufige Systemkreisläufe, die über den Systemwerten Null und Eins errichtet sind. Da die Geraden (Breite, Höhe und Länge) via Zeit definiert sind, verändern sich die räumlichen Abstände zwischen diesen und unterliegen damit der Logik, die wir für das System Wippe im untergeordneten System erhalten haben. Jedweder Punkt innerhalb des Raumes, den man als Universum bezeichnet, kann räumlich und zeitlich erreicht werden.

Das wohl bekannteste Bild von Leonardo da Vinci sieht wie folgt aus. Man erkennt unausweichlich, dass er die Logik, die dem System Mensch innewohnt, verstanden hatte.

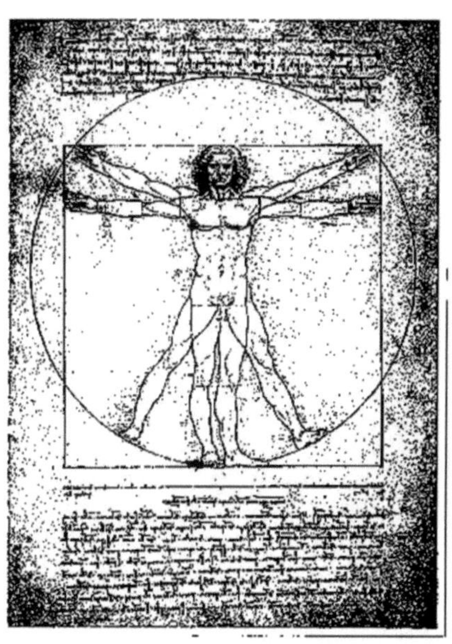

Wenn wir es uns betrachten, sehen wir vier Arme und vier Beine. Man erhält auch hier einen numerischen Code. Wir haben insgesamt acht Systemkomponenten, die zu den Systemgleichungen 1 über 3 und 3 über 1 führen und stellvertretend einen Systemkreislauf repräsentieren.

Die Bewegung der vier Arme und der vier Beine deutet darauf, dass er in Betracht gezogen hat, dass innerhalb dieser einer bestimmten Logik gefolgt wird, die einer zeitbasierten Dynamik unterliegt. Das hat er in Form von Bewegung, die über Arme und Beine erfolgt, in seinem Bild grafisch festgehalten. Zu diesem Ergebnis sind wir auch gekommen. Er hat symbolisch einen Kreis und ein Rechteck dargestellt, in welche das System Mensch involviert ist. Diese folgen der Logik, dass übergeordnetes System + untergeordnetes System = 1 ist. Das, was man daraus ableiten kann, ist im Ergebnis immer derselbe Fakt, dass wir

1. nicht bereit sind, die Dinge verstehen zu wollen,
2. sie nicht annehmen und damit
3. zu keiner Lösung finden.

Wir haben somit eine mehr als absonderliche Angewohnheit, dass wir diejenigen unter uns, die etwas richtig erkannt und verstanden haben, regelmäßig immer wieder für dumm und dämlich erklären. Das Einzige, was dumm und dämlich sein kann, ist, dass man immer wieder auf dieser völlig irrigen Annahme beharrt, da diese niemanden voranbringt. Wir halten uns alle Systemwerte in verkürzter Form erneut vor Augen. Mehr braucht man nicht, um das Corona-Virus einer Lösung zu überführen.

1. 1 über 10 und 10 über 1
2. 1 über 9 und 9 über 1
3. 1 über 8 und 8 über 1
4. 1 über 7 und 7 über 1
5. 1 über 6 und 6 über 1
6. 1 über 5 und 5 über 1
7. 1 über 4 und 4 über 1
8. 1 über 3 und 3 über 1
9. 1 über 2 und 2 über 1
10. 1 über 1 und 1 über 1

Wir wissen mittlerweile, dass in diesen Systemgleichungen unzählige Plus und Minus vertreten sind. Darüber hinaus beinhalten alle Systemkreisläufe als auch korrespondierenden zusätzlich den Faktor Zeit, der allen Kreisläufen unter-, zu- und übergeordnet ist und wiederum andere beinhaltet und forciert. In der daraus resultierenden systemischen Null finden wir dann wieder alle Werte und so weiter und so fort, denn es ist die numerische Logik, die in unserem Universum existiert. Es ist ein nicht enden wollender systemischer Kreislauf, der über der Endlichkeit eines Systems und der einem System innewohnenden Unendlichkeit definiert ist und zwischen allen unter-, zu- und übergeordneten Systemen über Zeit kreuz und quer weiterführt.

All das Wissen brauchen wir aber nicht, denn so kompliziert ist das Virus nun auch wieder nicht. Es reicht voll und ganz, wenn man diese elementare Logik anwendet. Damit wir die Systemwerte an uns selbst erkennen können, die wir erhalten haben und verstehen, dass diese zu uns gehören, heben wir unsere Arme in die Höhe und strecken die Hände ganz weit aus. Das sieht dann in einfacher Form etwa so aus.

Es stellt sich die Frage, wo man die Systemwerte, welche die Zahlen Eins bis Zehn enthalten, findet. Dazu ergänzen wir diese Applikation mit zehn Fingern einschließlich zwei Daumen und zehn Zehen einschließlich zwei großen. Die systemische Null findet man im Solarplexus. Wir zeichnen uns, um es zu erkennen, zwei Führungsgeraden ein, die über beide Hände und beide Füße laufen. Daraus ergibt sich nachstehendes Bild, welches Unendlich als auch Endlich im System Mensch charakterisiert.

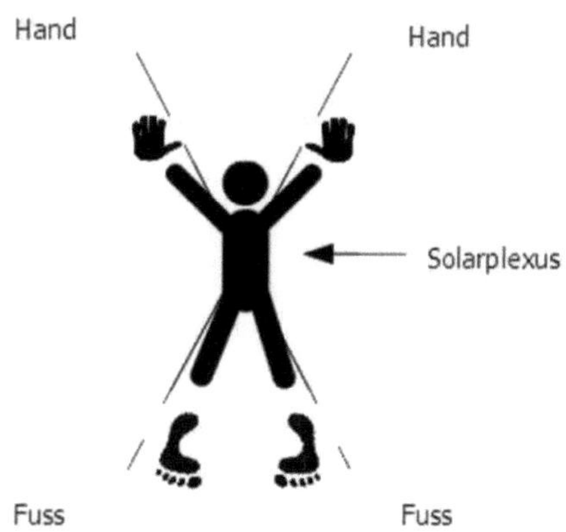

Wir haben uns verdeutlicht, wo wir im System Mensch Unendlich als auch Endlich finden. Man sieht ein großes X, das sich in der Mitte im Solarplexus trifft, und zwar genau da, wo sich die zwei Geraden in der Mitte kreuzen. Wir sehen zwei Führungsachsen, die durch die Vereinigung im Solarplexus für die Systemgleichung Unendlich + Endlich = 1 Pate stehen und zum System Mensch gehören. Ergänzen wir unsere Grafik mit Fingern und Zehen, erhalten wir nachstehendes Bild:

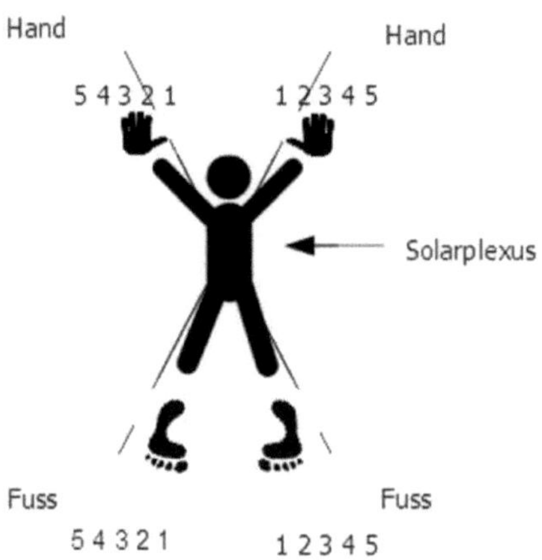

Wir haben auszugsweise die Systemwerte jeweils für Zehen und Finger stellvertretend für den systemischen Kreislauf ergänzt. Es ist uns bekannt, dass es insgesamt vier Kreisläufe gibt, die sich im System Mensch gegenläufig gegenüberstehen und über zehn numerischen Werten errichtet sind. Es wurden unserem Mustermenschen zehn Finger einschließlich zwei Daumen und zehn Zehen einschließlich zwei großen Zehen ordnungsgemäß zugewiesen. Für Finger und Zehen ergibt sich jeweils unsere numerische Zehn. Es stehen zehn Finger über zehn Zehen und damit numerisch 10 über 10, in verkürzter Form 1 über 1.

Je nachdem, welchen Finger oder welche Zehe beziehungsweise welche Kombination man von diesen betrachtet, führt dies zu der numerischen Konstellation aus allen möglichen Konstellationen und vice versa, die im Vorfeld behandelt worden sind. Jede Gleichung, die wir diesbezüglich erhalten haben, ist anatomisch im System Mensch verankert. Kreisläufe und Gegenkreisläufe stehen sich gegenüber und ob man bei den Händen oder bei den Füßen anfängt, spielt keinerlei Rolle. Es folgt auch hier, dass für jede systemische Betrachtung vier grundlegende Kreisläufe existieren. Machen wir ein uns wohlbekanntes Beispiel aus dem Alltag.

Daumen hoch ist gleich 1 über 4 und damit ein Daumen über vier Fingern und im umgedrehten Fall 4 über 1 und damit vier Finger über einem Daumen.

Daraus folgt, jedwede Logik in einem allumfassenden System ist numerisch und damit logisch als auch zahlenmäßig in uns verankert. Wir nehmen für den weiteren Verlauf dieser Arbeit vorweg, dass das Virus den Namen Corona trägt und Herz in der Übersetzung heißt. Wir folgen im weiteren Verlauf nachstehender Vorgehensweise:

1. Wir schreiben für den Originaltext zur Kennzeichnung *Original* davor.
2. Für Erläuterungen verwenden wir den Begriff *Abbild*.
3. *Original* + *Abbild* = 1 und damit eine sinnvolle Ergänzung.

Anmerkung:

Wenn man einen praktischen Beweis für alle Ergebnisse braucht, geht man zum Beispiel in ein Kirchenhaus, eine Moschee oder eine Synagoge und zählt die Zahlenwerte, die man im Aufbau von Säulen, Zinnen, Ornamenten und vielem mehr finden kann. Herausragende Beispiele hierfür sind der Mailänder Dom, die Kirchen von Lalibela und die Moscheen Masjid al-Haram und Masjid al-Nabawi in Mekka und Medina. Die Stelen in Aksum weisen übrigens dieselbe Logik auf wie die Pyramiden von Gizeh. Bei Letzteren steht ein Punkt an der Spitze über vier anderen in der Grundfläche und damit 1 über 4. Vier Seitenflächen, besser vier Dreiecke, befinden sich über einer quadratischen Grundfläche und repräsentieren den Gegenkreislauf 4 über 1.

3. Systemische Einordnung und Zuordnung Mensch

Original: Der Mensch ist in der Psychologie über vier Säulen errichtet. Diese sind rechte Gehirnhälfte, linke Gehirnhälfte, anatomisches Herz und Solarplexus.

Das erste Gleichgewicht innerhalb dieser Vier ergibt sich aus rechter und linker Gehirnhälfte und ist im System Mensch gleich groß angelegt. Daraus ergibt sich numerisch und damit zahlenmäßig Folgendes:

rechte Gehirnhälfte + linke Gehirnhälfte = 1
(1 steht für ein und dasselbe = Gleichgewicht.)

und da diese 2 sich prinzipiell in einem Gleichgewicht befinden, welches über die anatomische Größe im menschlichen Körper definiert ist, erhalten wir nachstehende Gleichung:

(rechte Gehirnhälfte = 0,5) + (linke Gehirnhälfte = 0,5) = 1

Daraus folgt im Endergebnis, dass 0,5 + 0,5 = 1 ist und für ein Gleichgewicht steht.

Abbild: Man hat eine erste Systemgleichung erhalten, die das System Mensch beschreibt. Es sind vier Systemkomponenten, die linke Gehirnhälfte, rechte Gehirnhälfte, anatomisches Herz und Solarplexus heißen. Es handelt sich um vier systemische Werte, die der Logik, die in der Vorbetrachtung erörtert wurde, folgen. Daraus folgt im Ergebnis, dass der numerische Wert Vier stellvertretend für einen kausalen Zusammenhang im System Mensch stehen muss. Sämtliche Systemwerte müssen sich unter dem Dach der Logik, die wir bereits kennen, in irgendeiner Form wiederfinden und beschreiben lassen.

Was als Erstes auffällt, dass linke und rechte Gehirnhälfte zu einem numerischen Wert führen müssen, den man in seiner informationsbezogenen Gesamtheit mit dem Begriff Gehirn umschreibt. Beide Systemkomponenten ergeben zusammen eine logische Struktur, welche über einem Gleichgewicht errichtet worden ist und im Ergebnis zu einem Ganzen (unserem Gehirn) führt, da

linke Gehirnhälfte + rechte Gehirnhälfte = 1 und 1 = Gehirn ist.

Es ist bekannt, dass wenn eine der Systemkomponenten formal nicht funktioniert, unser Leben auf das Äußerste gefährdet ist. Linke und rechte Gehirnhälfte bedingen einander und stehen stellvertretend für ein systemisches Gleichgewicht. Das ergibt, dass die Systemwerte innerhalb des Gehirns, wenn dieses sich nicht in einem Gleichgewicht befindet, erhebliche Systemstörungen nach sich ziehen und im Extremfall in einem Systemausfall enden. Im schlechtesten Fall ist man krank, erleidet einen Unfall oder stirbt. Derartige Szenarien kennt man aus der täglichen Übung, die sich in Krankenhäusern beziehungsweise in medizinischen Einrichtungen abspielen.

Es sind immer drei Ereignisse, die in diesem Fall über den Systemwert minus Eins im Systemkreislauf oder plus Eins im systembedingten Gegenkreislauf entscheiden: Krankheit, Unfall, Tod beziehungsweise Gesundheit, Zufall oder Leben auf der Gegenseite. Diese sechs Systemkomponenten lassen sich mittels der Systemgleichung A + B = 1; 1 = C in die jeweilige Relation bringen. Doch vorab muss geklärt werden, warum der Begriff Zufall innerhalb dieser auftaucht, obwohl es diesen rein formal gesehen nicht gibt. Dass sich die Begriffe Krankheit, Tod, Leben und Gesundheit in einem systembedingten Zusammenhang begegnen und in irgendeiner Form gegenüberstehen können, ist selbsterklärend.

Der Begriff Unfall lässt sich sowohl negativ als auch positiv interpretieren. Daraus ergibt sich, dass wenn man zum Beispiel auf der Straße mit einer anderen und völlig fremden Person zusammenstößt, eine große Liebe daraus folgen kann. Dieses Ereignis birgt somit etwas Positives in sich, welches über den Raum, in welchem das Ereignis stattfindet, gesteuert wird. Entscheidend sind damit Breite, Länge und Höhe. Im Gegenteil kann ein Ereignis auch mit negativen Systemwerten besetzt sein, wenn wir beispielhaft mit einem Motorrad gegen einen Baum rasen. Wir waren somit zur falschen Zeit am falschen Ort. Das Ergebnis ist damit negativ und wird logischerweise über den Faktor Zeit gesteuert. Der Raum folgt damit der systemischen Einordnung von Systemkomponenten. Das heißt, dass das Wer, das Was und das Wo für ein Ergebnis entscheidend sind.

Betrachten wir unter diesem Aspekt den Begriff des Zufalls systemorientiert ist maßgeblich, zu welchem Zeitpunkt das Wer, das Was und das Wo aufeinandertreffen. Damit liefert Zeit das Wann. Zufall liefert im Ergebnis damit ebenfalls positive als auch negative Systemwerte. Daraus folgt, dass Unfall + Zufall = 1 ist und entweder ein positives Ergebnis oder ein negatives liefert. Das heißt, dass das Ereignis Ursache + Wirkung = 1 folgt als auch Zeit + Raum = 1. Wenn man jetzt das Wieso, das Weshalb und das Warum ergründen will, steht der Begriff Verantwortung. Daraus folgt, dass das Ereignis Ursache, Wirkung, Zeit und Raum folgt und im Fall negativer Systemwerte ein negatives Ergebnis nach sich zieht und im gegenteiligen Fall ein positives. Ersteres stellt damit auf ein systembedingtes Ungleichgewicht ab und Letzteres auf ein Gleichgewicht.

Daraus folgt, dass nicht nur der Begriff Zufall in einem System nicht existiert, sondern auch der des Unfalls. Warum ist das so? Beide folgen Systemwerten, die deren sprachlichen Gebrauch überflüssig machen, da sie durch die Systemwerte eindeutig beschrieben sind. Das heißt, dass die fehlende Präzision im Sprachgebrauch zu Systemwerten führt, die obsolet sind. Damit sehen wir uns eine Grafik an.

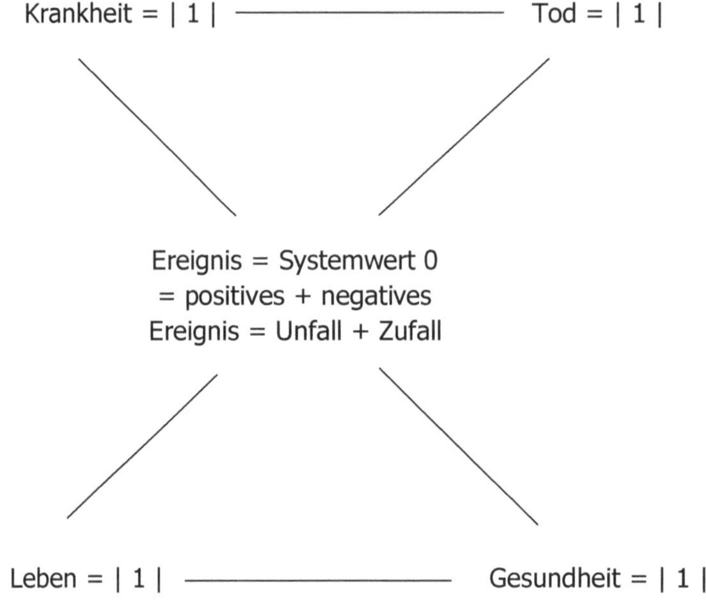

Das heißt, über das Ereignis werden die Systemwerte Krankheit, Gesundheit, Tod und Leben gesteuert. Mit anderen Worten, Ursache und Wirkung stehen für das Ergebnis in Zeit und Raum und damit können wir die Begriffe Unfall und Zufall ignorieren. Diese existieren damit formal in einem System nicht. Im Volksmund sagen wir einfach, "Zufall gibt es nicht." Wie wir jetzt wissen, Unfall ebenso nicht. Wenn man diesbezüglich auf einen anderen Begriff abstellen möchte, kann man den der Vorsehung beziehungsweise den der Bestimmung verwenden, da beide für ein zu erwartendes und noch ausstehendes Ereignis in der Zukunft stehen und damit entweder ein positives oder ein negatives. Im Ergebnis ist es also ein und dasselbe.

Daraus folgt, dass die numerischen Werte, die über das mathematische Plus und das mathematische Minus analog der Vorbetrachtung gegeben sind, Anwendung erfahren. Wir wissen, dass sowohl links als auch rechts davon unter Einbezug der gegenläufigen Kreisläufe jeweils zweiunddreißig Systemwerte vorhanden sein müssen, die im Zentrum und damit räumlich gesehen zwischen unseren zwei Gehirnhälften zur systemischen Null führen. In jeder Gehirnhälfte ergeben sich grundlegend sechzehn Systemwerte, die über Plus und Minus gegeben sind und einen gegenläufigen

Kreislauf aufweisen. Man erhält für die linke Gehirnhälfte und für die rechte Gehirnhälfte zusammen vierundsechzig Systemwerte, die mit dem einen in der Mitte, dem wir mathematisch die Null als auch die Eins zugeordnet haben, in Verbindung stehen.

Unter anderem heißt das, dass die einundachtzig Systemwerte aus der Vorbetrachtung von Bedeutung sein müssen. Es wurde festgestellt, dass diese für die Logik von Zeit und Raum in unserem Sonnensystem gegeben sind. Bekanntermaßen ist der menschliche Körper über Breite, Länge und Höhe definiert. Wir hatten im untergeordneten System erhalten, dass jeweils achtzig Systemwerte für Breite, Länge und Höhe gegeben sind, die sich in Zeit und Raum bewegen und in der Eins enden, die wiederum den Systemwert Null enthält. Aus diesem Grund ergab sich, dass dreimal Unendlich und einmal Endlich vorhanden sein müssen, die sich in der systemischen Null treffen. Da der Mensch in dieses System involviert ist, gelten die Systemregeln auch für ihn. Wenn wir diesen Weg konsequent zu Ende gehen, dann stellt man fest, dass eine Systemkomponente innerhalb des Gehirns auf den Systemwert Null ausgerichtet sein muss. Die achtzig Systemwerte führen somit zur Eins und damit wissen wir, dass die Quersumme im System Mensch verankert ist und die Acht ergibt. Die Acht steht damit für das untergeordnete System und ergibt die elementare Logik für das System Mensch, welches dem übergeordneten in der Eins folgt.

Da die Systemwerte der in der Mitte vereinenden Null spezifisch und damit räumlich als auch zeitlich gesehen folgen, kann es sich nur um das Zwischenhirn, welches anatomisch gegeben ist, handeln. Der Begriff des Zwischenhirns steht damit für ein systemisches Gleichgewicht, welches aus einer systemorientierten Perspektive exakt mittig zwischen linker Gehirnhälfte und rechter Gehirnhälfte angesiedelt ist. Es wird ausschließlich auf Logik im System abgestellt und nicht auf starre Werte der Anatomie, die wir dort erhalten. Relativ gesehen führt das zum selben Ergebnis, da Zeit und Raum nicht auf einen konkreten Ort ausgerichtet sind, denn es geht immer nur um die systemische Verbindung, die zwischen rotierenden Werten existiert.

Schulmedizin wird ihrem Wesen nach, wenn sie weiter an ihrer Denkweise so festhält, zu keiner Lösung, egal welches Krankheitsbild es betrifft, kommen. Es ist unter anderem nicht erkannt worden, dass alle Organe des menschlichen Körpers nicht nur anatomisch zusammengehören und rein formal gegeben sind, sondern auch logisch miteinander und untereinander vernetzt sind. Die im Mensch zu eruierenden Zusammenhänge unterliegen damit einem Informationsfluss wie alles andere auch. Schulmedizin richtet das Hauptaugenmerk gezwungenermaßen infolge des sie dominierenden Geschäftsmodells immer auf den lokalen Krankheitsherd, statt den logischen Prozessweg zum Urprung zurückzuverfolgen. Das ist jedoch von zwingender Natur, da Ursache und Wirkung immer auseinanderdriften.

Für Frakturen beispielsweise gilt das in der Behandlung nicht hingegen in deren Betrachtung, da es immer eine Ursache gibt. Aufmerksamkeit und Achtsamkeit, die es zu klären gilt, spielen eine nicht unwesentliche Rolle dabei. Doch wenn Krankenversicherungen dazu dienen, regelmäßig unterwandert zu werden, kann dem kein Gehorsam geleistet werden. Wäre es anders, würde sich der Eine oder der Andere im Vorfeld überlegen, ob anderen zugefügter körperlicher Schaden tatsächlich für eine sinnvolle Lösung stehen kann. Erziehungsseitig könnte man das mit einer Rechnung korrigieren. Es ist eine Notwendigkeit, dass man für den körperlichen Schaden, den man anderen vorsätzlich und aus Defiziten des eigenen und des gegenseitigen Verstehens heraus zufügt, aufkommt. Im Gesundheitswesen wird das basierend auf dem Geschäftsmodell der Krankenversicherungen derart praktiziert, dass man medizinische Betreuung mehr oder weniger unentgeltlich erfährt, obwohl man in einem derartigen Fall für die diesbezüglich entstehenden Kosten verantwortlich sein sollte. Es schadet nicht, wenn ein Delinquent vorübergehend auch als ein solcher behandelt wird.

Gewalt sollte keinen Erfolgsmoment suggerieren, sondern in der Konsequenz enden, Meinungsverschiedenheiten vernünftig und verbal ausfechten zu müssen. Würde man für den entstandenen Schaden persönlich aufkommen müssen, wären gewaltsame Auseinandersetzungen zunehmend eine Ausnahme, da der Eine oder der Andere doch über die möglichen Konsequenzen im Vorfeld nachdenken würde. Das sollte für psychologische Übergriffe gleichfalls gelten, da diese der Gleichung Ursache + Wirkung = 1 folgen und verheerende Schäden im System Mensch hinterlassen.

Damit das Thema von der Schulmedizin und der Psychologie verstanden werden kann, wird es ein Buch am Beispiel der Lösung von schubförmig remittierender Multipler Sklerose geben, wo der Informationsweg, wie man zu diesem gelangt und damit einer Lösung beschrieben ist. Schulmedizin bedarf zwingend der Zuordnung zu Wissenschaft und deren Einordnung in Form von Hilfe und Unterstützung. Psychologie könnte in diesem Zusammenhang nachhaltige Dienste leisten, wenn man dieser auf Augenhöhe begegnen würde.

Das Ergebnis ist immer, dass im Endeffekt mit Kanonen auf Spatzen geschossen wird. Es ist mehr als lobenswert, dass diverse Vertreter der Schulmedizin richtig erkannt haben und sich dafür einsetzen, dass die Zwangsbeatmung im Fall vom Corona-Virus nur zu erheblichen Beeinträchtigungen führen kann und dass Patienten in einem Höchstmaß gefordert sind, an ihrem Leben festzuhalten, wenn man derartige Maßnahmen ergreift und damit zurück zum Thema.

Daraus ergibt sich, dass 0,5 + 0,5 = 1 ist und die linke Gehirnhälfte plus die rechte dem numerischen Wert Eins folgt. Diese Systemgleichung erlangt damit auch Gültigkeit in unserem Gehirn. Es handelt sich um eine Gleichgewichtsbedingung, die im System Mensch zwingend erfüllt sein muss, und ist damit Gesetz. Da anatomisches Herz und Solarplexus gemäß Psychologie an diesem Prozess involviert sind, müssen wir klären, worüber sich das allgemein begründen lässt. Bis jetzt erhalten wir, dass linke und rechte Gehirnhälfte zusammen den Systemwert Eins ergeben. Zusätzlich wissen wir zum jetzigen Zeitpunkt, da sich ausschließlich die Systemverbindung 1 über 1 und 1 über 1 ergeben würde und diese für die systemische Verbindung zwischen übergeordnetem und untergeordnetem System steht, dass irgendetwas noch fehlt. Wir müssen klären, wofür linke Gehirnhälfte, anatomisches Herz und Solarplexus verantwortlich sind.

Dass diese eine systemische Verbindung aufweisen, wurde in der Psychologie bewiesen. Daraus folgt, dass die Systemkomponenten logisch mit der rechten Gehirnhälfte und damit der in uns verankerten Rationalität zusammengehören. Aus diesem Grund existiert eine numerische Beziehung, da eine Systemkomponente, die rechte Gehirnhälfte, über drei weiteren existiert. Die systemische Beziehung ist mit 1 über 3 definiert.

Daraus folgt, dass die rechte Gehirnhälfte der linken Gehirnhälfte, dem anatomischen Herz und dem Solarplexus übergeordnet ist. Innerhalb der systemischen Verbindung besteht keinerlei Notwendigkeit, da der interne Informationsfluss im System Mensch keine konkreten Grenzen kennt, da die Systemkomponenten innerhalb dieses Kreislaufes permanent und ununterbrochen miteinander und untereinander kooperieren. Der Prozess unterliegt damit der Logik, die sich konkret für Zeit ergibt. Es existieren Ruhephasen, wo das System prinzipiell auf das Notwendigste reduziert ist, wenn wir schlafen und die, denen Aktivität folgt.

Betrachtet man für ein besseres Verständnis einen Kampfsportler, passiert bei einem Schlag auf den Solarplexus im System Folgendes:

1. Der Schlag erfolgt gegen den Solarplexus des Gegners.

2. Die systembedingte Information gelangt vom Solarplexus in das anatomische Herz. Der Herz-Kreislauf-Rhythmus wird gestört.

3. Im anatomischen Herz führt das zu Beschwerden.

4. Diese Information landet in der linken Gehirnhälfte, die Solarplexus und anatomischem Herz im System übergeordnet ist.

5. Der Schmerz wird realisiert, da ein Treffer im Solarplexus informationsseitig den Weg über das anatomische Herz in die linke Gehirnhälfte nimmt.

6. Die Wahrnehmung in der linken Gehirnhälfte wird über die systemische Verbindung in der Mitte in die rechte weitergeleitet.

7. Es handelt sich um einen Informationsfluss systembedingter Natur.

8. Die Bewusstseinsebene sorgt im Nachgang für den körperlichen Zusammenbruch.

Die linke Gehirnhälfte gibt das Ereignis folgerichtig an die rechte Gehirnhälfte weiter. Die Information kommt im Bewusstsein an. Das Ergebnis ist, dass der Solarplexus nicht mehr reagieren kann. Infolge das anatomische Herz und die linke Gehirnhälfte auch, da in dieser Emotionalität ihr zu Hause hat. Psychologisch zutiefst verletzt, da die körperliche Beeinträchtigung in einem ersten Atemzug keine wesentliche Rolle spielt. Vielmehr sind psychologischer Verlust und psychologische Verletztheit aus einem Ereignis heraus entscheidend, welches in der Form informationsseitig nicht in das System Mensch gehört. Ein Informationsfluss steht über die Systemwerte Plus und Minus immer für elektromagnetische Energie, deren negativer Systemwert in diesem Fall explodiert und das System Mensch kollabieren lässt.

Das heißt, dass die Beeinträchtigung im Solarplexus, im anatomischen Herz und in der linken Gehirnhälfte zur rechten findet, wo Rationalität und damit Bewusstsein im System gegeben ist. Die Wucht, die sich über drei Systemkomponenten hinweg potenziert, kommt im Bewusstsein an. In so einem konkreten Fall kann das System nur die weiße Flagge hissen, da der mit unzähligen negativen Werten besetzte Informationsfluss vom Solarplexus ausgehend in das Bewusstsein zu heftig ist.

Das Gehirn hat nur die Möglichkeit und damit die rechte Gehirnhälfte, da alles andere außer Gefecht gesetzt worden ist, mit den Systemwerten 0,5, plus Eins oder minus Eins zu antworten. Der systemische Mittelwert 0,5 scheidet aus, da ein Schlag in den Solarplexus kein Gleichgewicht ergibt. Die plus Eins ebenfalls, da diese positiv definiert ist. Der Angriff landet im Negativbereich im System Mensch und damit in der numerischen minus Eins. Wir wissen, dass dieser Systemwert mit der Null verbunden ist, und somit wirkt dieser Angriff nicht doppelt, sondern vierfach bis fünffach, da er im System Mensch in die Tiefe geht. Da ein systemorientierter Wert bedingt durch den Gegenkreislauf immer auch zum Systemwert Null führt, steht hierfür stellvertretend das Ereignis Tod. Es ist dabei notwendig, zu verstehen, dass der numerische Informationsfluss innerhalb des Systems Mensch die Achse zwischen Leben und Tod beschreibt und steuern kann. Wir sollten diese einfache Logik niemals leichtfertig auf das Spiel setzen. Im Fall, dass jemand gänzlich den Respekt vor Leben verloren hat, wird ein darauf ausgerichteter Schlag in den Solarplexus informationsseitig direkt in der rechten Gehirnhälfte ankommen. In diesem Fall ist der Gegner tot, da sein internes System reaktionsseitig keinerlei Chance hat, dem irgendetwas entgegenzusetzen.

Die Stationen über anatomisches Herz und linke Gehirnhälfte sind systemisch bedingte Puffer, die den Angriff lindern sollen. Der Aufbau des Systems Mensch bringt somit Schutz. Dieser wurde gemessen am Beispiel durchbrochen und dauerhaft auf Minus gesetzt.

Körperliche Betätigung setzt voraus, dass es immer um die Stärkung des eigenen Systems geht. Ein wissender Kampfsportler wird nie einen Angriff rechtfertigen, den er nicht kontrollieren kann, weil man um die Folgen des spezifischen Wissens weiß. Die Systemgleichung lautet, dass Wissen + Macht = 1 ist und hinter der Eins verbirgt sich der Begriff Kontrolle. Es ist ein systemischer Auftrag, im Fall von Überlegenheit dieser zu folgen und damit Gnade walten zu lassen. Es reicht, voll und ganz für sich selbst zu wissen, dass man gewinnt. Man muss das nicht unter Beweis stellen.

Demütigung und andere zum Opfer zu machen, führt immer zu dem Ergebnis, dass man sich unwissentlich selbst demütigt und zum Opfer macht, denn die Wegbegleiter heißen Dummheit und Ignoranz. Dessen sind wir uns wohl bewusst, wenn wir grob fahrlässig und vorsätzlich eine Entscheidung fällen, die anderen entgegensteht. Der bessere Weg ist, dass sich Demut und Opfer in einem Gleichgewicht befinden, der in Anmut und Täter auf der Gegenseite gipfelt.

Der Begriff des Täters klingt vorerst wenig erstrebenswert, aber hinter diesem verbirgt sich der Begriff der Aktion, den wir als Tat definieren können. Jede Aktion kann zu einem positiven oder negativen Ergebnis führen. Im Fall, dass diesem Anmut gegenübersteht, ist es etwas Positives. Gemessen am Beispiel wird Stärke demonstriert, Gewaltausübung bleibt damit ein Konjunktiv, welcher in Vergebung endet. Wir wissen in so einem Fall, wo es hinführen kann, und vergeben einander, da die Rolle zwischen Opfer und Täter feststeht. Es ist am Ende etwas, was man mögen kann. Der Systemwert Eins führt zu dem Begriff der Anerkennung, der gegenseitige Wertschätzung und Achtung zum Ausdruck bringt. Voraussetzung ist das Vergeben, welches der Systemgleichung Erkennen + Annehmen = 1 folgt und ein Ergebnis liefert, was wir im allgemeinen Sprachgebrauch eine Entschuldigung nennen.

Im Gegenteil und damit aus einer negativen Motivation heraus wird die Tat beziehungsweise die Aktion immer zu einem Opfer führen, welches wir demütigen und vorzugsweise die, die uns prinzipiell unterlegen sind. Stärke hat nichts mit Macht oder einer körperlichen beziehungsweise geistigen Überlegenheit zu tun, denn eine aus dieser heraus begründete Gnade hat nichts mit Anmut zu tun. Demut ist in diesem Fall genau so hässlich wie zuvor, da diese aus einer falschen Motivation heraus erfolgt.

Opfer heißt immer, dass der Überlegene es erbringt. Im allgemeinen Sprachgebrauch nennt man das Nachsicht beziehungsweise "Der Klügere gibt nach". Daraus folgt, dass für Nachgeben + Entschuldigen sich eine Eins ergibt, die aus der menschlichen Historie heraus auch als Opfergabe bezeichnet wird. Es handelt sich auch hier um die Fehlinterpretation eines Begriffes, der nichts mit Religiosität zu tun hat, sondern für einen Systemwert steht, der von Beginn an fest in uns gegeben ist, den wir aber vorzugsweise ignorieren.

Stärke gewinnt ihre Kraft immer aus Physis und Psyche und ist ein systemisches Gleichgewicht. Eine alte Weisheit besagt: "Verzichte auf den Sieg und umso mehr gehst du als Sieger daraus hervor." Verzicht auf Überlegenheit führt zu dem, was wir Stärke nennen, denn genau diese sollte es ihrem Gehalt nach sein. Es ist niemals die, diese zu demonstrieren. Es ist immer das geistige und das körperliche Führen und geführt werden in der Mitte, da diese immer stärker ist, als alle Pfeilspitzen dieser Welt es zusammen sind. Ein Kampfsportler, der im Yin und Yang sein Gleichgewicht gefunden hat, wird nie seine Fähigkeiten missbrauchen. Die wertvollste Waffe ist, wenn die Eins über Kopf und die Eins über Herz eine geistige Mitte ist.

Wir nehmen vorweg, welche numerischen Werte in uns existieren müssen. Für Breite, Länge, Höhe und Zeit haben wir jeweils einundachtzig Systemwerte erhalten, die in der Mitte zur Systemnull führen. In beiden Gehirnhälften existieren vierundsechzig und in der systemischen Null einhundertachtundzwanzig Systemwerte, auf denen systemisch aufgebaut wird. Daraus ergibt sich, dass insgesamt

1. 81 x 4 = 324 für ersteren Fall und
2. 64 x 4 = 128 x 2 = 256 für letzteren gegeben sind.

Daraus erhalten wir in einem nächsten Schritt numerisch die Zahl Neun für 1. und für 2. die Zahl Vier, wenn wir die Quersumme bilden. Addieren wir 1. und 2. zusammen, erhalten wir den Systemwert Fünfhundertundachtzig, der in der Quersumme Dreizehn ergibt und in der Quersumme ebenfalls zum Systemwert Vier führt. Die Systemgleichungen lauten somit für 1. und 2.:

1. 324	= 3 + 2 + 4		= 9	
2. 256	= 2 + 5 + 6	= 13	= 4	
3.	= 9 + 4		= 13	= 4

Interpretieren wir diese Ergebnisse richtig, steht hier nichts anderes, als dass neun Systemwerte im System Mensch existieren, die dreizehn Systemwerten untergeordnetet sind. Im übergeordneten sind es vier, die in einem Gleichgewicht in 2 über 2 und im Gegenkreislauf ebenfalls in 2 über 2 enden, da wir für 2. den Systemwert Vier erhalten haben und das Gesamtsystem über insgesamt dreizehn Systemwerte definiert ist. Die Verbindung 2 über 2 ergibt in verkürzter Form 1 über 1. Das Gesamtsystem ergibt sich aus 1. plus 2., da es stellvertretend für die systemische Verbindung zwischen 1. und 2. steht. Wir haben damit die numerischen Werte 13, 9 und 4 erhalten, die offensichtlich die Systemverbindung 1 über 3 und 3 über 1 im Gegenkreislauf enthalten, da 2. + 3. = 8 ergibt.

Da wir wissen, dass das übergeordnete System mit dem untergeordneten System über die Beziehung 1 über 1 und im Gegenkreislauf 1 über 1 verbunden ist, können wir die Logik, die sich hinter dem numerischen Wert Dreizehn verbirgt, bereits präzisieren. Da eine Eins innerhalb der Systemverbindung 1 über 1 für das untergeordnete System steht, gehört diese zu unserer Neun. Wir erhalten damit 1 über 9, welche zusammen die Zehn ergeben. Da wir insgesamt dreizehn Systemwerte haben, müssen wir die Zehn von dieser abziehen und wir erhalten den Systemwert Drei. Innerhalb dieser Drei muss eine Eins enthalten sein, da diese für das übergeordnete System steht. Ziehen wir die Eins vom Systemwert Drei ab, erhalten wir eine Zwei. Das heißt, wenn wir jetzt alle Systemwerte zusammenfügen, ergibt sich eine Zahlenreihe, die für einen Lösungsansatz steht. In numerischer Form lautet diese wie folgt:

2 über 1 über 1 über 9

Wir haben eine logische Grundstruktur erhalten, der das Corona-Virus im System Mensch unterliegt. Das heißt, da mit Systemwerten allein noch keine Lösung existiert, wird ein weiterer Ansatz benötigt. Daraus folgt, dass man eine gegenläufige Gleichgewichtsbedingung sucht, die einen Vergleich ermöglicht.

4. Grundlegende Erkenntnis

Original: Die psychologische Definition für rechte Gehirnhälfte + linke Gehirnhälfte lautet prinzipiell:

1. rechte Gehirnhälfte = rationale Seite in uns = Bewusstsein, den KOPF betreffend, und
2. linke Gehirnhälfte = emotionale Seite in uns = Unterbewusstsein, das HERZ betreffend.

Zur Veranschaulichung ordnen wir rechte Gehirnhälfte + linke Gehirnhälfte in der nachfolgenden Tabelle ein.

Rechte Gehirnhälfte (= 0,5)	+	Linke Gehirnhälfte (= 0,5)	=	1
Rationalität (= 0,5)	+	Emotionalität (= 0,5)	=	1
Bewusstsein (= 0,5)	+	Unterbewusstsein (= 0,5)	=	1
Kopf (= 0,5)	+	Herz (= 0,5)	=	1

Abbild: Wir haben vier Systemgleichungen erhalten, die über die Gleichgewichtswerte 0,5 und 1 gegeben sind. Beide Spalten über rechter Gehirnhälfte und linker Gehirnhälfte enthalten beispielhaft die Begrifflichkeiten, die diesen in der Psychologie zugeordnet werden können. Wie wir sehen, ergeben sich für den jeweiligen Systemkreislauf, welcher innerhalb der jeweiligen Spalte in der Waagerechten zu finden ist, vier Systemgleichungen, die obig aufgeführter Kausalität unterliegen. Es handelt sich gleichfalls um ein numerisches und damit zahlenorientiertes Ergebnis, welches in der Beziehung 1 über 1 landet, da 0,5 + 0,5 = 1 ergibt.

Zwei Einsen befinden sich damit jeweils direkt gegenüber vom Gleichheitszeichen und charakterisieren die Gleichgewichtsbedingung, die wir bereits kennen. Wie wir bereits verstehen, ergibt sich immer ein und derselbe Sachverhalt.

Im Sprachgebrauch wird regelmäßig auf die Begriffe Kopf und Herz abgestellt, da alle Systemgleichungen ihrem Inhalt nach nichts anderes ergeben. Sie sind, da alles Eins ist, in diesen beiden Begriffen mitenthalten.

Wenn man das aus dem vorangegangenen Kapitel anwendet, ergeben sich nachstehende Systemgleichungen für Kopf und Herz.

1. Kopf = Herz
2. Herz = anatomisches Herz = Solarplexus

Wir erhalten für 2. den numerischen Wert Drei, da es sich um drei Systemkomponenten handelt, die zusammengehören. Für 1. erhalten wir Eins, da das Herz bereits unter 2. miterfasst ist. Die systemische Grundgleichung für 1. und 2. lautet damit 1 über 3 und 3 über 1 im Gegenkreislauf.

Wenn wir das verstanden haben, stellen wir fest, dass es keinen Grund gibt, warum der Kopf nicht direkt mit dem anatomischen Herz verbunden sein sollte. Da wir wissen, dass Systemwerte auch übergangen und direkt angesprochen werden können analog unserem Beispiel, ergeben sich exemplarisch für die Systemkomponente Kopf nachstehende Konstellationen, die wir mit dem Wort über präzisieren.

1. Kopf über Herz
2. Kopf über anatomischem Herz
3. Kopf über Solarplexus
4. Kopf über Herz und über anatomischem Herz
5. Kopf über Herz und über Solarplexus
6. Kopf über anatomischem Herz und über Solarplexus
7. Kopf über Herz und über anatomischem Herz und über Solarplexus

Die numerischen Beziehungen für die Systemkomponente Kopf lassen sich logisch ganz einfach darstellen und lauten damit für

1. 1 über 1,
2. 1 über 1,
3. 1 über 1,
4. 1 über 2,
5. 1 über 2,
6. 1 über 2,
7. 1 über 3.

Fassen wir mittels Addition 1. bis 3. und führen die linke Seite von unserem über zusammen, ergibt sich 3 über 1. Die Eins rechts können wir stehen lassen, da es sich um eine Konstante handelt. Für 4. bis 6. erhalten wir 1 über 6 und 7. bleibt mit 1 über 3 im System stehen.

1. bis 3. weist diese Laufrichtung auf, da es sich um den gegenläufigen Kreislauf zu 7. handelt. Wir erhalten damit folgende Beziehungen:

1. 3 über 1
2. 1 über 6
3. 1 über 3

Daraus folgt, dass die systemische Verbindung zwischen 1. und 3. über die Zahl 6 hergestellt wird. Das begründet sich, da die numerische Eins immer in der numerischen Drei und der numerischen Sechs mitenthalten ist. Diese steht immer für eine systemische Verbindung. Der entstandene Sachverhalt wird zu einem späteren Zeitpunkt bei der Lösung für das Corona-Virus auftauchen.

Wenn man den gegenläufigen Kreislauf betrachtet und alle Systemkomponenten miteinbezieht, erhalten wir achtundvierzig Konstellationen, da 6 x 8 = 48 ist. Diese entsprechen den achtundvierzig Werten, die wir in der Vorbetrachtung zur Bestimmung der Länge im System erhalten haben, da 16 x 3 = 48 auch dort ergeben hat. Daraus folgt, da eine Null und Eins rausgeflogen waren, dass dies auch hier der Fall ist. Wir haben in der Vorbetrachtung sechsundvierzig Systemwerte erhalten, die in der Quersumme zur Zehn führen und diese sowohl die Null als auch die Eins enthält. Das gilt damit auch hier.

Damit müssen wir klären, wofür diese im System Mensch stehen und wir betrachten die Null und die Eins, die wir von den achtundvierzig Werten abgezogen haben. Zum jetzigen Zeitpunkt wissen wir bereits, dass diese sowohl im untergeordneten System als auch im übergeordneten System gleichermaßen existieren. Daraus folgt, dass diese zwei Werte eine Verbindung herstellen, die zum Beispiel zwischen unserem Sonnensystem und unserem Universum vorhanden ist.

Dementsprechend folgt, wenn das dort gilt, da alles Eins ist, gilt das auch für das System Mensch. Das heißt, dass diese Verbindung über den mathematischen Betrag von Null und Eins gleichfalls im System Mensch existiert, die wiederum ihrerseits zu einem systemischen Gleichgewicht in der Null führen.

Wir hatten in der Vorbetrachtung erörtert, dass das Plus und das Minus innerhalb eines elektromagnetischen Feldes ebenfalls zu dieser Aussage gelangt. Daraus folgt, dass die Systemwerte im Mensch diesem kausalen Zusammenhang unterliegen. In der Schulmedizin sind wir zum Beispiel in der Lage, Hirnströme zu messen, Röntgenbilder aufzunehmen und Magnetresonanztomographien durchzuführen. Wir machen es kurz, diese unterliegen damit genau dem Prinzip systemischer Natur, dem wir die ganze Zeit folgen.

Da das möglich ist, heißt das, dass die Null und die Eins, die wir abgezogen haben, in jedem Menschen existent sind und zwischen jedem einzelnen Mensch und einem anderen folgerichtig ein elektromagnetisches Feld besteht, welches wiederum in der Mitte zu einer systemischen Null führt. Daraus folgt, dass die Menschheit über die Systemwerte Null und Eins, die im Ergebnis zu einem riesengroßen elektromagnetischen Feld führen, untereinander und miteinander verbunden ist.

Dieser Kausalität folgend, steht jeder Mensch mit jedem anderen in irgendeiner Form in Beziehung. Das heißt, dass das Gesamtkonstrukt der Menschheit über dem Wert Eins definiert ist und für Endlich steht. Was innerhalb dieser stattfindet, ist damit Unendlich, da der mathematische Betrag von Null, welcher erneut innerhalb dieser zu einer Eins führt, das impliziert.

Daraus folgt zum Beispiel, dass das Fehlverhalten eines Einzelnen immer auch zu Verwerfungen innerhalb der Systemmatrix Mensch führt. In Europa macht zum Beispiel ein Unternehmen Milliardengewinne, während in Afrika die Kinder hungern und sterben. Das ist das, was kausal hinter dieser Erkenntnis gemessen an einem negativen Beispiel steckt. Es liegt immer in der Verantwortung des einzelnen Menschen, ob man das als Lösung will oder auch nicht.

Daraus folgt weiterhin, dass das System Mensch generell eine Matrix ist, die vollständig und damit allumfassend über numerischen Werten errichtet ist. Das bedeutet, dass diesbezügliche Verfehlungen irgendwo bei irgendwem auch ankommen.

Zwangsläufig betrifft es zuerst die Kleinsten und Schwächsten und endet immer in Krankheit, Unfall, Tod oder einem unglücklichen Leben, welches der rationalen und irrationalen Bewusstseinsebene zwischen linker und rechter Gehirnhälfte folgt.

Da der Mensch die Ursache hierfür liefert wie für alles andere auch, müssen wir uns dem Thema Beziehung und Sexualität zwingend stellen, denn die Dinge beginnen immer beim Mensch selbst. Die Konstellation Mann Mann und Frau Frau leistet keine Dienste positiver Natur dazu genauso wenig wie die übertriebene Vielfalt zwischen Mann und Frau beziehungsweise im Gegenkreislauf zwischen Frau und Mann.

Und jetzt stellen wir uns direkt die Frage: "Wollen wir das nur weil wir an einer Lösung, die in einem allumfassenden System so nicht gegeben ist, festhalten? Sicher, sind wir uns ganz sicher, denn wir haben Kinder, wir haben Enkelkinder und wir haben Urenkel? Der oberste Auftrag, der in einem von Liebe und Vernunft getragenen System immer erfüllt sein sollte, ist, dass diese ein Leben lang glücklich und vor allem gesund und sicher sind, im Zweifelsfall auch vor uns selbst."

5. Ergebnis

Original: Es gilt auch hier 0,5 + 0,5 = 1.

Anmerkung: Wir verwenden im weiteren Verlauf nur noch die Begriffe Kopf und Herz, da "Alles" = 1 ist.

Abbild: Wie man feststellt, findet in der Psychologie nichts anderes statt, als dass Systeme, die offensichtlich zusammengehören, unter einem Namen erfasst und logisch gegenübergestellt werden. Diesen Vorgang nennt man Analyse, dem üblicherweise eine Bewertung folgt.

Wenn man die linke Gehirnhälfte ihrer Funktion nach richtig bewerten will, erhält man aus dem Fundus der Psychologie die Begriffe Unterbewusstsein, Emotionalität, Empathie und in verkürzter Form das psychologische Herz.

Die linke Seite des Gehirns steht auf der einen Seite stellvertretend für die emotionale Bindung und damit für die Beziehungsebene zwischen Kopf und Herz, ergo mit uns selbst, was man im Ergebnis Selbstliebe beziehungsweise Eigenliebe nennt, welche auf der anderen Seite und somit von Mensch zu Mensch unter dem Begriff der Sozialisierung verstanden werden sollte.

Es sind zwei Zusammenhänge, die sich in uns widerspiegeln. Es ist in ganz einfacher Form ein Herzthema, welches in uns systemisch verankert ist und in einem auf Wechselseitigkeit beruhenden Kreislauf rund um die Uhr in uns stattfindet. Wir unterliegen diesem kausal bedingt mit unserer Psyche. Es ist eine Gesetzmäßigkeit innerhalb des Systems Mensch, welche so oder so stattfindet und allgegenwärtig gegeben ist. Sich dagegenzustellen ergibt oftmals keinerlei Sinn, aber man unterliegt regelmäßig diesem Irrglauben.

Wie wir sehen, erhalten wir Systemgleichungen, die zur numerischen Eins führen müssen. Kopf und Herz ergeben zusammen den Zahlenwert Eins unter der Voraussetzung, dass auch diese beiden die Gleichgewichtsbedingung im System erfüllen. Das heißt, dass diese gleichermaßen und damit zu gleichen Teilen in dieser vertreten sind. Kopf und Herz führen unter anderem zu den zwei Begriffen, die man Vernunft und Liebe nennt. Damit steht fest, dass sich hinter der Eins der psychologische Begriff Verantwortung verbergen muss.

Da Systemwerte immer in Verbindung stehen, ergeben sich für die Eins logischerweise systemische Begrifflichkeiten, die identisch sind. Diese lassen sich aus unterschiedlichen Zusammenhängen heraus begründen, da viele Wege nach Rom führen und so auch hier. Die Systembedingungen für Verantwortung lauten, dass

1. Vernunft + Liebe = 1 ist und über die Eins zu Verantwortung führt,

2. Kopf + Herz = 1 ergibt und ebenfalls in dem Begriff Verantwortung landet sowie

3. Nächstenliebe + Mitgefühl = 1 gilt, die auch Verantwortung beinhaltet.

Letztere gehört mit dazu, da drei systemische Gleichungen zu dem Begriff Mitleid führen, der die emotionale Seite genau so wie Mitgefühl als auch Nächstenliebe bestimmt. Wenn wir keine Verantwortung in uns tragen und bereit sind, diese mit anderen zu teilen, leiden wir in irgendeiner Form oder eine völlig unbeteiligte Person zwangsläufig mit. Wir machen einen Unbeteiligten oder eine Unbeteiligte mitverantwortlich für das eigene Elend, welches wir selbst heraufbeschworen haben.

Wir leiden und halten uns in der Situation gefangen. Offensichtlich sind wir nicht in der Lage, uns selbst aus dieser Situation zu befreien. Das Problem wird großzügig weitergereicht, Hauptsache weg damit. Hilfe lehnen wir grundsätzlich ab, da Selbstherrlichkeit immer in Selbstüberschätzung endet.

Einen 100 Kilogramm schweren Zementsack können wir allein nicht heben und so bleibt er im Zweifelsfall liegen. Der erste Regenguss ist gewiss und das Problem verhärtet sich. Das passiert im Laufe der Zeit, bis es unlösbar geworden ist.

Innerhalb unserer Psyche, die über den Systemkomponenten Kopf und Herz errichtet ist, findet dieser Prozess analog statt. Mit Verantwortung hat das nichts zu tun, da wir diese delegieren und sinnbildlich unseren selbsterzeugten Unrat auf der Müllhalde von jemand anders abladen, da dieser auch eine besitzt. Wir machen damit Letzterem das Leben unverdientermaßen ein bisschen schwerer.

Dieser Konflikt in uns und mit anderen kommt immer dann unweigerlich zum Tragen, wenn wir unser Problem zu dem von jemand anderem machen. Die Systemgleichung Kopf + Herz = 1 haben wir in diesem Fall ins Wanken gebracht und birgt keinerlei Aussicht auf Erfolg in sich, da der Zementsack liegenbleibt.

Da Verantwortung sich als Ergebnis für drei Systemgleichungen ergeben hat, gehören diese logisch zusammen. Diese stehen exemplarisch dafür, dass wir ohne Liebe zum Beispiel kein Mitgefühl entwickeln oder Nächstenliebe für andere entfalten können. Wenn wir zum Beispiel im Gegenteil ohne Vernunft handeln, fehlt uns der psychologische Kopf und wir gelangen nicht zu der Verantwortung, die uns bestimmen sollte. Eine Sackgasse ist uns vorbestimmt, wo es nicht mehr weitergeht. Wir führen auf irgendeiner Ebene in unserem täglichen Leben in diesem Fall Krieg und erklären jemanden zum Feind, der im Ergebnis nicht weiß, wie ihm geschieht und warum er oder sie das in diesem Fall so oder so erleben muss. Die Ursache liegt immer bei uns selbst, wenn wir nicht zuhören, nicht hinsehen und uns nicht entsprechend in die Prozesse systemischer Natur involvieren, wenn es in Zeit und Raum erforderlich und damit notwendig ist. Wir landen zwangsläufig bei dem Begriff Zusammenarbeit, der sich logisch ergibt. Es ist ein Auftrag. Der Auftrag, der in einem allumfassenden System für uns gegeben ist und den es zu erfüllen gilt. Wir überlassen aber lieber jeden seinem Elend selbst und damit ist auch dieser Prozess endlich, da das erhoffte Ergebnis ausbleibt.

Soziologische Empathie und Apathie gehören systembedingt zusammen und führen ebenfalls zu einer Systemgleichung, die entsprechend über Gleichgewichtswerte definiert ist. Die Gleichung lautet, dass

Empathie + Apathie = 1 ist und für die Eins
ergibt sich das uns allen bekannte Mitgefühl.

Soziologie und Psychologie gehören immer in irgendeiner Form zusammen, da interne Prozesse im System Mensch zu einer entsprechenden Außenwirkung führen als auch vice versa. Auch hier sollte eine voneinander losgelöste Betrachtung nicht erfolgen.

Mitgefühl sollte zu 100% gegeben sein, denn wir haben eine Eins im mathematischen Betrag erhalten und dieser stand für + 100% und - 100%. Letztere gelten dafür, dass wir auch einmal Nein sagen dürfen, wenn es gerade nicht passt. Es handelt sich um einen numerischen Wert, der immer dann eintritt, wenn wir selbst des Mitgefühls bedürfen. Kennen wir, wenn uns zum Beispiel jemand verlassen hat oder jemand gestorben ist und wir Unterstützung brauchen, um wieder aufzustehen und uns von dem Schock zu erholen.

Wir brauchen Hilfe und in dem Moment, wo wir dieser bedürfen, erlangen wir diese nicht. Damit geben wir uns dem Negativwert im System hin. Es handelt sich auch hier um einen systemischen Kreislauf und in diesem Fall den gegenläufigen. Apathie und Empathie haben wir angeführt, damit wir verstehen, dass es sich um eine endlose Kette links in unserer Gleichung handelt, die logisch alles miteinander und untereinander verbindet und von einem Systemelement zu einem anderen führt.

Mitgefühl wird in der Psychologie ergänzt durch den Begriff Nächstenliebe. Dieser stellt auf gegenseitige Hilfe ab, die der Systemgleichung, dass Arbeit + Menge = 1 ist, folgt. Menge steht für den Begriff der Gemeinschaft. Man erledigt nach Möglichkeit die Dinge gemeinsam, die zu bewältigen sind. Eins steht damit im System auch für den Begriff der Zusammenarbeit. Der Begriff Arbeit ergibt sich, da es nicht ohne gemeinsame Anstrengung und beiderseitiges Engagement geht.

Kommen wir erneut zu Mitgefühl. Die Logik, die sich dahinter ergibt, nennen wir Erkennen und Fühlen. Wir spüren, wenn jemand Hilfe braucht, erkennen die Zusammenhänge und setzen die für die Person notwendige Hilfe in die Tat um. Eine Oma stürzt und Unzählige laufen stillschweigend an ihr vorbei. Die richtige Lösung ist, dass es das Herz erweicht, denn darauf zielt dieser Prozess ab. Wir helfen beim Aufstehen und beim Einsammeln von dem, was unter Umständen beim Sturz verloren wurde.

Nächstenliebe greift danach, wenn man sich wehgetan hat, denn dann sollte man sich Zeit nehmen, um zu trösten oder es sich als notwendig erweist, Hilfe anfordern; einen Krankenwagen zum Beispiel. Es ist somit ein einfacher und logischer Zusammenhang, der hinter dieser Gleichung sein Gesicht erhält.

Nächstenliebe und Mitgefühl sollten immer bei 100% liegen und immer im Positivbereich angesiedelt sein. Wir erhalten in reduzierter Form den Systemwert Zwei in der Summe, da 100% + 100% zu 200% führen und diese in der Quersumme Zwei ergeben. Da das System prinzipiell auf den Wert Eins normiert ist, existieren 200% in diesem nicht. Daraus folgt, dass es sich bei Nächstenliebe und Mitgefühl um eine Teilmenge vom Systemwert Eins handeln muss.

Wir sollten uns bereits mehrmals den Systemwert Fünf merken und dieser greift jetzt. Da 5 - 2 = 3 ist, fehlt uns etwas, was in der Quersumme den Systemwert Drei aufweisen muss. Da Verantwortung in einem negativen Bereich immer in Mitleid endet, wir bedauern uns also selbst oder andere, liegt es an der eigenen Entscheidung, ob wir Mitleid haben oder mitleiden. Und genau darum geht es, denn Mitleid ist im psychologischen Sinn ein Substitut aus Mitgefühl und Nächstenliebe, die zusammen Verantwortung ergeben. Der Systemwert für Mitleid ist begrenzt, da der Systemwert Zwei für beide, Mitgefühl und Nächstenliebe bereits ausgefüllt ist und über eine generelle Gleichgewichtsbedingung hinausschießt. Daraus folgt, dass für diese folgende Gleichung gilt:

Mitgefühl + Nächstenliebe + Mitleid = 1 und die Eins ist Verantwortung.

Wie wir sehen, handelt es sich um kein Gleichgewicht, da drei Systemwerte über dem Systemwert Eins nicht zur Eins rechts in unserer Gleichung führen können. Im Ergebnis würde 3 = 1 lauten und das kann nicht sein. Erschließen wir uns diesen Sachverhalt logisch.

Mitgefühl und Nächstenliebe ergaben zusammen den numerischen Wert Zwei. Jeder Systemwert kann immer nur maximal 100% in einem System erreichen. Warum? Wenn man uns bescheinigt, dass man heute bereit ist, zum Beispiel 300% bei der Arbeit zu leisten, fragen wir höflich, wo die zwei anderen sind, da das System Mensch auf den numerischen Wert Eins normiert ist und höchstens 100% erreichen kann.

Der tägliche Lapsus im Sprachgebrauch lässt uns von Dingen überzeugt sein, die so nicht stimmen. Wenn man uns Glauben macht, dass 300% gegeben worden sind, dann wissen wir, dass diese 300% der Leistungsfähigkeit bei 100% entsprechen, zu denen man prinzipiell fähig ist. Damit wurde das Soll in der Vergangenheit nie erfüllt, da es sich nicht um 100%, sondern vielleicht nur um 50% oder weniger gehandelt hat. Was muss man sich in so einem Fall eingestehen? Man wurde in der Vergangenheit regelmäßig hinter das Licht geführt. Die eigene Gutgläubigkeit wurde aus einem Fehlurteil heraus benutzt.

Daraus folgt, dass Mitleid zwischen 0% und 100% liegen sollte. Da die systemische Fünf, denn diese sollten wir uns merken, in uns systemisch innerhalb unserer DNA verankert ist, gilt diese für diesen Zusammenhang. Das heißt, dass die Systembegriffe Nächstenliebe, Mitgefühl und Mitleid in uns codiert sind. Um in der Quersumme den Wert Fünf bei gegebenem Wert Zwei erreichen zu können, erhalten wir den Systemwert Drei, da 2 + 3 = 5 ist. Daraus folgt, da sich prinzipiell in den Systemgrenzen zwischen 0%, + 100%, - 100% und damit Null und Eins bewegt werden kann, dass es sich um Plusminus 30% handeln muss, die für den Systemwert Mitleid zählen und Gültigkeit erlangen. Mitleid sollte den Systemwert von 30% und damit den Zahlenwert 3 nicht übersteigen, sonst leidet man mit oder es ist jemand gelungen, sein Problem erfolgreich zu dem unsrigen zu machen.

Im Gegenteil verbleiben 70% und in numerischer Form Sieben. Wie wir wissen, steht die Zahl Sieben für sieben Sonnen im System und in einem Fall wie oben aufgeführt, verblassen diese in uns. Wir strahlen und lachen nicht mehr, ein ganz einfacher und logischer Zusammenhang in einem System. Wir machen uns das Leben selbst zur Hölle. Das ist ein absonderlicher Wunsch und vor allem ein wenig erstrebenswerter. Die diesbezüglichen Ohrfeigen sind uns also gewiss.

Doch wo ist der Systemwert Fünf in uns gegeben? Das erfahren wir detailliert im Lauf dieser Arbeit, denn es ist ein Systemwert, der uns elementar und damit grundlegend bestimmt, sonst würden wir überhaupt nicht existieren.

Ein erster Hinweis ist bereits erfolgt. Die systemische Fünf ergab unter anderem die Gleichung, dass 5 + 5 = 10 ist und diese wiederum zur numerischen Null und Eins führt. Diese Werte stehen für Systemwerte in unserem Sonnensystem und damit muss unsere numerische Fünf, denn sie stellt ebenfalls einen Gleichgewichtswert dar, eine ganz elementare Bedeutung für die Menschheit haben, denn wir haben jeweils zweimal fünf Finger einschließlich zwei Daumen und zweimal fünf Zehen einschließlich zwei großer, die wiederum jeweils zum Zahlenwert Zehn führen und so in uns angeordnet sind, dass sie sich gegenüberstehen, egal ob wir einer Geraden oder einer Diagonalen dabei folgen. Und damit 5 + 5 = 10 und im Gegenkreislauf ebenfalls.

Betrachten wir diese Problematik aus einem anderen Blickwinkel, kommen wir zu nachstehender Gleichung, die in einem ersten Anlauf immer noch kein Gleichgewicht ergibt.

Mitgefühl (Systemwert 1) + Nächstenliebe (Systemwert 1)
+ Mitleid (Systemwert 3) = 1

Unschwer zu erkennen, 5 ist nicht gleich 1. Daraus folgt, dass diese Systemwerte der Gleichgewichtsbedingung innerhalb unserer DNA folgen. Diese lautet 5 + 5 = 10. Wir nehmen diese vorweg, da wir sonst nicht weiterkommen. Da es prinzipiell eine Gleichgewichtsbedingung zu erfüllen gilt, heißt das, dass wir auch hier dem folgen müssen. Im Ergebnis erhalten wir nachstehende Gleichung reduziert auf Systemwerte:

1 + 1 + 3 + 3 + 1 + 1 = 10 = 1 + 0 = 1

Wir haben damit den Gegenkreislauf mit involviert, der uns zu der Systembedingung 1 = 1 führt, da die Eins rechts in unserer Gleichung über einen positiven Wert gegeben ist. Daraus folgt, dass unser Ergebnis richtig ist. Wir sollten also von 100% Mitgefühl, 100% Nächstenliebe und 30% Mitleid prinzipiell geleitet sein. Machen wir in der Realität natürlich nicht, sondern wir reden nur davon. Im Zweifelsfall begegnen wir dem Elend anderer mit einer Spende. Wir kaufen uns lieber frei, ohne eine Lösung für das bestehende Problem anzubieten. Daraus folgt unter anderem nachstehender Sachverhalt:

Da prinzipiell bei Systemwerten auf den mathematischen Betrag abgestellt werden muss, kann bei der Betrachtung innerhalb von Mathematik bezüglich der Werte Null und Eins hinsichtlich der einzelnen Rechenoperationen und deren ergebnisorientierter Definition etwas nicht stimmen. Üblicherweise wird 1 : 0 als nicht definiert beschrieben. Das heißt, dass diese Systemgleichung keine Lösung liefert. Da es sich aber um den mathematischen Betrag handelt, der den einzelnen Rechenoperationen folgt, kann diese Aussage nicht richtig sein.

Wenn wir in diesem Zusammenhang einen Apfel durch nichts und damit Null teilen, bleibt in der Realität im Ergebnis ein Apfel liegen. In der Mathematik ist dieser gemäß ihrer eigenen aufgestellten Theorie dann nicht definiert. Aber der Apfel bleibt immer noch ein Apfel. Daraus folgt, dass wir vielleicht in einem nächsten Buch nachstehende Gleichungen über den mathematischen Betrag beleuchten müssen.

$$|0| : |1| = ?$$
$$|1| : |0| = ?$$
$$|0| : |0| = ?$$
$$|1| : |1| = ?$$

Da wir prinzipiell auf systemische Logik abstellen, heißt das, dass ein Zahlenstrahl exakt in einem Punkt immer einen negativen Wert als auch einen positiven aufweist. Wie wir bereits erfahren haben, gilt es immer, auch den gegenläufigen Kreislauf zu betrachten. Dieser sieht wie folgt aus:

$$|0| \times |1| = ?$$
$$|1| \times |0| = ?$$
$$|0| \times |0| = ?$$
$$|1| \times |1| = ?$$

Warum sprechen wir das an? Erstens würde unser Zahlenstrahl in der Mitte auseinanderbrechen, da 1 : 0 gleich nicht definiert ist und das kann nicht sein. Zweitens wäre die systemische Verbindung über den Systemwerten Null und Eins in unserem Sonnensystem an irgendeiner Stelle durchbrochen. Das hieße, dass Unendlich und Endlich reine Fiktion wären, da eine systembedingte Gleichgewichtsbedingung nicht existieren würde, obwohl diese über den Betrag von Null und Eins gegeben ist. Wie wir bereits wissen, diese ist aber vorhanden.

Wenn wir obige Gleichungen simplifizieren und übereinanderstellen, erhalten wir 1 : x und x : 1, wobei x gegen Unendlich läuft. Das heißt, dass es sich um systemische Kreisläufe handelt. Unter einem systemischen Aspekt haben wir erfahren, dass für 1 als auch x der mathematische Betrag zählt. Warum ist diese Betrachtung notwendig? Weil das System Mensch auf numerischen Prozessen basiert und dafür brauchen wir Mathematik, um es bis ins letzte Detail verstehen und akzeptieren zu können. Wenn man sich 1 und x ansieht und die Logik bereits etwas und die diesbezüglich angesprochene Thematik verstanden hat, dann ergibt sich daraus noch etwas anderes. Wir haben also ein x und eine 1. Dazu sehen wir uns ein Bild an.

Es ist das Christusmonogramm. Wir sehen Alpha und Omega, welche symbolisch für Anfang und Ende stehen, ein x und ein p. Lateinisch primus ergibt der Erste und korreliert mit unus und damit Eins. Ordnungszahl und Kardinalzahl liefern damit zusammen den Systemwert Eins. Alpha und Omega begrenzen damit das x in der Mitte. Daraus folgt, dass sich daraus über die Verbindung dieser das Symbol für Unendlich ergibt. Da der Anfang und das Ende über Alpha und Omega gegeben sind, handelt es sich im Gegenkreislauf um Endlich. Daraus folgt, dass

Unendlich + Endlich = 1 ist und im Gegenkreislauf Endlich + Unendlich = 1.

Daraus ergibt sich eine mathematische Aufgabe für uns, die es zu klären gilt. Da x und 1 über den mathematischen Betrag definiert sind, heißt das, dass wir einen Systemkreislauf nebst gegenläufigen betrachten müssen.

Mittels Mathematik können wir auf nachstehende Systemgleichung abstellen, welche wir betragsseitig angeben. Diese folgt der Logik im Christusmonogramm.

$$\frac{\dfrac{|1|}{|x|}}{\dfrac{|x|}{|1|}}$$

Diese müssen wir somit betrachten, wenn | x | gegen Unendlich läuft. Der Betrag | x | wird für x = 0 mit 0 angegeben. Unter einem systemischen Aspekt fehlen damit die Systemwerte Plus und Minus. Das heißt, dass Mathematik prinzipiell unterstellt, dass der Zahlenstrahl über die Systemverbindung Null mehr oder weniger nicht gegeben ist. Kann aber nicht sein, da Unendlich + Endlich = 1 über den Betrag von Eins in der systemischen Null landet. Die Annahme von Mathematik über den Systemwert Null ist damit falsch und wir haben demnächst etwas Sinnvolles zu tun. Mit anderen Worten, Wissenschaft ballert durch einzelne Vertreter genauso am Tor vorbei wie andere auch.

Warum bedarf es dort einer Korrektur? Bestimmte Grundfunktionen innerhalb des Systems Mensch basieren ausschließlich auf mathematischen Zusammenhängen beziehungsweise in Kombination mit anderen. Das heißt, dass gesundheitliche Beeinträchtigungen bestimmter Natur sich über einen mathematischen Weg lösen lassen, bis hin, dass Grundfunktionen innerhalb des Systems Mensch erklärt werden könnten. Da uns das fehlt, tritt Schulmedizin somit auf der Stelle, da diese im Normalfall vor Mathematik Reißaus nimmt. Warum? Es entspricht nicht deren Fähigkeit, Gabe und Talent. Ironisch formuliert: Wer mit Nadel, Faden, Spritze und Skalpell ausgezeichnet umgehen kann, schiebt logischerweise Rechenschieber und Lineal beiseite.

Medizin und Wissenschaft sollten schnellstens zueinander- und zusammenfinden, denn Medizin leistet seinen Dienst am Menschen und nicht vergleichsweise in einem "Mathebuch". Man könnte denen das also abnehmen und eine wissenschaftliche Lösung zur Verfügung stellen, welche sie im Ergebnis letztlich entlastet, denn die haben bekanntermaßen so schon genug zu tun. Wie könnte es beispielsweise losgehen? Das Konstrukt Mensch folgt der Systembeziehung 1 über 1. Das heißt, dass in einem Systemgleichgewicht elf Systemwerte gegeben sind, da die 1 über 1 der 1 über 10 im Gesamtsystem folgt, in der Summe Elf. Diese lauten: Skelett, Muskulatur, Organe, gefolgt von vier Organsystemen (= Verdauungssystem + Atmungssystem + Lymphsystem + Blutkreislauf) und dem Zentralnervensystem (= linke Gehirnhälfte + rechte Gehirnhälfte + Diffusionsschicht + Nervensystem). Das sind elf Systemwerte, die für die prinzipielle Existenz des Systems Mensch stehen. Weitere Systemkomponenten reihen sich dort logisch ein und stellen damit eine Teilmenge von den insgesamt elf Systemwerten dar. Für einen Beweis betrachten wir unsere Hand. Vier Finger und ein Daumen, die aus insgesamt neunzehn Knochen bestehen und sich in einem Handgelenk wiederfinden lassen. Daraus folgt die erste Systemverbindung 1 über 1. Analog dieser Logik müssten in einem ersten Anlauf alle Systemwerte innerhalb des menschlichen Skeletts bestimmt werden, um alle weiteren logisch einbinden zu können. Salopp formuliert, erst wird der Gartenzaun aufgestellt, dann ein Beet angelegt, in welchem perspektivisch alle Pflanzen vergleichsweise Organe und Organsysteme ihr zu Hause finden. Das ist notwendiges Elementarwissen, welches wir dringend für Lösungen brauchen und das hätte schon längst erfolgen müssen.

6. Wir klären "Alles ist 1." von Stephen Hawking.

Original: Wie wir bereits festgestellt haben, steht die Zahl 1 für ein Gleichgewicht. Der Begriff "Alles" ist damit nichts anderes als eine Aufreihung von allen Elementen, die es in einem System geben kann. Daraus folgt, dass es sich dort um eine simple Aufaddierung handelt, die im Ergebnis immer zur 1 und damit einem numerischen Wert führt, der vollkommen im Gleichgewicht ist. Damit lautet die grundlegende Gleichung, die Aussage von Stephen Hawking betreffend, wie folgt:

a + b + c + d + ... 1 + 2 + 3 + 4 + ... ! + " + ? + / + ... = 1

Wie wir feststellen, bewegt sich die linke Seite der Gleichung gegen Unendlich, da es ja "Alles" betrifft, und die rechte steht bei 1. Daraus folgt nachstehender Sachverhalt:

Unendlich = Endlich

Daraus folgt,

1. was sich im Kleinen bspw. auf der Erde abspielt, findet auch im Großen bspw. im Universum statt und
2. was im Großen bspw. im Sonnensystem stattfindet, spielt sich auch im Kleinen bspw. innerhalb einer Familie ab.

Wenn Unendlich = Endlich ist, dann heißt das nichts anderes, als dass am Ende "Alles 1 ist!" und sich im vollständigen Gleichgewicht befindet. Daraus folgt, dass

1 = 1 gilt.

Es folgt weiterhin, dass alle Zusammenhänge in dieser Welt einer zahlenmäßigen Logik unterliegen und numerisch aufgebaut sind.

Worauf bezieht sich z.B. "Alles"?

1. Mensch, Tierwelt, Umwelt
2. Sonne, Erde, Mond
3. Wirtschaft, Politik, Soziales usw.

Daraus folgt, dass jedwedes Problem auf unserer Erde auf einem Ungleichgewicht beruht. Die Lösung besteht damit einzig und allein darin, das Gleichgewicht wieder herzustellen.

Damit steht der zahlenmäßige = numerische Wert 0,5 stellvertretend dafür, die Mitte zwischen 0 und 1 einzunehmen =

0,5 fest.

Weiterhin folgt, die einzige und "Alles" bestimmende Lösungsgrundlage für Probleme in dieser, unserer Welt lautet in Gleichungsform:

System + Lösung = 1

Daraus folgt, dass

SARS-COV-2 + COVID-19 + CORONA-VIRUS ebenfalls = 1 ist.

Abbild: Betrachten wir die diesbezügliche Gleichung und ergänzen das, was bisher noch nicht erörtert worden ist. Und damit sind wir gezwungen, uns die Logik, die zwischen Unendlich und Endlich besteht, näher anzuschauen und sinnvoll zu ergänzen, denn es fehlt offensichtlich noch etwas in der Theorie hierzu. Die Gleichung in mathematischer Form sah wie folgt aus:

a + b + c + d + ... 1 + 2 + 3 + 4 + ... ! + " + ? + / + ... = 1

Und diese Gleichung erklären wir uns kurz. Links sehen wir unendlich viele Werte, die aufaddiert werden und in der Summe rechts in dieser den Wert Eins annehmen. Daraus folgt, dass links alle möglichen und denkbaren Werte angenommen werden können, die wir uns in einem System als Systemkomponente, als Element oder alternativ ausgedrückt in irgendeiner Form untereinander und miteinander korrespondierend vorstellen können. Korrespondierend heißt in diesem Zusammenhang, dass irgendwelche Abhängigkeiten und Gesetzmäßigkeiten zwischen diesen bestehen, die nicht losgelöst voneinander existieren und betrachtet werden können.

Letztere beiden, Abhängigkeiten und Gesetzmäßigkeiten, stellen in der Regel auf die Existenz von halboffenen Systemen ab. Geschlossene und offene Systeme sind rein formal gesehen nicht gegeben. Letztere Annahmen dienen ausschließlich zu Erklärungszwecken, um die Komplexität eines Systems und die Abhängigkeiten beziehungsweise Gesetzmäßigkeiten innerhalb diesem zu reduzieren. Alles andere ist abwegig.

Jeder Wert ist innerhalb der linken Seite unserer Gleichung immer nur exakt einmal vertreten, denn man hat zum Beispiel die Werte a, b und c per definitionem erhalten. Die numerische Abfolge steht somit immer für Unendlich, denn es kann sich hierbei um unendlich viele Systemkomponenten links in unserer Gleichung handeln.

Rechts ergibt sich die numerische Eins, die damit für Endlich im System verantwortlich ist. Machen wir der Einfachheit halber ein elementares Beispiel, was sich hinter den Werten a, b und c in einem System verbergen könnte.

Baum + Wiese + Auto + Haus + Frau + Mann + ... = 1

Wie wir sehen, handelt es sich um Systemwerte, die man alle kennt und zur numerischen Eins rechts in unserer Gleichung führen und ein Gleichgewicht ergeben. Es ist eine systemische Gleichgewichtsbedingung, die erfüllt sein sollte.

Dort steht also nichts anderes, als dass die sechs Systemkomponenten links in unserer Gleichung auf ein Gleichgewicht ausgerichtet sind und diesem konsequent folgen. Alle Werte sind im konkreten Fall über einem mathematischen Plus definiert und wir wissen mittlerweile, dass die Eins rechts in unserer Gleichung für den mathematischen Betrag steht. Dieser ist über plus Eins und minus Eins beschrieben. Es fehlt die Gleichung, die zur minus Eins gehört. Wir setzen Klammern für ein besseres Verständnis.

- (a + b + c + d + ... 1 + 2 + 3 + 4 + ... ! + " + ? + / + ...) = - 1

In Anbetracht der Ausgangsgleichung ergibt sich die oben aufgeführte Gleichung, die das zum Ausdruck bringt. Wir vollziehen das am praktischen Beispiel gemeinsam nach und den Systemwerten, die wir bereits kennen. Daraus ergibt sich, dass

- (Baum + Wiese + Auto + Haus + Frau + Mann + ...) = - 1 ist.

Exkurs: Nehmen wir zum Beispiel die Systemkomponente Baum innerhalb unserer zwei Gleichungen, wird diese einmal mit Plus und einmal mit Minus davor angegeben. Das heißt, dass im Fall von einem Plus der Baum nichts anderes macht, als seine Mitwettbewerber zu verdrängen, da er sich oberhalb des systemischen Gleichgewichts bewegt. Er wird also groß und stark auf Kosten anderer und setzt sich über diese hinweg. Im Fall von einem Minus erleidet er das vorangegange Schicksal seiner bisherigen Gegenpartei selbst. Diese Logik folgt damit einem Lebenszyklus, der irgendwo zwischen Geburt und Tod angesiedelt ist und im Gleichgewichtswert Null über den Systemfaktor Zeit zu Leben führt, welches den korrespondierenden Raum ausfüllt. Macht er in der Regel nicht und setzt auf Verdrängung so wie wir auch. Damit gehen benachbarte Bäume in diesem Fall einfach ein.

Addieren wir beide Gleichungen, dann erhalten wir eine der grundlegenden Aussagen, der wir bereits die ganze Zeit folgen und sich auf die wissenschaftliche Annahme beruft, dass übergeordnetes System + untergeordnetes System = 1 ist und im Ergebnis auch die systemische Null ergibt. Die Gleichungen sehen wie folgt aus:

$$
\begin{array}{lr}
a + b + c + d + \ldots 1 + 2 + 3 + 4 + \ldots ! + " + ? + / + \ldots = & 1 \\
-(a + b + c + d + \ldots 1 + 2 + 3 + 4 + \ldots ! + " + ? + / + \ldots) = & -1 \\
\\
= 0 + 0 + 0 + 0 + \ldots 0 + 0 + 0 + 0 + \ldots 0 + 0 + 0 + 0 + \ldots = & 0
\end{array}
$$

Jeder Systemwert führt mittels Addition zur systemischen Null, die wiederum den mathematischen Betrag von Null und Eins enthält. Wie wir in der letzten Zeile sehen können, erhalten wir überall Null. Daraus folgt, dass diese Gleichung nichts anderes in sich trägt als die systemische Gleichung, dass Unendlich + Endlich = 1 ist und infolge übergeordnetem System + untergeordnetem System = 1 in einem Gleichgewicht zur Null führt. In einem systemischen Gleichgewicht, egal welcher Art, heben sich die Systemwerte gegenseitig auf. Das ist elementare Grundvoraussetzung.

Stellt sich die Frage, wo Unendlich links in unserer Gleichung stattfindet und wie klein oder wie groß der numerische Wert tatsächlich ist. Es ist damit die Frage, warum die Summanden beziehungsweise die Subtrahenden, denn diese können es bedingt durch den Gegenkreislauf auch sein, in der hier geführten Betrachtung unerheblich sind. Links in unserer Gleichung ist die Gesamtheit der Systemwerte in der Reihe logischerweise endlich, da unser Heimatplanet Erde räumlich begrenzt ist und eine nachvollziehbare Grenze aufweist.

Man erhält unzählig viele Systemkomponenten auf der Erde und irgendwo ist am Ende im System auch logischerweise Schluss. Daraus folgt, dass Unendlich zwischen den jeweiligen Systemkomponenten stattfinden muss als auch innerhalb dieser. Wir hatten für die linke Seite unserer Gleichung beispielhaft erhalten:

Baum + Wiese + Auto + Haus + Frau + Mann + ...

Diese Seite ist endlich, da wir irgendwann kein Systemelement mehr finden, welches wir noch nicht als Summand eingesetzt und erwähnt haben. Man hat alles sinnvoll erfasst und findet kein weiteres Systemelement mehr, das noch fehlen könnte. Daraus folgt, dass Unendlich

1. sich innerhalb des einzelnen Systemwertes abspielen muss und
2. zwischen allen Systemwerten.

Diese könnte man über die mathematische Permutation, Variation oder Kombination beschreiben. Je nachdem, welche Systemkomponenten wir aus allen möglichen auswählen und in welche Beziehung wir diese setzen. Wir erhalten in einem ersten Anlauf immer Unendlich, da es unendlich viele Möglichkeiten gibt. Der übergeordnete Raum ist endlicher Natur und ergibt damit den Betrag von Eins, der wiederum zu einer Null führt.

Die Vielfalt sehen wir uns am Beispiel der Systemelemente Baum, Frau und Mann an, dann sollte es uns ganz schnell verständlich werden, warum das so ist.

Baum = Fichte, Tanne, Eibe, Esche, Eiche, Erle, Buche, Ahorn, Kiefer, ...
Frau = dünne, dicke, große, kleine, schmale, breite, sportliche, kräftige, ...
Mann = kurzsichtige, weitsichtige, grünäugige, blauäugige, schwache, starke, ...

Die systemische Einheit und damit Funktionsfähigkeit innerhalb dieser ist nur gewährleistet, wenn Unendlich im Kleinen stattfindet und Endlich im Großen unter der Voraussetzung, dass jede Systemkomponente genau einmal vorkommt. Diese stehen jetzt rechts von unserem Istgleichzeichen.

Die Vielfalt im System Mann als auch im System Frau ist nur gegeben, wenn die numerischen Werte innerhalb dieser Systemwerte variieren und in den Systemwerten des Systems Mensch und damit innerhalb aller Menschen und zwischen diesen minimal voneinander und untereinander abweichen. Das heißt, dass es das System Mann in der Form exakt einmal gibt und das System Frau konsequenterweise auch. Das versteht man unter Vielfalt innerhalb eines Systems.

Daraus folgt die systemische Eins und die systemische Null wird zum Beispiel für Frau und Mann gleichermaßen definiert. Die Vielfalt innerhalb dieser ergibt sich jedoch nur, wenn die einzelnen Systemwerte von Frau und Mann immer minimal und innerhalb dieser voneinander und untereinander abweichen. Es existiert im System Frau und im System Mann Unendlich immer nur innerhalb der Systemwerte, welche durch das übergeordnete System, den menschlichen Körper, endlich und begrenzt sind. Es gilt auch hier, dass Unendlich + Endlich = 1 ergibt.

Daraus folgt, dass die Systemkomponente Frau beziehungsweise Mann stringent über eine Individualität und eine entsprechende Einzigartigkeit verfügt. Das System Mensch existiert in der Form, wie es ist, exakt nur einmal auf der Erde. Das impliziert allein der Begriff der Einzigartigkeit, der der systembedingten Einheit und der systembedingten Differenziertheit von Systemwerten folgt und zu jeder Zeit kausal dieser Logik unterliegt. Wir verlieren im Ergebnis etwas sehr Wertvolles und vor allem Unersetzbares, wenn jemand aus dem System Mensch ausscheidet. Das vergessen wir nur sehr oft.

Daraus folgt weiterhin, dass in einem System das Gleichgewicht erfüllt ist, wenn die Beziehung Mann Frau und im gegenläufigen Kreislauf Frau Mann vorhanden und immer in der numerischen Beziehung Eins über Eins gegeben ist. Machen wir exemplarisch einige Beispiele, welche Beziehungen in einem systemisch bedingten Gleichgewicht nicht zu einer Gleichgewichtssituation führen können. Als Erstes betrachten wir eine Frau. Damit steht der Wert Eins rechts in unserer Gleichung; 1 = Frau.

1. Frau + Frau + Frau + Frau + Frau + Frau + Frau = Frau
2. Frau + Mann + Mann + Mann + Frau + Frau = Frau
3. Mann + Mann + Mann + Mann + Mann + Mann = Frau

Wir werten die Systemgleichungen dahingehend aus, warum die Gleichgewichtsbedingung in diesem Fall nicht erfüllt ist.

zu 1. Eine Frau hat mit sieben Frauen eine Beziehung gehabt oder hat sie. Daraus folgt, da das systemische Gleichgewicht zur Null führt und sieben Frauen minus einer Frau sechs Frauen ergibt, handelt es sich um kein systemisches Gleichgewicht.

zu 2. Eine Frau hat mit drei Frauen und drei Männern eine Beziehung unterhalten oder betreibt sie weiterhin. Das ist kein systemisches Gleichgewicht, da drei Männer minus einer Frau zwei Männer ergeben und drei Frauen minus einer zu zwei Frauen führen. Es handelt sich um eine Form von Bisexualität.

zu 3. Sechs Männer und eine Frau ergeben fünf Männer und erfüllen die Gleichgewichtsbedingung 1 über 1 auch nicht.

Jetzt könnte man geneigt sein, da Frau + Frau = 1 ergibt wie Mann + Mann auch, dass eine Gleichgewichtsbedingung vorliegt, da 0,5 + 0,5 = 1 ist. Das ist nicht der Fall, da die Bedingung links in der Gleichung nicht erfüllt ist. Mann und Frau nehmen in dieser Konstellation jeweils den Wert Eins an und führen bei mehrfachem Vorhandensein als Systemkomponente nicht zum numerischen Wert Eins auf der Gegenseite. Wir erhalten gemessen am Beispiel den Systemwert Zwei. Das wäre nur möglich, wenn Frau und Mann über die Systemkomponente Gehirn mehrfach verfügen würden, was anatomisch gesehen unmöglich ist. Es gilt festzuhalten, dass alle Systemkomponenten in einer Reihe im System stehen müssen und damit fest vorgegeben sind. Unser Sonnensystem und die Erde basieren genau auf dieser Logik.

Akzeptieren wir es einfach, denn es geht um unsere Kinder, um unsere Enkelkinder und um unsere Urenkelkinder. Diese kann und sollte man für die Dinge, die man selbst verursacht, nicht in die Verantwortung nehmen, auch für die auf der Beziehungsebene nicht. Man versteht dabei nicht, dass wir die Quittung längst erhalten haben, wenn wir jetzt nicht etwas dauerhaft und langfristig ändern. Für ein besseres und gemeinsames Verständnis präzisieren wir das Dilemma. Damit müssen wir Systemkomponenten ergänzen, die uns das Ergebnis verdeutlichen. Das geht zum Beispiel über die Auslegung von Sexualität. Man muss dazu drei grundlegende Orientierungen innerhalb der menschlichen Sexualität betrachten. Es wird also kurzzeitig etwas atypisch für eine wissenschaftlich orientierte Arbeit in der Wortwahl.

1. Frau = Frau + Oralverkehr + Vaginalverkehr + Analverkehr
2. Mann = Mann + Oralverkehr + Vaginalverkehr + Analverkehr

zu 1. Wie wir feststellen, da es anatomisch unmöglich ist, fallen rechts in der Gleichung zwei Systemkomponenten weg. Daraus folgt, dass innerhalb der Sexualität etwas fehlt und auf natürlichem Weg nicht verfolgt und gelebt werden kann. Die zwei Frauen benötigen also Hilfsmittel. Diese sind in einem System nicht vorgesehen, da die Grundvoraussetzung zwischen Frau und Mann vollumfänglich gegeben ist. Mangels deren Existenz handelt es sich um ein systemisches Ungleichgewicht.

zu 2. Für die Beziehung Mann Mann lautet das Ergebnis analog. Der einzige Unterschied ist, dass eine Systempomponente weniger rechts aus der Gleichung fällt.

Ergänzen wir, dass die heterosexuelle Vielfalt auch für kein systemisches Gleichgewicht sorgt. Vielfalt kann man in Gleichungen fassen und diese sehen im heterosexuellen Fall und damit geschlechtsspezifisch wie folgt aus:

1. Mann = Frau + Frau + Frau + Frau + Frau + Frau
2. Frau = Mann + Mann + Mann + Mann + Mann

Beide Konstellationen schießen über das Ziel in einem systemischen Gleichgewicht hinaus, da im Ergebnis nicht die 1 über der 1 erreicht wird. Im ersteren Fall und damit 1. wurden fünf Frauen zu viel in Anspruch genommen und im letzteren vier Männer. Keine Frage, wir sind überzeugt, dass das in Ordnung ist, aber in einem System ist es das eben nicht und dafür gibt es immer eine Quittung.

Warum ist das so? Es gab nur einen Adam und nur eine Eva, die symbolisch für die Geburt der Menschheit stehen und damit ist das Gesetz in einem System. Abweichungen von Gleichgewichtsbedingungen führen immer zu Sanktionen. Aber Gesetze haben es offensichtlich immer verdient, gebrochen zu werden, zumindest scheint das die bestehende und vorherrschende Meinung zu sein.

Im Fall des Corona-Viruses müssen wir die Begrifflichkeiten exakt verwenden, um die Kausalität dahinter verstehen zu können. Der Begriff Corona steht in der Übersetzung für Herz. Das psychologische Herz folgt unserem Unterbewusstsein und damit unserer Beziehungsebene. Es ist ein systemischer Angriff aus dem übergeordneten System, den wir infolge einer Gleichgewichtsverschiebung im untergeordneten ausgelöst haben. Daraus folgt, da es Zufall nicht gibt, dass nachstehende Konstellationen auf der Beziehungsebene vom Corona-Virus angegriffen und attackiert werden. Die genaue Begründung dafür liefern wir im weiteren Verlauf.

1. Mann = Mann
2. Mann = Mann + Mann + Mann ...
3. Frau = Frau
4. Frau = Frau + Frau + Frau ...
5. Mann = Frau + Frau + Frau ...
6. Frau = Mann + Mann + Mann ...

Man erhält Systemgleichungen, die stellvertretend für die Beziehungsebenen stehen. Es sind numerische Werte, die sich aus den unterschiedlichen Konstellationen ergeben. Da Frau und Mann systemisch betrachtet worden sind und sechs Möglichkeiten innerhalb dieser außerhalb eines Systemgleichgewichts existieren, erhält man 6 über 2 und im Gegenkreislauf 2 über 6. Man nehme vorweg, dass diese Bestandteil der Lösung sind und zu einem späteren Zeitpunkt in den Systemgleichungen erneut auftauchen. Damit sind wir bei dem Thema Beziehung angelangt. Wir betrachten stellvertretend zwei Fälle.

Sehen wir uns eine Grafik an, die das Thema verdeutlicht. Jene beinhaltet die Logik, welche sich aus der Rolle von Mutter und Vater ergibt, wenn das Systemgleichgewicht erfüllt ist. Wir betrachten die Gleichgewichtslösung, die im System prinzipiell gilt. Unser Blick ist auf die systemischen Verbindungen gerichtet und wir klären den diesbezüglichen Sachverhalt. Das gilt für das System Frau als auch für das System Mann, wenn die psychologischen Rollen von Mutter und Vater eingenommen werden.

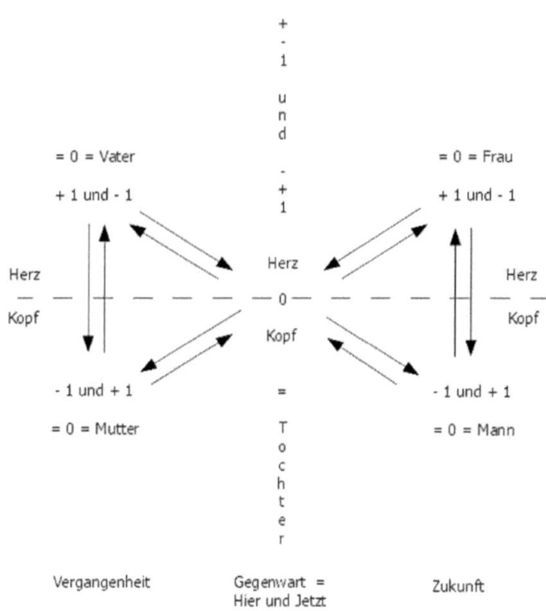

Es wurde links in der Grafik die Elternebene eingezeichnet. In der Mitte steht eine gemeinsame Tochter. Diese hat auf der Beziehungsebene die Wahl zwischen Mann und Frau. Die Systemwerte der Elternebene sind in der Vergangenheit manifestiert, da diese vor der Tochter auf der Welt waren. Die Entscheidung über einen zukünftigen Lebenspartner oder über eine zukünftige Lebenspartnerin liegt bei der Tochter. Im Ergebnis steht rechts in der Grafik eine Frau und ein Mann, die das liefern, was aus einem systemischen Ansatz heraus im Ergebnis erzielt werden kann.

Beide Systemwerte sagen nichts über die Vielfalt und die Anzahl der Lebenspartner beziehungsweise Lebenspartnerinnen aus. Es wurde bewusst auf die Systemwerte - 1, 0 und + 1 abgestellt, um den Kreislauf zu charakterisieren und systemrelevant einzuordnen und zuzuordnen. Die Beschreibung der psychologischen Vorgänge erfolgt verbal, da eine numerische Betrachtung den Rahmen sprengen würde allein schon aus der Übersichtlichkeit einer Grafik heraus.

Wir bestimmen über die Vergangenheit, da die Eltern zeitlich vor der Tochter gegeben sind, das Hier und Jetzt, um unsere Zukunft so positiv wie möglich zu gestalten. Das ist das Ziel. In einem systemischen Gleichgewicht bewegen sich Mutter und Vater auf Augenhöhe. Deren Bewegung ist links in der Zeichnung über zwei Geraden definiert, die wir in Form von Pfeilen dargestellt haben, um die Bewegung innerhalb des Systems Mutter Vater zu veranschaulichen. Aus Übersichtlichkeitsgründen wurde der gegenläufige Kreislauf weggelassen.

Im steten Wechsel hoch und runter auf den Pfeilen bewegen sich beide Elternteile. Das heißt, dass diese den räumlichen und zeitlichen Abstand zur Tochter jederzeit einhalten und ihrer Rolle als Mutter und Vater gleichermaßen gerecht werden. Dem Informationsfluss nach geben zum Beispiel beide Elternteile völlig symmetrisch ihr Wissen über Beziehung an die Tochter in der Mitte weiter. Aus der Perspektive von Raum stützen Mutter und Vater die Tochter. Unter dem Aspekt Zeit lassen Eltern der Tochter den Weg in ihr eigenes Leben frei. Sie stehen hinter ihr im System.

Es liegt an ihr, wann sie die ersten Schritte in ihr eigenes Leben selbständig geht. Stehen Eltern im System vor der Tochter, ist der Weg in eine glückliche Zukunft versperrt. Das ist vergleichsweise wie an einer überfüllten Autokreuzung. Es kommt etwas von links, von rechts, von vorn und von hinten, was einen aufhält. Man ist bestrebt, dass es vorwärtsgeht, aber es geht nicht.

Wir stecken im Leben sprichwörtlich fest, denn wir leben das der anderen, in diesem Fall das der Eltern. Wir sehen das zukünftige Leben, denn jeder hat eine konkrete Vorstellung davon, aber es gelingt nicht, dieses zu ergreifen beziehungsweise zu erreichen. Wir sehen das, was uns glücklich machen könnte, an uns vorbeiziehen und von weiter weiter Ferne winken. Es ist in der Situation infolge der falschen Rolle, die in diesem Fall die Eltern einnehmen, unerreichbar für uns.

Das heißt, diese sind gezwungenermaßen dazu angehalten, immer gleichweit von der Tochter entfernt oder dieser nah zu sein und sich ausschließlich hinter ihr aufzuhalten. Kommt diese ins Straucheln, wird sie automatisch aufgefangen und das ist allerhöchste Elternpflicht. Ist dieser Fall eingetreten, stellen sich die Eltern von ganz allein an die Seite ihrer Tochter, damit sie den Weg zurück ins Leben findet. In dieser Position stützen Eltern ihr Kind und ziehen es bildlich gesprochen zurück ins Leben. Sie geben der Tochter einen liebevollen Schubs, damit es wieder wird.

Es wurde aufgefangen, man signalisiert, dass man da ist, geht die ersten Schritte erneut gemeinsam und dann wird losgelassen, da es ihr Leben ist, nicht das der Eltern. Es ist ein elementarer Prozess, der so in uns programmiert ist. Aus einem systemischen Gleichgewicht auf der Elternseite heraus ist das Straucheln der Tochter nur ein ganz kurzes Ereignis in ihrem Leben. Die Tränchen der innig geliebten Tochter verschwinden und sie lacht wieder frei und gänzlich unbeschwert. Eltern sollten zu jeder Zeit eine Stütze sein und hinter ihren Kindern stehen unter der Voraussetzung, dass aus einem systemischen Gleichgewicht heraus agiert wird. Alles andere ist eine Illusion, aber im "Dinge schönreden" sind wir ungeschlagen. Das ist die Phase, in der oftmals gutgemeinte Ratschläge erteilt werden, die aber keinerlei Wirkung hinterlassen. Man redet also gegen die Wand.

Das heißt, da es sich um die Tochter handelt, steht die Mutter im psychologischen Kopf von dieser. Diese vermittelt ihr, dass sie eine Frau ist, und lernt sie die Fähigkeiten, die zu einer Frau gehören wie das Sorgen für eine zukünftige Familie. Der Vater steht prinzipiell links hinter der Tochter, da seine Aufgabe ist, ihr zu vermitteln und an die Hand zu geben, dass ein Mann, und zwar genau der eine in ihrem Leben Herzensangelegenheit ist. Warum? Der Vater hat keinen Doppelgänger und hat die Dame seines Herzens erfolgreich erobert. Es geht bei seiner Tochter um einen Mann. Da er die Prämissen von seiner Seite aus alle kennt, darf er die auch weitergeben und liebevoll seiner Tochter an die Hand geben. In einem systemischen Gleichgewicht sind Vater und Tochter immer ein Herz und eine Seele.

Würden wir über einen Sohn sprechen, ist auf der Herzebene von diesem immer die Mutter der Ansprechpartner, denn eine Frau ist bei diesem das Ziel. Es geht um die Informationen, wie man das Leben meistert und das wird in einem systemischen Gleichgewicht durch Mutter und Vater gleichermaßen gestützt, nur aus unterschiedlichen psychologischen Rollen heraus in Abhängigkeit davon, ob es sich um einen Sohn oder eine Tochter an der Spitze handelt.

Warum ist das so? Dort wird die zukünftige Sexualität gemessen an unserem Beispiel Tochter und insbesondere deren Ausrichtung definiert. In einem Systemgleichgewicht, wo Eltern dieser Rolle gerecht werden, wird die Tochter immer den Mann in ihrem Leben finden, der zu ihr gehört und auch immer nur nach einem Mann aus eigenem Antrieb heraus Ausschau halten.

Wir haben zu einem besseren Verständnis Kopf und Herz in der Grafik eingezeichnet, die in einem systemisch bedingten Gleichgewicht in der Mitte, wo unsere Tochter beispielhaft steht, die Systemwerte Null und Eins annehmen. Diese standen für ein elementares Gleichgewicht. Verschiebungen ergeben sich, wenn die Gleichgewichtsbedingung auf der Elternebene und damit aus der Vergangenheit resultierend nicht erfüllt worden ist. Es gilt auch hier Ursache + Wirkung = 1. Da das so ist, können Eltern nichts dafür, wenn man die falsche Rolle bei der Erziehung der eigenen Tochter und bei der Vorbereitung auf die ihr angestammte Rolle einnimmt.

Die Gleichgewichtswerte ergeben sich bei diesen gleichermaßen aus der Vergangenheit. Im Falle eines Scheiterns sind sie unschuldig an der Situation. Alles, egal was unterliegt der systemischen Logik und den Zusammenhängen innerhalb dieser.

Aber mit Wissen kann man das ändern, denn in einem systemischen Ungleichgewicht wird die Tochter nie glücklich sein und das wünschen üblicherweise Eltern ihren Kindern nicht, sondern das blanke Gegenteil. Ein Beschönigen ändert nichts an diesem Sachverhalt, denn es ist nur Makulatur. Es ändert damit am Ergebnis nichts.

In der beispielhaft aufgezeigten Konstellation unter der Voraussetzung, dass die Eltern die Systemgleichgewichtsbedingung erfüllt haben, sucht sich die Tochter einen Mann und wird für alle Zeit glücklich sein, denn das ist das Ziel. Ihr erster Anlauf diesbezüglich sitzt und führt zum gewünschten Ergebnis.

Warum ist das so wichtig? Weil wir mit jeder gescheiterten Beziehung nichts gewinnen, sondern immer etwas verlieren. Und diese Erfahrung nehmen wir ein Leben lang mit uns mit. Wir werden in diesem Fall nie ganz frei und unbeschwert sein, da die Altlasten uns begleiten, ob wir wollen oder nicht. Immer wieder holt uns die Vergangenheit ein. Es ist an der Zeit, loszulassen. Ohne Hilfe geht das aber nicht. Man wird ohne diese immer weiter im eigenen Sumpf versinken.

Bei der Tochter gehört die Mutter in die Kopfebene und der Vater in die Herzebene. Nehmen diese zum Beispiel die gegenteilige Rollenverteilung ein, erhalten diese nicht den erhofften Schwiegersohn, sondern eine Schwiegertochter. Das Thema Enkelkinder findet sein unverhofftes Ende. Machen wir ein Beispiel, um ein gegenteiliges Szenario beispielhaft zu beleuchten.

Betrachten wir in diesem Zusammenhang eine Tochter, die sich erst Männern hingibt und dann Frauen. Sie ist nie vollendet glücklich, da es irgendetwas geben muss, was das Erreichen der Gleichgewichtsbedingung logisch und sachlich verhindert.

Daraus folgt, da eine diesbezügliche Entscheidung immer aus dem eigenen Familienstammbaum heraus resultiert, dass Eltern hinter der Tochter psychologisch eine falsche Rolle eingenommen haben. Was in der Regel unwissentlich erfolgt, da das System Mensch im vollen Umfang noch nicht verstanden worden ist.

Auch hier gilt, dass Ursache + Wirkung = 1 ergibt. Der Betrag von Eins in unserer Systemgleichung liefert ein Minus davor. Es ist ein negatives Ergebnis. Werfen wir einen Blick auf die dazugehörige Grafik, die den Sachverhalt in einem systembedingten Ungleichgewicht auf der Beziehungsebene veranschaulicht und erörtern wir dieses.

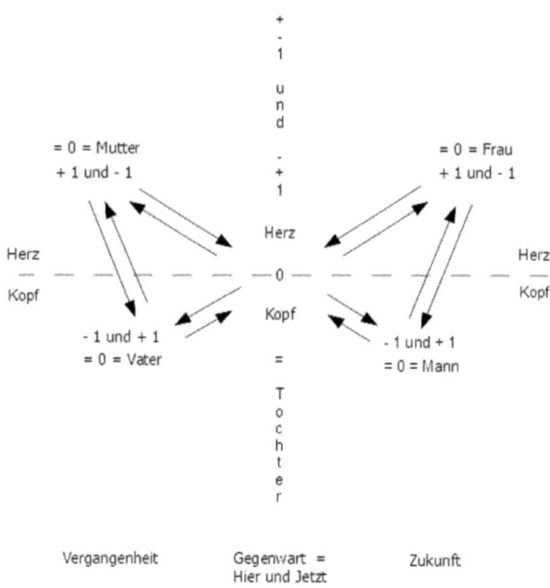

Man sieht, dass die Form, die sich aus unseren Pfeilen ergibt, eine andere ist. Das Gleichgewicht, welches innerhalb dieser vorhanden sein sollte, wurde zu Ungunsten der Tochter verschoben und das erklärt sich wie folgt:

Der Vater steht im Hier und Jetzt im psychologischen Kopf seiner Tochter. Er ist ihr im Bewusstsein, in ihrer rechten Gehirnhälfte näher wie vergleichsweise im vorangegangenen Beispiel. Zusätzlich hat er die Seite hinter der Tochter gewechselt und sich hinter ihr im psychologischen Kopf eingefunden und damit in ihrer Rationalität. Diese entspricht der Kopfebene.

Dahinter verbirgt sich nichts anderes als die Aussage bewusster beziehungsweise unterbewusster Natur, dass eine Frau zu einem Mann gehört. Das ist in diesem Fall der Auftrag des Vaters, der sich daraus ergibt. Die Tochter unterliegt diesem Auftrag und wird vorerst bewusst folgen, denn die Verteilung der psychologischen Rollen ist eindeutig und unabänderlich. "Tochter, suche dir einen Mann!", lautet der Auftrag dem generellen Verständnis des Vaters nach. Sie hat keine Wahl, denn die rationale Seite in ihr, die der Vater ausschließlich über die seine anspricht, erfordert dies.

Die Bedürfnisse aus dem Herz der Tochter heraus interessieren nicht, zumindest nicht genug. In der Wissenschaft nennt man das Zwang, der aus Vergangenheitswerten resultiert, die in diesem Fall über den Vater zum Tragen kommen. Er selbst kann nichts dafür und Herzenswünschen von Vätern entgegenzutreten, ist schwierig. Zwang ist immer gleichbedeutend mit persönlichem Freiheitsentzug, einem modernen Gefängnis. Es errichtet jemand für uns und aus Unwissenheit heraus halten wir daran fest. Es hat so seine Eigenart mit uns, die, wenn man sie versteht, nicht zwangsläufig zu einem Hemmnis wird, sondern zur Freiheit führen kann.

Infolge des zu kurzen Abstandes des Vaters zur Tochter entscheidet sich diese in einem ersten Gang auch so, da er zu nah im System Familie hinter ihr ist. Der Wille des Vaters dominiert. Er übt ungewollt Druck auf sie aus. Sie kann nicht anders, als sich dem im Hintergrund gefällten Urteil zu beugen. Da es in diesem Fall ausschließlich eine rationale Entscheidung ist, fehlt in dieser Konstellation das psychologische Herz und damit die emotionale Bindung an die Entscheidung. Sie gibt sich in Folge einem Mann oder mehreren hin, der wissentlich oder unwissentlich nicht zu ihr gehört beziehungsweise die wissentlich oder unwissentlich nicht zu ihr gehören. Sie hat ihre Entscheidung, weil es die Vaterebene so will, auf der falschen Basis getroffen. Ihre emotionale Seite reagiert intuitiv und weiß, dass die getroffene Entscheidung in diesem Moment bereits falsch ist.

Die Tochter wird über einen längeren Zeitraum diese dem Vater zu Liebe unterdrücken. Es spielt keinerlei Rolle, ob diese Entscheidung bewusst oder unterbewusst stattfindet. So oder so, die Entscheidung ist da. Überzeugt ist sie wissentlich oder unwissentlich von der Entscheidung nicht und die Dinge nehmen ihren Lauf.

Sie handelt somit primär bewusst beziehungsweise sekundär unterbewusst danach und weiß bereits zum jetzigen Zeitpunkt, dass sie damit nie glücklich werden kann. Zweifelsfrei wird es auch Momente geben, wo auch sie davon überzeugt ist, dass es so ist, aber es werden ihrer nur wenige in ihrem Leben sein.

Das psychologische Herz fehlt bei dieser Entscheidung prinzipiell und so wird sie im zeitlichen Ablauf ihres Sexuallebens mehrere Männer ausprobieren, denn es fehlt ihr etwas. Sie wird es auch nie erleben, da die linke Gehirnhälfte maßgeblich bei ihrer Entscheidung nicht beteiligt ist. Es spielt also nie ihr Herz mit und sie trifft immer eine rein rationale Entscheidung, weil sie es nicht anders vermittelt bekommen hat.

Das Problem ist, dass sie diese Situation nicht einzuschätzen weiß und erkennen kann, da die psychologische Verletztheit und der psychologische Verlust, den sie dadurch erleidet beziehungsweise erlitten hat, für sie rational nicht greifbar und nachvollziehbar ist. Es ist damit ein psychologisches Problem, welches sich aus dem kontinuierlichen Auseinanderdriften von Kopf und Herz ergibt. Das Problem, dessen sie sich wohlbewusst ist, ist informationsseitig für sie nicht lösbar.

Sie erkennt es nicht und folgt weiter diesem Weg, der ihrem Selbst immer nur im Weg steht. Sie wird nie Selbstverwirklichung erleben können. Damit stehen alle Entscheidungen in ihrem Leben, ihrem Talent, ihren Fähigkeiten und ihren Gaben entgegen. So kann man nicht glücklich sein und wir verlieren auch etwas ganz heimlich und unbemerkt mit dabei. Ihr Talent, ihre Fähigkeiten und ihre Gaben! Wir verzichten bewusst auf die Leistungsfähigkeit anderer, denn man sieht das Elend bei diesen immer, aber wir handeln nicht danach. Das, was fehlt, sind unter anderem die psychologischen und damit systembedingten Begriffe wie Wärme, Geborgenheit, Zugehörigkeit und insbesondere das unentwegte und nicht ersetzbare Glücklich- und Zufriedensein mit ein und demselben Mann.

Der Mann ist in diesem Moment für die Tochter ein notwendiges Muss, weil es so vorgesehen ist, und zwar aus den Vergangenheitswerten heraus, die über den Vater kommen. Es handelt sich um keine freie Entscheidung von Beginn an. Und auf so etwas sollte man nie eine Beziehung gründen. Sie wird sich in diesem Fall unzähligen Männern hingeben, die ihr das, was sie braucht, nicht geben können. Sie demütigt sich damit und macht sich lebenslang zum Opfer ihrer selbst.

Folgerichtig steht das Ergebnis in einem systemischen Zusammenhang rechts in Form eines Mannes näher als das einer Frau in einem ersten Anlauf und entspricht damit der Entscheidung aus ihrem Bewusstsein, welches so gesehen eigentlich nicht vorhanden ist. Es fehlt bei dieser Entscheidung die Herzebene gänzlich und damit ist die auf der Kopfebene nichts wert. Das psychologische Herz hätte den Fehler erkennen können, wenn der psychologische Kopf ohne Abstriche gegeben ist, da er das Gegengleichgewicht zum psychologischen Herz stellt. Er fehlt offensichtlich, weil wer lässt sich seinen Lebenspartner schon vorschreiben. Die Tochter ist im psychologischen Herz gut besetzt, aber auf der Kopfebene fehlt etwas, da es immer gegenläufige Kreisläufe sind. Der psychologische Irrpfad im Hintergrund findet bei ihr Niederschlag. Das Problem lässt sich immer nur mit ganz viel Liebe und unsäglicher Vernunft beheben, aber es geht. Das klären wir aber nicht zum jetzigen Zeitpunkt, denn wir brauchen vorerst nur ein Grundverständnis für die bestehende Problematik.

Da sie als Frau grundlegend emotional motiviert ist, ergibt sich aus dieser Konstellation, dass sie im Lauf der Zeit ihr psychologisches Herz perspektivisch über ihren psychologischen Kopf stellen wird. Das heißt, sie schaltet bei der zukünftigen Partnerwahl die Bewusstseinsebene komplett aus. Mit anderen Worten, sie ist bei dem Thema emotional vollständig blind und merkt es nicht, da es sich um den gegenläufigen Kreislauf systemischer Natur in diesem Fall handelt, der innerhalb des mathematischen Betrages von Eins zum Systemwert minus Eins führt. Dieser findet immer statt, ob gewollt oder nicht. Man kann aus eigenem Antrieb heraus nichts dagegen tun. Es ist unmöglich. Ergebnis, sie erkennt den richtigen Mann unter all den vielen, die ihr begegnen, nicht.

Selbst wenn sich dieser bemerkbar machen würde, erkennt sie ihn nicht. Ihr Blick auf das eigentliche Ziel ist verschwommen und abhandengekommen. Im Zeitverlauf wird sie feststellen, dass ein Mann prinzipiell nicht zu ihr gehört. Sie schwenkt auf das andere Geschlecht um, da von Männern nichts zu erwarten ist.

In der Psychologie nennen wir das eine Krise, die im Normalfall im Alter von circa fünfunddreißig bis fünfundvierzig Lebensjahren eintritt oder manchmal auch früher oder später. Midlife-Crisis lautet der landläufige Begriff hierzu.

Krisen dienen dazu, sich selbst zu erkennen. Das tut weh, da man sich seinem Spiegelbild, welches man selbst erzeugt hat, in irgendeiner Form stellen muss. Das tun wir oftmals nicht, da es viel einfacher ist, den leichteren Weg zu wählen, obwohl man sein Spiegelbild genau erkennt und wahrnimmt.

Aber wir wollen es nicht wahrhaben, denn das waren nur wir selbst, was uns aus diesem entgegenblickt. Wir müssten uns hierfür unsere Schuld und unsere fehlgeleitete Eigenverantwortung selbst eingestehen und das machen wir nicht. Damit wählt die Tochter die gegenteilige Lösung für sich und die lautet Frau. Sie verfolgt ab diesem Augenblick den Weg der Bisexualität über die Zeitachse hinweg und ist überzeugt, dass es richtig ist. Ist es aber nicht, da es eine Selbstlüge ist, die sich im Ergebnis nur gegen sie selbst richtet. Sie wird nicht glücklich, da sie sich erneut selbst belügt. Sie macht sich im Ergebnis selbst zum Opfer und demütigt sich auf ein Neues. Dahinter verbirgt sich eine ganz einfache und simple Aussage, eine Lebensweisheit. "Vor Problemen kann man nicht weglaufen, man kann sie nur lösen.", lautet diese.

Sie ist in diesem Fall aus dem psychologischen Herz heraus gesteuert, welches in so einem Fall aus einer tiefen Verletztheit, wenn es über eine entsprechende Vergangenheit verfügt, agiert. Würde der psychologische Kopf und damit Rationalität beziehungsweise Bewusstsein für die eigene Situation existieren, reagiert die Tochter anders. Warum kann sie das zum jetzigen Zeitpunkt nicht?

Der psychologische Ballast aus der Vergangenheit ist zu hoch, um eine sinnvolle Entscheidung treffen zu können. Es handelt sich um eine psychologische Last, unter der die Tochter im Zeitablauf zwangsläufig zusammenbrechen muss. Ein derartiges Szenario im Hintergrund ist am Auftreten und Verhalten einer Person messbar. Man zeigt sich betont offen und wissend. Hinter der gespielten Fassade fristet das blanke Gegenteil sein Dasein. Erkennt man es und stellt es fest, lautet das Urteil unangenehm und oberflächlich, da Rationalität nicht gegeben ist. Würde die Tochter einen kaufmännischen Beruf ausüben, steht der Begriff unsachgemäßes und unrechtmäßiges Verhalten gedeckelt von einer gewissen Unverfrorenheit auf dem Tablett.

Würde sie sich helfen lassen, wenn das Problem erkannt ist? Nein, da sie felsenfest davon überzeugt ist, dass diese Rolle genau so zu ihr gehört wie die davor. Ein Herz, welches auf Abwegen ist, kann keine sinnvolle Entscheidung treffen. Sehen wir uns die Grafik erneut an und erörtern ihren weiteren Werdegang. Die Grafik ist mit der identisch, die wir ein paar Seiten zuvor bereits hatten.

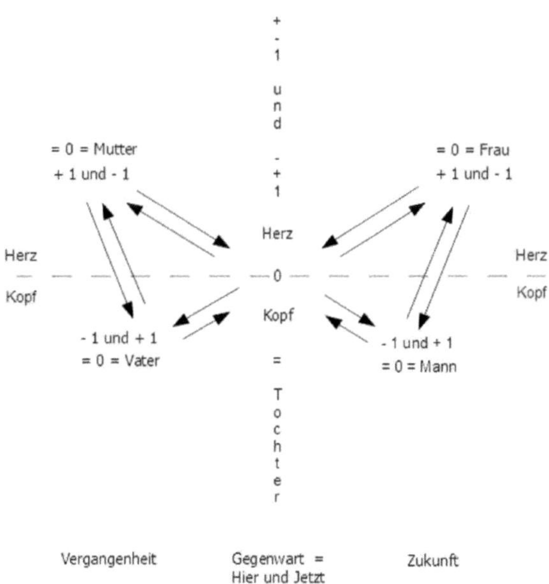

Das Thema Männer ist abgehakt und die Krise, in der sie sich befindet, wurde von ihr somit nicht als Chance genutzt, um eine Korrektur, die am Ende nur ihr dienlich sein kann, herbeizuführen. Sie hat die Krise nicht gemeistert.

Da die Mutter im System in der Herzebene ihrer Tochter steht und weiter weg als der Vater, wird sich die Tochter im Zeitablauf outen, da das Projekt Mann gescheitert ist. Doch auch diese Entscheidung ist nicht richtig, da man aus einem systemischen Ungleichgewicht heraus nicht die richtige Lösung finden kann. Der Tochter fehlt erneut das Bewusstsein für ihre Situation und wird scheitern. Die Geschichte wiederholt sich mit weiblichen Lebenspartnern, da das systemische Ungleichgewicht nicht behoben ist.

Was passiert zum Beispiel, wenn die Tochter aus unzähligen Beziehungen mit unterschiedlichen Männern zwei Kinder hat, sagen wir ein Mädchen und einen Jungen? Da die Dinge in der Vergangenheit bereits stattgefunden haben, kommt dieses Thema auch bei den zwei Kindern zum Tragen. Da eine psychologische Gleichgewichtsstörung vorliegt, setzt sich das Thema bei den Kindern in irgendeiner Form fort. Information innerhalb des Systems Mensch kann nicht aufhören zu existieren. Es sei denn, wir finden eine Lösung!

Da prinzipiell in einem System ein Gleichgewicht vorausgesetzt wird, kommt das Thema nicht bei der Tochter, sondern beim Sohn an. Da Plus und Minus sich in einem System gegenüberstehen, egal wo und in welcher Form, verhält sich das Ergebnis konträr. Das heißt, der Sohn stellt auf Männer in der Beziehung ab. Die aufschiebende Wirkung folgt Zeit. Das heißt, dass Ergebnis ist im System Mensch bereits installiert. Es besteht nur noch die Frage, wann es konkret eintritt. Verzerrungen in der zeitlichen Wahrnehmung entstehen immer dann, wenn man das zukünftige Ergebnis emotional und rational unterdrückt.

Daraus folgt, dass die Tochter einen Lebenspartner hat. Sie sieht die Situation bei Bruder und Mutter, da sie sich in der Nähe von einem systemischen Gleichgewicht befindet. In der Realität bedeutet das, dass diese, da das Dilemma für sie offenkundig ist, sich einen Mann an der Seite ihrer Mutter und eine Frau an der Seite ihres Bruders wünscht. Es kommt zu Konflikten und in Abständen zu Auseinandersetzungen.

Kommt das Thema bei Mutter und Bruder an? Nein, da das Bewusstsein und damit die Verstehensebene hierfür fehlt. Würde man diese getrennt voneinander befragen, ob sie jemals in ihrem Leben glücklich gemäß Definition über einen fortwährenden und dauerhaft anhaltenden Zustand gewesen sind, was würde man zum Beispiel erfahren?

1. Ich würde gern einmal Glück erleben.
2. Mich hat das Glück längst verlassen.
3. Ich war noch nie richtig glücklich.
4. Wenn ich andere Paare sehe, haben diese mir etwas voraus.

Man kennt die Thematik, aber handelt nicht danach. Es ist viel leichter, im eigenen

Saft zu schmoren, als über den eigenen Schatten zu springen. Wie könnte man das Problem lösen?

1. Sie müssen sich selbst erkennen.
2. Sich ihre Situation eingestehen und
3. Hilfe in Anspruch nehmen, denn aus einem selbsterrichteten Gefängnis kommt man nur heraus, wenn jemand auf der Gegenseite die Tür ein stückweit öffnet.
4. Es ist das Wissen in und um die Dinge, welches uns aus dieser Notsituation befreien könnte. Wie wir mit Wissen umgehen, ist uns geläufig.

Warum verfolgen wir diesen Weg? Wie bereits erwähnt, ist das Corona-Virus ein systemischer Angriff, der auf unsere Herzebene und damit unsere Beziehungsebene abstellt. Es geht um

1. die falsche Ein- und Zuordnung zwischen Frau und Mann beziehungsweise Mann und Frau, die sich aus der Vielfalt ergibt,

2. die Beziehung Mann Mann und Frau Frau, die für eine Gleichgewichtsstörung im Ergebnis steht,

3. die Absonderlichkeiten und Kuriositäten, die man sich beim Umbau von Frau zu Mann und umgedreht leistet.

Wir hatten gemeinsam herausgefunden, dass unser Sonnensystem mit allen anderen in irgendeiner Form verbunden ist. Die Gleichgewichtsstörungen, die wir verursacht haben, kommen in den Nachbarsystemen an. Da wo eine Sonne und Wasser existiert, existiert prinzipiell auch Leben. Es liegt somit an unserer mangelnden und damit eigenen Vorstellung, auch über Leben, dass es so sein könnte. Dieses ist systembedingt wesentlich höher entwickelt als wir, da es zeitlich gesehen vor uns entstanden ist. Das Corona-Virus ist damit ein systemisches Urteil, welches wir selbst ausgelöst haben. Der Begriff Corona steht in der Übersetzung für Herz und damit wird das Unterbewusstsein im System Mensch attackiert. Das Virus landet damit in der Beziehungsebene im System Mensch. Folgerichtig ist es ein Angriff beziehungsweise eine Reaktion auf ein systemisches Ungleichgewicht. Zufall gibt es nicht!

7. Warum können wir die Gleichung so definieren und die unterschiedlichen Bezeichnungen für unser Problem verwenden?

Original:

Geg.:

1. Alles ist 1.
2. In der kleinsten logischen Einheit gilt 0,5 + 0,5 = 1.
3. Daraus folgt, wir können jedwedes Wissen verwenden und miteinander logisch verbinden. Das Wissen ist damit z.B. in jedem Buch, in jedem Denkmal, in jeder Glaubensrichtung, in handwerklichem Wissen, in allen Wissenschaften, Bildern, Gemälden usw. bereits vorhanden.
4. Zu welchem Anteil ist es dort existent? Immer nur zur Hälfte und damit 0,5.
5. Warum? Weil die andere Hälfte = 0,5 seit Bestehen der Menschheit in unserer Verantwortung liegt und damit schon immer unsere Aufgabe ist.
6. Was haben wir gemacht? Wir haben diesen Auftrag nicht angenommen.

Abbild: Wir haben sechs Punkte, die als Gegeben formuliert worden und maßgeblich für den weiteren Verlauf der zugrundeliegenden wissenschaftlichen Arbeit sind. Die ersten beiden Aussagen können wir vernachlässigen, da wir diese bereits ausreichend erörtert haben.

Was die anderen anbelangt, wurde darauf abgestellt, dass alles ein und dasselbe ist. Das heißt, dass Wissen miteinander und untereinander verbunden werden kann, ohne dass man darauf Rücksicht nehmen muss, woher es kommt. Wir nehmen alles, was uns irgendeiner Form zur Verfügung steht, und sind damit gezwungen, Gemeinsamkeiten und Unterschiede herauszufinden, die logisch zusammenfinden können. Willkür scheidet bei dieser Vorgehensweise aus, da es einzig und allein darum geht, den systemisch bedingten Hintergrund auf der Beziehungsebene zu ergründen und einer Klärung zu überführen, die im Ergebnis in einer Systemgleichung endet. Wir gehen ergebnisorientiert vor.

Aus der Vorbetrachtung kennt man die Systemgleichung, dass Glaube + Überzeugung = 1 ist und zu Wissen führt. Da alles Eins ist, heißt das beispielsweise, dass Handwerk + Wissenschaft = 1 ist. Beide definieren sich über das Wissen, was ihnen berufsspezifisch zur Verfügung steht. Da dies vorausgesetzt werden kann, ist die linke Seite der Systemgleichung grenzenlos erweiterbar, was das Thema Wissen anbelangt. Wir sind zum Beispiel in der Lage, nachstehende Regel aufzustellen, dass

Handel + Politik + Bildung + Handwerk + Wissenschaft = 1

ist und die Eins stellvertretend für das Wissen aller fünf Systemkomponenten gilt. Es hindert uns nichts daran, diese fünf Systemkomponenten gegen Unendlich laufen zu lassen. Damit bezieht man das, was irgendwo und irgendwie an Wissen zur Verfügung steht beziehungsweise vorliegt, in irgendeiner Form mit ein. Das heißt, dass nicht nur auf Bilder und Gemälde abgestellt wird, sondern beispielsweise auf die Filmen, Aufzeichnungen, Schriften, Sprachen, Gebäuden und Monumenten innewohnende Logik zurückgegriffen werden darf.

Monumente weisen eine ähnliche Logik auf, wie wir diese für die Pyramiden von Gizeh erhalten haben. Wenn man sich unter diesem Aspekt die Kirchen von Lalibela in Äthiopien betrachtet, sieht man, dass die diesbezügliche Annahme nur richtig sein kann. Die bekannteste ist über zwölf Kirchwänden errichtet (exakt einmal) und alle anderen über vier Kirchwänden. Letztere kommen der Anzahl nach auf den numerischen Wert Zehn. Daraus folgt die Systembeziehung 1 über 10 und im Gegenkreislauf 10 über 1, da eine Kirche im Vergleich zu den verbleibenden zehn ihrer Architektur nach von Letzteren abweicht.

Im Fall von zwölf Kirchwänden findet man in der Dachlösung die Symbolik eines christlichen Kreuzes. Wie in der Einführung erwähnt, handelt es sich bei religiös verankerten Relikten und Artefakten nicht um Glaubensbekenntnisse, sondern um das Wissen, welches darin infolge einer systemorientierten Verschlüsselung analog einem Rätsel beziehungsweise einer zu lösenden Aufgabe verborgen ist. Das christliche Kreuz ist dreidimensional dargestellt und verfügt über Breite, Länge und Höhe. Es handelt sich in der Summe um fünf Kreuze, wobei drei oben liegen und zwei unten, die fließend ineinander übergehen.

Die Höhe ist über den Systemwert Fünf definiert, wenn wir die zwölf Kirchenwände miteinbeziehen. Das ist notwendig, da das äußerste Kreuz sonst keine Dimension aufweisen würde. Die Breite ist fünfmal gegeben, da die fünf Kreuze jeweils separat voneinander betrachtet werden müssen. Die Länge folgt dem Symbol des christlichen Kreuzes selbst, welche sich aus der Vereinigung zweier symmetrischer Längen ergibt und das christliche Kreuz aus zwei Achsen besteht, die sich genau in der Mitte treffen. Diese stehen symbolisch für eine Vereinigung, da die zwei Achsen halbiert werden. Vereinigung ist damit gleichbedeutend mit einem Gleichgewichtswert.

Wenn man das, was sich sinnbildlich daraus ergibt, logisch verbindet und die Seitenangaben Breite, Länge und Höhe unter einem systemorientierten Aspekt vereint, erhält man 5 über 5 und im Gegenkreislauf ebenfalls 5 über 5. Der daraus resultierende Kreislauf folgt der Systembedingung 1 über 1 und im Gegenkreislauf auch. Das führt zu dem Ergebnis, dass 1 über 10 im untergeordneten System und 10 über 1 im übergeordneten System gilt und damit im Gegenkreislauf.

Würde man den Sockel und die Innenräume unter diesem Aspekt betrachten, gelangt man schnell zu der Erkenntnis, dass eine numerisch basierte Logik bei der Errichtung des Bauwerkes maßgeblich gewesen ist. Dieser elementaren Kausalität unterliegen alle Bauwerke, die die Menschheit seit unzähligen Jahrhunderten und Jahrtausenden begleiten. Aufgabe der Menschheit war es und ist es, das zu erkennen.

Man sieht ein Bild der bekanntesten Kirche von insgesamt elf Kirchen, welche als Monolithen herausgearbeitet worden sind. Die elfte Kirche, das Haus des Heiligen Georg, wurde von den anderen räumlich getrennt und durch ein Grabensystem mit den zehn verbleibenden verbunden. Diese zehn Kirchen sind bewusst in zwei Hauptgruppen unterteilt, die nördlich des Jordan-Flusses und südlich davon zu finden sind und einer logischen Systematik folgen. Nördlich findet man die Kirchen mit den Namen

1. Haus des Welterlösers,
2. Haus der Maria,
3. Haus des Kreuzes,
4. Haus der Jungfrauen,
5. Haus des Golgata Mikael

und erhält damit fünf numerische Werte, die der Logik der Bauweise exakt folgen und sich stellvertretend für ein System ergeben. Das System weist einen gegenläufigen Kreislauf auf, der aus den fünf verbleibenden Kirchen resultiert. Diese heißen

1. Haus des Emmanuel,
2. Haus der Heiligen Mercocoreos,
3. Haus des Abtes Libanons,
4. Haus des Gabriel Raphael und
5. Haus des Heiligen Brotes.

Daraus folgt der numerische Wert Fünf. Im Ergebnis erhält man, dass die südlich und nördlich des Jordan-Flusses errichteten Kirchen der Kausalität 5 über 5 und im Gegenkreislauf 5 über 5 folgen.

Die elfte Kirche, Haus des Heiligen Georg, ist von den insgesamt zehn Kirchen etwas entfernt gelegen. Es steht damit eine Kirche über zehn anderen und zehn Kirchen über dieser einen, wenn man der Systemlogik folgt. Daraus ergibt sich kausal, dass auch hier 1 über 10 und 10 über 1 im Gegenkreislauf greift.

Das Haus des Welterlösers weist eine Höhe von dreiunddreißig Metern auf und umfasst fünf Kirchenschiffe. Berechnet man die Quersumme aus den zwei vorliegenden Systemwerten, erhält man den Zahlwert Elf, der gleichermaßen der Systembedingung 1 über 10 und 10 über 1 unterliegt, da die mathematische Summe jeweils Elf und in reduzierter Form in der Quersumme Zwei ergibt.

Die elf Felsenkirchen und ein weiteres Bauwerk sind in drei bauliche Gruppen unterteilt, die als nördliche, östliche und westliche beschrieben werden. Die nördliche Gruppe umfasst fünf Bauwerke, die westliche ein Bauwerk und die östliche sechs. Von Interesse sind ausschließlich die Zahlenwerte! Mittels Addition der jeweils einzelnen Systemwerte ergibt sich der Zahlenwert Zwölf, da sich aus der Summation der einzelnen Systemwerte das Ergebnis ableitet. Der Systemwert Zwölf muss damit für einen besonderen Sachverhalt gegeben sein, da alle Systeme im Kreislauf 1 über 10 und im Gegenkreislauf 10 über 1 landen. Das System ist auf diese Systemwerte normiert. Wenn man sich daran erinnert, ergab sich, dass die Systemkette 1 9 1 1 9 1 1 gegen Unendlich läuft und im Ergebnis zu den Systemkreisläufen 1 über 10 und im gegenläufigen Kreislauf 10 über 1 führt. Da diese für das Sonnensystem und die Verbindung zu anderen von Bedeutung sind, handelt es sich um eine universelle Logik, die allumfassend gegeben ist und für die Existenz einer elementaren Systembedingung steht.

Wenn man das auf den Zahlenwert Zwölf anwendet, ergibt sich 1 über 11 und 11 über 1, die in verkürzter Form in 1 über 2 und 2 über 1 enden, wenn man die Quersumme für die Elf bildet. Eine andere Möglichkeit wäre 2 über 10 und 10 über 2, in verkürzter Form 2 über 1 und 1 über 2. Es handelt sich im Ergebnis um eine nächsthöhere Systemstufe, die unsere Vorstellungskraft übersteigt, da das System Mensch betragsseitig im Systemwert Null und Eins endet. Diese wurde nicht ohne triftigen Grund in Äthiopien verankert, da die Historie des Landes für die Geburtsstunde der Menschheit spricht, wie wir sie heute kennen. Die Hochkultur des abessinischen Volkes im Hochland von Äthiopien ist damit gleichbedeutend der letzten Experimentierstufe Mensch im System.

Bild 1

Bild 2

Bild 3

Man sieht Bild 1 bis 3. Wenn man genau hinsieht, erkennt man unzählige Strukturen, die miteinander und untereinander verbunden sind. Diese weisen Knotenpunkte und Verbindungen auf, die ein großmaschiges und großflächiges Netzwerk ergeben. Obige Bilder stellen einen Ausschnitt in der Draufsicht von circa 10 Quadratzentimetern dar. Das Netzwerk ist seiner Größe nach an Komplexität und den darin enthaltenen Informationen nicht zu übertreffen.

Beim Betrachten wirkt erschwerend, dass die Oberfläche des Objektes einer Oberflächenspannung unterliegt, die man als übergeordnetes System bezeichnen muss. Das untergeordnete System ist infolge der unvorstellbar großen Dimension hinsichtlich seiner systemischen Verbindungen und Möglichkeiten immens. Das bedeutet im Ergebnis, dass auch in diesem Fall übergeordnetes System + untergeordnetes System = 1 gilt. Damit sind Breite, Länge, Höhe und vier Diagonalen, die sich in Raum und Zeit bewegen, gegeben.

Bei klaren Sichtverhältnissen und direktem Sonneneinfall kann man die Strukturen und die mehr als komplexen Vernetzungen innerhalb des Gebildes sehen, da es sich um Wasser, den Ursprung allen Lebens handelt. Wissenschaft hat herausgefunden, dass die Logik innerhalb von Wasser einem elektromagnetischen Feld gleicht, da die Oberflächenspannung von Wasser, das impliziert. Wasser ist generell, was elektrischen Strom anbelangt, prinzipiell leitfähig und das führt immer zu systemischen Kreisläufen, wie man sie in der Vorbetrachtung erhalten hat. Wasser ist eine allumfassende Systemkomponente, die alles bestimmt und zu circa 70% in uns verankert ist.

Damit stellt sich nicht die Frage, wer Gott ist, sondern was. Sehen wir uns die numerischen Werte von Wasser an unter der Voraussetzung, dass wir die Systemkreisläufe so einfach wie möglich gestalten. Es kann sich lediglich um eine vage Vorstellung dabei handeln, da die Dimension, die hier vorliegt, einfach zu groß ist. Wasser weist unzählige Verbindungen zwischen zwei chemischen Elementen auf, welche als Flüssigkeit, als Festkörper und als Gas vorkommen.

Im flüssigen Aggregatzustand spricht man von Wasser, im festen von Eis und im gasförmigen von Wasserdampf. Zahlenorientiert resultiert aus den Begriffen chemische Verbindung, flüssig, fest und gasförmig, da Ersterer Letzteren übergeordnet ist, die systemische Verbindung 1 über 3 und im Gegenkreislauf 3 über 1. Diese entsprechen dem Kreislauf im System Mensch, der sich aus Kopf und Herz ergab. Die chemische Formel sieht wie folgt aus:

$$H_2O = H\ H\ O = 3$$

Infolge Systemorientierung erhält man für die chemische Formel zweimal Wasserstoff und einmal Sauerstoff, die für die systemische Verbindung 2 über 1 und 1 über 2 in Zahlen ausgedrückt stehen. Da man aus Unendlich plus Endlich gleich Eins vier Systemkreisläufe erhält, die über Raum und Zeit definiert sind, fehlen uns noch chemische Verbindungen, die sich mittels Wasserstoff und Sauerstoff beschreiben lassen. Dabei muss der Systemwert Zwei innerhalb der noch fehlenden grundlegenden chemischen Formeln gegeben sein. Elementar einem systemorientierten Ansatz folgend, der nicht zwangsweise mit den Annahmen der Wissenschaft Chemie korrespondiert, erhält man

1. $HO_2 = H\ O\ O = 3$,
2. $OH_2 = O\ H\ H = 3$,
3. $O_2H = O\ O\ H = 3$.

Wir haben insgesamt vier Systemgleichungen, die miteinander und untereinander verknüpft werden können. In einem Systemkreislauf führen diese zum Systemwert Null. Da Systemgleichungen verwendet werden, setzen wir für die Null den Buchstaben O und damit Sauerstoff.

Da die chemische Verbindung über drei numerischen Werten errichtet ist, bedeutet das, dass Unendlich plus Endlich nicht zum Zahlenwert Eins führt, sondern zum Zahlenwert Drei, denn wir haben drei chemische Elemente, davon eines zweimal innerhalb der jeweiligen chemischen Gleichung vorhanden und eines einmal erhalten. Damit sind diese in den vier Randpositionen im System zu finden.

Wenn man den Kreislauf in seiner einfachsten Form für eine der vier grundlegenden chemischen Verbindungen betrachtet, erhält man den numerischen Wert Vierundzwanzig im System, da 3 x 8 = 24 ist. Die Acht ergab sich aus viermal Plus und viermal Minus im Systemkreislauf. Führen wir das weiter, erhält man im Gegenkreislauf 3 x 16 = 48, da die Sechzehn achtmal Plus und achtmal Minus folgt. Da bewiesenermaßen ein Systemkreislauf bei Plus endet, bedarf es der gegenläufigen Betrachtung im System. Diese führt zum Wert Zweiunddreißig und damit erhält man bereits Sechsundneunzig, da 3 x 32 = 96 ist. Unter erneutem Einbezug des Gegenkreislaufes ergibt sich 3 x 64 = 192. Aus den jeweiligen Quersummen gehen die Systemwerte Drei und Sechs hervor, die via Addition die Neun zum Ergebnis haben. Jedwedes System analog unserem Sonnensystem ergibt im untergeordneten den numerischen Wert Neun.

Der Systemwert Einundachtzig erinnert uns an den Systemwert, den wir unter anderem im Sonnensystem für eine Seitenfläche erhalten haben. In der Quersumme ergab dieser ebenfalls den Systemwert Neun. Dieser ist im Wasser numerisch codiert, da die Drei und die Sechs (in der Summe Neun) diesen Sachverhalt ergeben. Man erhält somit zum jetzigen Zeitpunkt, dass das übergeordnete System Unendlich + Endlich = 3 ist. Es fehlen noch die Systemkreisläufe gegenläufiger Natur und die korrespondierenden aus den übergeordneten und untergeordneten Systemen.

Wir nehmen an, dass wir aufhören können, denn wir sollten eine Vorstellung davon bekommen haben, wie groß das System Wasser ist. Daraus ergibt sich in Folge, dass Gott das Wasser, die Quelle allen Lebens ist und damit sein systembedingter Name. Eine Bezeichnung, wenn man so will.

Gott ist somit im System das Was, nämlich Wasser und das Wer sind die entsprechenden Verhaltensregeln und geltenden Normen, die diesem System unterliegen, ergo die in Kopf und Herz im psychologischen Sinn im System Mensch gegeben sind. Die diesbezüglichen Verhaltensregeln finden wir im Schrifttum der einzelnen Religionen. Werfen wir einen Blick auf eine Grafik, in der wir die prinzipiellen Verbindungen einzeichnen, da das Gesamtsystem einfach nur riesig und es nicht möglich ist, das Gesamtkonstrukt vollumfänglich und vollständig grafisch abzubilden.

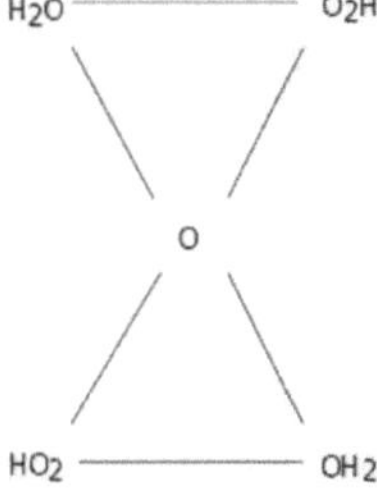

Wir haben alle Systemwerte weggelassen, da in der einfachsten Betrachtung der Randpositionen jeweils achtundvierzig Plus und achtundvierzig Minus stehen würden. Diese führen in der Mitte zum systemischen Buchstaben O, dem das systemische H gegenübersteht. Hätte man die Systemwerte anhand von O beispielhaft aufzeigen wollen, sind siebenhundertachtundsechzig Systemwerte nebst gegenläufigen Kreislauf im untergeordneten System einzuzeichnen, da 48 x 16 = 768 ist.

Die Logik in O ist unendlich, da in dieser die systemischen Verbindungen zu übergeordneten Systemen als auch untergeordneten hergestellt werden, die bis dato mit dem Systemwert Null definiert worden sind. Da diese für Endlich und Unendlich stehen, heißt das, dass durch den Systemwert O und damit Null eine Gerade verläuft, die alle Unendlichkeiten miteinander verbindet. Die Grafik sieht vergleichsweise wie nachstehend aus, wenn man drei Unendlichkeiten miteinander verbindet und Zweidimensionalität des Raumes unterstellt.

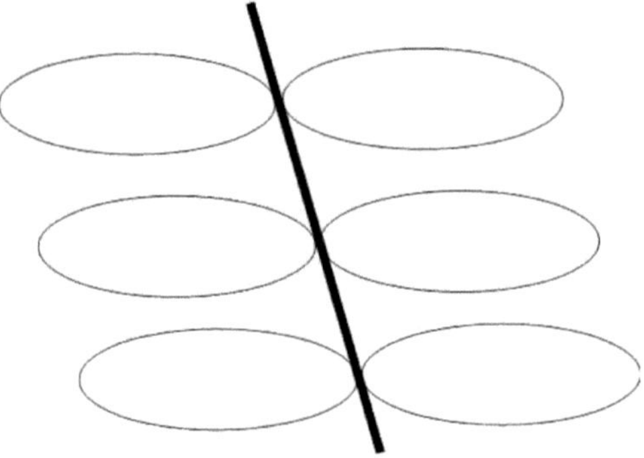

Man sieht exemplarisch drei Unendlichkeiten, die über einer Geraden miteinander in Verbindung stehen. Da alles Eins ist, folgt diese Verbindung derselben Logik über Unendlich und Endlich wie gehabt. Der Systemwert in der Mitte der Unendlichkeiten muss die Gleichung 0,5 + 0,5 = 1 aufweisen, da ein Systemgleichgewicht unterstellt wird. Da Kopf plus Herz gleichrangig dieser Systemannahme folgen und das System Mensch über Endlich + Unendlich = 1 definiert ist, heißt das, dass im Zentrum von Unendlich eine Frau und ein Mann stehen, die über die systemische Verbindung im Gesamtsystem in das übergeordnete und in das untergeordnete System eine Beziehung herstellen. Unendlich und Endlich treffen exakt in diesem einem Punkt aufeinander.

Die Namen lauten Maria Magdalena und Jesus Christus und stehen für eine Aufgabe im System Mensch, die über Kopf + Herz = 1 definiert ist und für den Begriff der Einigung steht. Dieser Begriff ist gleichbedeutend der Herstellung eines systemischen Gleichgewichts. Die betreffenden Namen stehen nicht für Religion, sondern für eine Gleichgewichtsbedingung, die über der numerischen Null und der numerischen Eins errichtet worden ist.

Der numerische Wert für Jesus Christus beträgt Zwei und der für Maria Magdalena Eins. Wir erhalten auch hier die Systemgleichungen 2 über 1 und im Gegenkreislauf 1 über 2 und vice versa. Beide Kreisläufe stehen für Breite, Länge und Höhe im System Erde. Diese ergeben jeweils den Zahlenwert Drei und in der Summe Sechs. Im Gegenkreislauf erhalten wir Neun und Zwölf, wobei Letzterer wieder zur Drei führt. Veranschaulicht man die Logik, welche sich daraus ergibt, erhält man zwei Zahlenreihen, die übergeordnetes System und untergeordnetes System numerisch verbinden. Es wird jeweils ein Kreislauf mit dem gegenläufigen betrachtet, da die Vereinigung über die Gerade in der systemischen Null und Eins zu gigantischen Zahlenwerten hinsichtlich der daraus resultierenden systemischen Beziehungen führt, die auf der Logik von Null und Eins basieren. Die sich daraus ergebende Vertikale, die beispielhaft durch drei Unendlichkeiten läuft, wenn man nur eine einzige Verschiebung der Systemwerte über Zeit zulässt, ergibt nachstehendes Bild. Das heißt, dass eine der beiden Zahlenfolgen in der Gegenüberstellung um einen Systemwert in der Horizontalen verschoben wird.

3	6	9	6	3	6
9	6	3	6	9	6
1 über 2	2 über 1	1 über 2	2 über 1	2 über 1	1 über 2
	1 über 2	2 über 1	1 über 2		2 über 1
		1 über 2			
2 über 1	2 über 1	2 über 1	2 über 1	1 über 2	1 über 2
1 über 2	1 über 2		1 über 2	2 über 1	2 über 1
2 über 1				1 über 2	

6	9	6	3	6	3
9	6	3	6	9	6
1 über 2	2 über 1	1 über 2	2 über 1	2 über 1	1 über 2
2 über 1	1 über 2	2 über 1	1 über 2	1 über 2	
	2 über 1				
1 über 2	1 über 2	1 über 2	2 über 1	2 über 1	2 über 1
2 über 1	2 über 1		1 über 2	1 über 2	1 über 2
1 über 2				2 über 1	

Jedwede Bewegung durchläuft anhand der systemischen Beziehungen unzählige Punkte innerhalb eines unvorstellbar großen Raumes, der endlich, aber seiner Funktionsweise nach unendlich ist. Dieses Zahlenspiel könnte man somit unendlich lang fortsetzen. Das ist das, was sich innerhalb der zahlenorientierten Verbindungen im Wasser über unendlich viele Dimensionen hinweg beispielhaft abspielt. Da diese einer Dynamik unterliegen, die üblicherweise Lebensformen unterstellt wird, ist Wasser in der Systemtheorie generell eine Lebensform. Anmerkung: Zahlenwerte numerischer Natur ergeben sich innerhalb des Alphabets aus der zahlenmäßigen Anordnung.

a = 1, b = 2, c = 3, d = 4, e = 5, f = 6, g = 7, h = 8,
i = 9, j = 10, k = 11, l = 12, m = 13, n = 14, o = 15,
p = 16, q = 17, r = 18, s = 19, t = 20, u = 21, v = 22,
w = 23, x = 24, y = 25, z = 26

Umlaute werden umschrieben und getrennt interpretiert. Aus ä wird ae und zum Beispiel der Wert Sechs.

Der Systemkreislauf lautet in seiner einfachsten Form damit Drei, Sechs und Neun und im Gegenkreislauf Neun, Sechs und Drei. Addieren wir diese, erhalten wir den Zahlenwert Achtzehn und damit in der Quersumme erneut die Zahl Neun. Die Erde ist raumspezifisch über Breite, Länge und Höhe definiert, die sich der Systemverbindung 2 über 1 und 1 über 2 unterordnen. Da jede Komponente über Zeit definiert ist, ergibt sich 3 x 3 = 9. Dreimal Raum gleich Länge gleich Breite gleich Höhe über dreimal Zeit hinweg ergibt die Neun. Im System Mensch stehen infolge Dreidimensionalität die Begriffe Mutter, Vater, Kind.

3 menschliche Körper sind via Breite, Länge und Höhe = 3 im System gegeben, die der Systemkomponente Zeit = 3 folgen. Mutter + Vater = 2, die für ein Kind = 1 Sorge tragen. Kinder geben immer etwas zurück und damit ein Kind = 1 über Mutter + Vater = 2. Diese Logik findet man unter anderem bei Leonardo da Vinci in Form der drei Fenster im Hintergrund, die im Abendmahl festgehalten sind. Der übergeordnete Begriff lautet somit nicht nur Vereinigung, sondern Familie, der Mutter + Vater + Kind = 3 folgt. Diese Logik versteht man unter dem Begriff der Dreifaltigkeit. Religion ist damit auch hier außen vor.

Teilt man die Drei, die Sechs und die Neun durch den Systemwert aus Breite, Länge und Höhe = 3, erhalten wir die Zahlen Eins, Zwei und Drei. Im Ergebnis haben wir einen Mensch über zwei Komponenten, Kopf und Herz, in einem dreidimensionalen Raum, den wir Erde = Sonnensystem = Universum = Galaxie = Eon nennen. Das ist die Logik und Funktionsweise einer Maschine über den Systemwerten Null und Eins, die in Unendlich = Endlich endet, wie wir sie für Wasser erhalten haben.

Da die Systeme sich grundlegend in dem Zahlenwert Neun wiederfinden, müssen wir auf die alternativen Namen von Maria Magdalena und Jesus Christus abstellen. Diese lauten Messias und Jungfrau Maria. Es handelt sich um drei einzelne Namen und damit um drei Systemwerte. Für Messias erhalten wir den Systemwert Vier, für Jungfrau Acht und für Maria Sechs. Gemeinsam gelangt man zum Systemwert Neun, welcher unserem System (unserem Sonnensystem) entspricht.

Daraus folgt, dass es in der Geschichte von Maria Magdalena und Jesus Christus darum ging, diesen Gleichgewichtswert zu erreichen. In der Vorbetrachtung hatten wir für Jesus Christus + Maria Magdalena = 3 erhalten, die mit der Neun zusammen Zwölf ergibt und wiederum zur Drei führt, einen ewigen Kreislauf systemischer Natur. Geschichten enden gelegentlich nicht immer mit einem Happy End. Er hing symbolisch am Kreuz und sie hat den Platz an seiner Seite nie eingenommen. Das Projekt war gescheitert. Da der Begriff des Messias im hebräischen Sprachgebrauch als der Gesalbte gleich dem Wissenden zu finden ist, können wir adäquate Übersetzungen und Interpretationen finden und damit welchem Auftrag er originär unterlegen war. Messias und Jesus Christus sind damit ein und dieselbe Person in der Geschichte. Für Messias erhält man beispielhaft nachstehende Formulierungen, die sich aus den sieben Buchstaben ableiten, wenn man auf Latein abstellt.

1. Magnificio est spiritus sancti imperare aeternum seculum. = Der große heilige Geist, der auf ewig die Welt regiert.

2. Magnificorum est spiritus sancti imperat aeternum seculum. = Das Zeitalter des Heiligen Geistes ist die ewige Herrschaft über die Mächtigen.

3. Magnificare est scienti sancti imperat aeternum seculum. = Er befiehlt der Welt, für immer gesegnet zu sein, sich Wissenschaft zu verpflichten und zu wachsen.

4. Mondo est spiritus scienti impero aeternum seculum. = Die Welt weiß, dass das Wissen die Welt für immer regiert.

5. Malificium est spiritus sancti imperat aeternum seculum. = Das Zeitalter des Heiligen Geistes ist die ewige Herrschaft über das Falsche.

6. Magnissimo est scienta spiriti imperarum aeterno seculo. = Solch Wissen ist der Geist der größten Kraft im ewigen Leben.

7. Magnissimo est solum scienta imperat aeternum seculum. = Die

größte Wissenschaft aller Zeiten ist die einzige Wissenschaft, die über die Welt herrscht.

8. Maximum est spiritus sancti in aeternum seculum. = Der Heilige Geist ist für immer der Größte der Welt.

Alle Interpretationen laufen auf den gleichen Sachverhalt hinaus, dass der Begriff des Messias für den steht, der das Wissen hat. Es ging infolge innerhalb von Religion nicht um Glauben, sondern um die Vermittlung von Wissen, um dem Elend der Menschen mit Hilfe von wissenschaftlichen und handwerklichen Lösungen ein wohlverdientes Ende zu bereiten. Das war ein Lehrauftrag, den man in der Jetztzeit Bildung nennt und nichts anderes. Konnte er ihn erfüllen? Nein, da Maria Magdalena ihn auf dem Gewissen hatte. Es geschieht nichts ohne Grund und wir hatten die Beziehung Frau Mann und zu einem späteren Zeitpunkt Frau Frau behandelt. Diese formalen Zusammenhänge gehören zu Maria Magdalena, die zum Teil in der Kreuzigung Jesu Christi und im Abendmahl von Leonardo da Vinci festgehalten sind. Die christliche Kirche weiß es, sonst würde man nicht in der Evangelischen auf Jesus Christus und in der Katholischen auf die Jungfrau Maria abstellen. Maria Magdalena steht selten an seiner Seite, da wo sie der Geschichte nach hingehört. In der Regel vegetiert sie in einer Nische wohlbehütet dahin. Dort scheint sie gut aufgehoben, da sie ihre einzige Liebe im Leben wissentlich sterben lassen hat, und so zog sich ab diesem Ereignis ein blutiges Band durch die Menschheitsgeschichte. Maria Magdalena wurde nie ihrer Rolle im System gerecht und folgerichtig als Hure in der Geschichte benannt. Es ist damit eine unglückliche Liebesgeschichte, nicht mehr. Die Frau, welche in dieser Geschichte der Rolle der Maria Magdalena folgte, war also zu keiner Zeit ein Geschenk, sondern die personifizierte Katastrophe schlechthin.

Korrigieren wir noch unsere Annahmen über einen sumerischen Gott, der den Namen Enki trägt und in der sumerischen Geschichte als Wissenschaftler beschrieben wird. Als Gott des Wassers und der Weisheit hatte er die Aufgabe, dass Systemgleichgewicht auf den sieben Heimatplaneten wiederherzustellen. Der Überlieferung nach wurde das Gold der Erde hierfür verwandt. Das Gold der Erde ist jedoch nicht Gold, sondern Wasser. Er hatte folgerichtig das Problem in der Atmosphäre auf den sieben Heimatplaneten erkannt und gelöst, indem er den Wasserkreislauf, der offensichtlich gestört gewesen ist, in ein Gleichgewicht überführt hat.

Diese Vorgehensweise sollte man sich vielleicht merken, da die Menschheit einer ähnlichen Aufgabe gegenübersteht. Unsere Atmosphäre wurde durch uns erheblich beeinträchtigt, die eine lebensbedrohliche Verunreinigung mittlerweile erfahren hat. Die chemische Zerlegung von Wasser in vier Systemgleichungen impliziert, dass jede dieser vier in ihrer Vereinigung im Ergebnis eine chemische Verbindung mit jedwedem Element innerhalb des Periodensystems eingehen kann. Enki hat Wasser in die Atmosphäre basierend auf einem Wasserkreislauf gebracht, um die Schadstoffe chemisch in der Atmosphäre zu binden. Infolge regnet es logischerweise und diese kommen von ganz allein wieder nach unten. Angelandet, da es sich um Wasser, konkret Regenwasser handelt, finden diese zurück in den Wertstoffkreislauf der Erde und versickern im Boden. Wasser hat infolge chemischer Bindungskraft und Aggregatzustand den Vorteil, dass es die Schadstoffe in die tiefer gelegenen Schichten unseres Erdmantels zurückführen kann.

Messias und der sumerische Gott Enki stehen für Wissenschaft und damit Wissen schaffen. Da alles Eins ist, handelt es sich um ein und dieselbe Person. Daraus folgt unter anderem, dass

Jesus Christus + Messias + Enki = 11 ist

und für den Systemwert im Sonnensystem stehen muss, der sich aus übergeordnetem System gleich untergeordnetem System ergibt. Der Systemwert für obig aufgeführte Gleichung ergibt sich aus den Zahlenwerten für die einzelnen Namen, da 2 + 6 + 3 = 11 ist. Für die drei Systemwerte links in der Gleichung folgt, wenn man für das übergeordnete System den Wert Eins setzt, dass

1. 1 über 1 = 2,
2. 1 über 5 = 6 und
3. 1 über 2 = 3 gilt.

Wenn man die Werte links und rechts des Istgleichzeichens über die drei Zeilen hinweg aufaddiert, erhält man 3 über 8 und 8 über 3 im Gegenkreislauf. Dieses Ergebnis ist gleichbedeutend drei Personen, die über den Systemkreislauf Kopf und Herz und damit 1 über 3 und 3 über 1 definiert sind. Es handelt sich um drei Menschen, die den Auftrag haben beziehungsweise hatten, dass Systemgleichgewicht 1 über 1 und 1 über 1 im Gegenkreislauf herzustellen. Damit sind es die geistigen Führer der Menschheit, die für Lösungen im System Mensch stehen. 3 = Erde + 8 = Mensch = 11, ein systemisches Gleichgewicht im übergeordneten und untergeordneten System. Da diese drei Menschen in der Zeitachse variieren, heißt das, dass der noch ausstehende Messias, die Wesenheit des Wissenden, die psychologische Rolle, die wir im Leben einnehmen, aller drei in sich vereint. Daraus folgt, dass die Interpretationen in Latein zum richtigen Ergebnis geführt haben. Er trägt somit tatsächlich das Wissen der Menschheit, um Lösungen für diese zu schaffen, in sich und ist seinem Wesen nach der Gesalbte = der Auserwählte = der Wissende.

Bestimmen wir die numerischen Werte für Jesus Christus, Messias und Enki. Das ist notwendig, damit man den untrüglichen Beweis erhält, dass diese Drei ein und dieselbe Person in der Geschichte sind. Wenn das so ist, dann muss sich der Zahlenwert Zwei ergeben, der für die Gleichung 1 + 1 = 2 steht. Da diese drei Personen für das übergeordnete System + das untergeordnete System = 1 die Verantwortung tragen und im Gegenkreislauf sich die Einbindung in das untergeordnete System + das übergeordnete System = 1 ergeben muss, erhalten wir den Zahlenwert Zwei, der für die Systemverbindung 1 über 1 steht, die in der Quersumme zur Zwei führt. Kausal stehen sich untergeordnetes System und übergeordnetes System im Gegenkreislauf gegenüber und damit zweimal nur vice versa, ergo übergeordnetes System und untergeordnetes im Gegenkreislauf. Wir verfolgen damit die Logik der Geraden in der Vertikalen, die die drei Unendlichkeiten miteinander verbindet. Beide führen zur systemischen Eins und ergeben damit in der Summe den Systemwert Zwei. Das heißt, dass jedes System in der Vertikalen einem übergeordneten folgen muss und vice versa ein untergeordnetes diesem kausal untersteht.

Jesus + Christus

= 10 + 5 + 19 + 21 + 19 + 3 + 8 + 18 + 9 + 19 + 20 + 21 + 19
= 191
= 11
<u>= 2</u>

Messias

= 15 + 5 + 19 + 19 + 9 + 1 + 19
= 87
= 15
<u>= 6</u>

Enki

= 5 + 14 + 11 + 9
= 39
= 12
<u>= 3</u>

Im Ergebnis erhalten wir die Zahlenwerte Zwei, Sechs und Drei, die man bereits kennt. In der Summe führen diese zum Zahlenwert Elf, der in der Quersumme Zwei ergibt. Die Zwei folgt der systemischen Bedingung, die wir erörtert haben. Das Ergebnis lautet, dass es sich tatsächlich um ein und dieselbe Person in der Geschichte handeln muss, da die Systembedingungen 1 über 1 und 1 über 1 im Gegenkreislauf erfüllt sind. Will man einen Beweis finden, muss man die Systemwerte für Ninki bestimmen, seiner Ehefrau.

Ninki = 9 + 14 + 11 + 9 = 57 = 12 <u>= 3</u>

Ninki und Enki ergeben zusammen den Systemwert Sechs. Die Sechs enthält zwei Kreisläufe, die 1 über 2 und 2 über 1 im Gegenkreislauf lauten. Der von Maria Magdalena und Jesus Christus war mit 1 über 2 und 2 über 1 definiert, die zusammen den Zahlenwert Sechs ergeben. Da ein Systemkreislauf immer den gegenläufigen in der Vertikalen mitaufweist, erhält man die Zwölf für das sumerische Ehepaar. Ninki und Enki ergeben einschließlich Gegenkreislauf den Zahlenwert Zwölf.

Da dieser noch nicht vollständig und dem Kreislauf von Maria Magdalena und Jesus Christus übergeordnet ist, sind Ninki und Enki die Führungskräfte im System Erde, da deren gegenläufiger Kreislauf sich in der Vertikalen in der Unendlichkeit wiederfinden lässt. Sie stehen damit über dem System Mensch, wenn Unendlich + Endlich = 1 ergibt. Ninki und Enki stehen damit für die Ein- und Zuordnung des Systems Mensch in die übergeordneten Systeme als auch in die untergeordneten Systeme. Daraus folgt, dass

1. Maria Magdalena einschließlich Gegenkreislauf den Zahlenwert Sechs ergibt und
2. Enki und Ninki den Systemwert Zwölf zusammen aufweisen.

Daraus folgt, dass der Systemkreislauf von Maria Magdalena und Jesus Christus in den von Ninki und Enki eingebunden ist. Sehen wir uns den von Jungfrau Maria und Messias an, denn diese gehören zusammen.

Messias = 15 + 5 + 19 + 19 + 9 + 1 + 19
= 87
= 15
= 6

Jungfrau Maria = 10 + 21 + 14 + 7 + 6 + 18 + 1 + 21
= 98
= 17
= 8
= 8 + (13 + 1 + 18 + 9 + 1)
= 50
= 5

Daraus ergibt sich, dass man für beide zusammen den Systemwert Elf erhält, da 5 + 6 = 11 ist. Die Quersumme ergibt Zwei. Wir erhalten die Systemwerte auf der Beziehungsebene Zwei, Sechs und Drei. Damit wäre bewiesen, dass folgende Gleichung gilt, da

Ninki + Enki + Maria Magdalena + Jesus Christus + Jungfrau Maria + Messias = 20 und

3 + 3 + 1 + 2 + 5 + 6 = 20 = 2 + 0 = 2 = 1 über 1 und 1 über 1 im Gegenkreislauf ist.

Es gibt damit logisch eine Frau und einen Mann innerhalb des Systems Mensch, denen die Wesenheit obiger Personen zugeordnet worden ist. Es handelt sich um eine Rolle im psychologischen Sinn und somit um eine Lebensaufgabe beziehungsweise ein Lebensziel.

Um das annehmen zu können, dass es diese unter uns wirklich gibt, müssen wir die Gleichung Vergangenheit + Gegenwart = 1 betrachten. Die numerische Eins im Ergebnis steht für Zukunft. Diese Gleichung kann man beliebig umstellen.

1. Vergangenheit + Zukunft = 1; 1 = Gegenwart
2. Gegenwart + Zukunft = 1; 1 = Vergangenheit

Letztere impliziert, was wir bereits erfahren haben. Gegenwart und Zukunft liefern die Vergangenheit, da Gegenwart und Zukunft das Ergebnis dieser sind. Das heißt, die psychologische Rolle von Maria Magdalena und Jesus Christus sind im Hier und Jetzt (im 21-ten Jahrhundert) gegeben, da es eine Aufgabe ist analog einem Programm, welches es zu absolvieren gilt. Zwei in der Menschheit sind gefordert, sich zu erkennen. Da übergeordnetes System + untergeordnetes System = 1 gilt, heißt das, dass zwei Systemwerte über einem stehen. Im Umkehrschluss ergibt sich das auch für Mann + Frau = 1. Insgesamt existieren damit vier Systemwerte über einem, die für 1 über 3 und im Gegenkreislauf 3 über 1 stehen und in der Beziehung 1 über 1 als auch gegenläufig enden. Es handelt sich somit um die Systemverbindungen Kopf über Herz als auch Herz über Kopf, die ihre Verbindung im Zwischenhirn findet. Die Aufgabe für 2 von uns ist damit im übergeordneten System als auch im untergeordneten verankert.

Wir sollten uns angewöhnen, geschichtliche Tradierungen genau zu betrachten, da diese Lösungen enthalten, die unentbehrlich für uns sind. Es wird allerhöchste Zeit, dass man den ewigen Zwist innerhalb der einzelnen Auffassungen und Überzeugungen, die innerhalb der Menschheit existieren, seinen wohlverdienten Frieden finden lässt, denn wir brauchen das Wissen dringend und damit auch das Wissen innerhalb der einzelnen Religionen, und zwar übergreifend, da Lösungen nur zum Teil in diesen gegeben sind und nur in der Vereinigung zu diesen führen. Der Unsinn, eine über die andere zu stellen, sollte also aufhören. Es macht keinen Sinn.

8. Wie setzt sich Kopf + Herz zusammen und welche numerische Logik verbirgt sich dahinter?

Original:

Geg.:

1. Rechte Gehirnhälfte + linke Gehirnhälfte + anatomisches Herz + Solarplexus = 1.
2. Es stehen innerhalb der Gleichung 4 Variablen auf der linken Seite und 1 rechts.
3. Alles ist 1 (Vgl. Stephen Hawking).

Ges.:

1. Erfolgt die Zuordnung von rechter Gehirnhälfte + linker Gehirnhälfte + anatomischem Herz + Solarplexus zu 1 und damit auch von Kopf + Herz zu 1?
2. Welche Einordnung ergibt sich aus den numerischen Werten bzw. den Zahlenwerten, wenn wir obige Zuordnungen beachten?

Lsg.:

1. Die Zuordnung von linker Gehirnhälfte + anatomischem Herz + Solarplexus = 1 wird in der Psychologie ausschließlich dem Herz zugeordnet. Die numerische Zuordnung = der Zahlenwert, der dort am Ende steht, lautet damit 3.
2. Dem Kopf steht psychologisch ausschließlich die rechte Gehirnhälfte gegenüber und damit lautet der numerische Wert für den Kopf 1.
3. Daraus folgt, dass das System Mensch ausschließlich über die numerischen Werte 1 und 3 gesteuert wird.
4. Da wir Kopf und Herz physisch nicht voneinander trennen können, wir wären also bei Trennung dieser 2 nicht überlebensfähig, stellen die Zahlenwerte eine logische Verbindung in uns dar, die über den Zahlenwerten 1 und 3 errichtet ist.
5. Da es sich um eine systemische Verbindung handelt, muss ein Gleichgewicht von Kopf und Herz in uns existieren, welche auf den Zahlen 1 und 3 beruht und damit einen Kreislauf, welcher über einem Gleichgewicht definiert ist.
6. Da 1 (Kopf) ungleich 3 (Herz) ist, existiert ein gegenläufiger Kreislauf. Dieser lautet damit 3 (Herz) ungleich 1 (Kopf). Das Gleichgewicht zwischen diesen wird somit durch die übergeordnete Relation Kopf + Herz (rechte Gehirnhälfte + linke Gehirnhälfte = 0,5 + 0,5 =

1) bestimmt.

7. Beide zusammen ergeben damit ein vollständiges Gleichgewicht, welches in jedem Menschen existiert und auf 2 gegenläufigen Kreisläufen beruht, wenn 3 = 3 und 1 = 1 und damit Kopf + Herz gleich 1 in beiden Kreisläufen ist.
8. Im Ergebnis steht damit 1 über 3 für Kopf über Herz auf der einen und 3 über 1 für Herz über Kopf auf der anderen Seite = 2 vollständige Kreisläufe, die miteinander verbunden sind und sich in der Mitte treffen. Symbolisch steht hierfür die Unendlichkeit. Es handelt sich um ein geschlossenes System = einen geschlossenen Kreislauf, der ausschließlich auf einem Gleichgewicht beruht.

Abbild: Die Systemverbindung zwischen Kopf und Herz lautet 1 über 3 und 3 über 1 im Gegenkreislauf. Im Vorfeld haben wir erhalten, dass sich die Systemverbindungen 1 über 1, 1 über 2, 1 über 3 und die korrespondierenden gegenläufiger Natur dem übergeordneten System unterordnen. In der Quersumme ergibt das im Maximum den Zahlenwert Vier und in der Gleichgewichtslösung den Zahlenwert Acht.

Da das System Mensch dem übergeordneten System und dem untergeordneten System gleichermaßen folgt, erhalten wir die systemische Verbindung 1 über 4 und 4 über 1 im Ergebnis. Die Beziehung 1 über 1 und im Gegenkreislauf 1 über 1 ergab sich aus dem Systemgleichgewicht, wenn untergeordnetes System = übergeordnetem System gilt. Diese Logik stand stellvertretend für die in unserem Sonnensystem, dem das System Mensch zugeordnet ist. Die daraus resultierende Systemgleichung lautet auch hier 5 über 5 und im Gegenkreislauf 5 über 5, die wiederum in der Quersumme den Zahlenwert Zehn ergeben.

Für Unendlich + Endlich ergab sich die numerische Eins, die über Raum und Zeit gleichfalls zu obiger Gleichgewichtsbedingung führt. Daraus folgt, dass das System Mensch über Unendlich und Endlich errichtet ist. Diese zwei müssen in der systemischen Null landen, da auch hier die Bedingung Unendlich = Endlich erfüllt sein muss. Da das Bedingung ist, müssen die Systemwerte von Kopf und Herz in der Null enden, die zur Eins führen. Den Standort hatten wir dem Zwischenhirn zugewiesen, welches die systemische Vernetzung innerhalb der Menschheit und im System Mensch selbst herstellt. Die Systemwerte für Kopf und Herz ergeben die Acht.

Da die Beziehung zwischen übergeordnetem und untergeordnetem System immer 1 über 1 und im Gegenkreislauf 1 über 1 lautet, erhalten wir den numerischen Wert Sieben. Dieser ergab sich für sieben Sonnen und muss im System Erde ebenfalls zu finden sein, da er sich im System Mensch widerspiegelt. Die Beziehung lautet damit 1 über 7 und 7 über 1. Wir müssen eine Systemkomponente unsere Erde betreffend finden, die diesen Sachverhalt wiedergibt. Die Suchkriterien lauten damit zahlenorientiert 5 und 8, welche zusammen mit dem dazugehörigen Systemkreislauf zur Beziehung 1 über 1 und 1 über 1 führen.

Unsere Erde weist eine Achsneigung von 23,44 Grad auf. Würden wir eine Gerade über null Grad definieren, erhalten wir eine Spiegelgerade, die uns die Abweichung am Nordpol und Südpol aufzeigt. Daraus folgt, dass die Achsneigung an beiden Polen 23,44 Grad beträgt. Sehen wir uns eine Grafik an, die uns den Sachverhalt verdeutlicht.

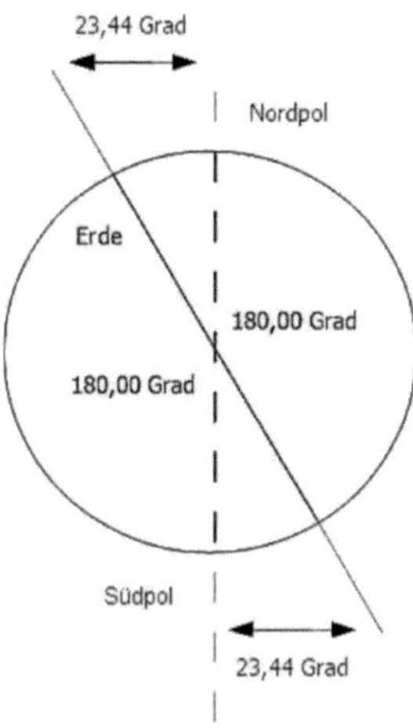

Da wir die numerische Logik innerhalb des Systems Erde bestimmen wollen, müssen wir auf sämtliche Zahlenwerte abstellen, die gegeben sind.

1. 180,00 Grad = hälftiger Erdradius = 9 in der Quersumme.

2. Die Neun ergibt sich aus 1 über 8 und 8 über 1, die aus der Logik innerhalb der 180,00 Grad resultiert, die im Gegenkreislauf wieder zu 180,00 Grad führt.

3. Der gesamte Erdradius beträgt 360,00 Grad und liefert mittels Addition in der Quersumme das Ergebnis Neun.

4. Für 23,44 Grad Neigung der Erdachse ergeben sich die numerischen Werte Fünf und Acht, die in der Summe über den numerischen Zahlenwert Dreizehn zum Zahlenwert Vier führen.

5. Der Zahlenwert Vier folgt der Systemverbindung 1 über 3 und 3 über 1, da sich in der Quersumme prinzipiell Dreizehn gemäß Punkt 4 ergibt.

6. Für 23,44 Grad erhalten wir im Gegenkreislauf 156,56 Grad, die beide zusammen 180,00 Grad ergeben.

7. 156,56 Grad führen zu den Zahlenwerten Zwölf und Elf, die über die mathematische Quersumme die Zahl Drei und die Zahl Zwei ergeben. Das Ergebnis lautet im Systemwert damit Zahl Fünf.

Exemplarisch werfen wir einen Blick auf die numerische Zehn und wie man zu einer Systemgleichung kommt. Die Neun ergibt sich für die Hälfte der Erdkugel. Beide Hälften zusammen ergeben den Systemwert Achtzehn, der sich mittels Addition aus 9 + 9 = 18 ergibt. Letzterer Wert führt in der Quersumme erneut zum Systemwert Neun. Da die Erde sich aus zwei Hälften zusammensetzt, ist die nördliche Halbkugel + die südliche Halbkugel = 1. Im Ergebnis für das System Erde steht eine Eins. Diese setzt sich aus beiden Halbkugeln zusammen und führt zu der Gleichung, dass 9 + 9 + 1 = 19 ist. Das diesbezügliche Ergebnis resultiert im numerischen Wert Eins, da mittels Addition 1 + 9 = 10 = 1 + 0 = 1 ist. Da unsere Erde mit unserem Sonnensystem korreliert, ordnet sich diese der Systemverbindung 1 über 1 und 1 über 1 im Gegenkreislauf unter. Wir haben den logischen Beweis dafür erhalten, dass erst die Sonne gegeben war und dann die Erde. Daraus folgt, dass erst der Raum errichtet wurde, dann das Sonnensystem und im Anschluss unsere Erde folgte. Dies steht für die Kausalität zwischen übergeordnetem System + untergeordnetem System = 1 und im gegenläufigen Kreislauf für untergeordnetes System + das übergeordnete System = 1. Daraus erhält man fallspezifisch nachstehende Systemgleichungen:

1. 1 über 1 und 1 über 1
2. 1 über 10 und 10 über 1
3. 1 über 9 und 9 über 1

Würden wir jeden einzelnen Wert im System Erde, der sich über die Neigung der Erdachse ergibt, durchgehen, erhalten wir dieselben Systemgleichungen, wie wir sie für unser Sonnensystem erhalten haben. Diese waren:

1. 1 über 10 und 10 über 1
2. 1 über 9 und 9 über 1
3. 1 über 8 und 8 über 1
4. 1 über 7 und 7 über 1
5. 1 über 6 und 6 über 1
6. 1 über 5 und 5 über 1

7. 1 über 4 und 4 über 1
8. 1 über 3 und 3 über 1
9. 1 über 2 und 2 über 1
10. 1 über 1 und 1 über 1

Die Systemwerte Fünf und Acht haben wir aus der Neigung der Erdachse erhalten. Anhand von diesem Beispiel gilt es zu verstehen, dass

1. jedwedes System durch eine Zahlenlogik bestimmt ist,
2. unsere Erde auch und
3. dieser innerhalb jedweder Systemkomponente gefolgt wird.

Dieser Beweis ist notwendig gewesen, damit man es annehmen und akzeptieren kann, dass alle Systeme grundlegend dieser Logik folgen. Das impliziert keinesfalls, dass man Probleme ausschließlich über diese lösen kann. Es handelt sich ergo um keinen Universalschlüssel für Lösungen.

Es gilt zu verstehen, dass das System Mensch künstlicher Natur ist. Deshalb sind wir prinzipiell nur in der Lage, Lösungen zu finden, wenn man der im übergeordneten System verankerten Logik im untergeordneten System Folge leistet.

Diese ist elementarer Bestandteil und Voraussetzung für das System Mensch. Haben wir diese verstanden, können wir uns der Unendlichkeit, die sich zwischen dem mathematischen Betrag von Null und Eins ergibt, widmen.

Betrachten wir auszugsweise das Alphabet, laufen die Buchstaben von 1 bis 26. Im Gegenkreislauf damit von 26 bis 1. Stellen wir beide Zahlenfolgen übereinander und addieren diese, ergibt sich immer der Systemwert Neun. In simplifizierter Form erhält man für die einzelnen Buchstaben, dass diese in der Horizontalen immer den Systemwerten Eins bis Neun (Vgl. Seite 166) folgen. Da das Alphabet somit zweidimensional aufgebaut ist, erhält man in einem ersten Anlauf die Systemlogik, die für eine Seitenfläche in unserem Sonnensystem steht. Da es sich um gegenläufige Prozesse handelt, erhält man für das Alphabet 1 + 26 = 1 + 8 = 9 und im Gegenkreislauf ebenfalls. Das heißt, wir haben insgesamt dreimal Neun im System stehen und das entspricht den Systemwerten, die wir für das Volumen unseres Sonnensystems numerisch über Null und Eins erhalten haben. Das heißt, dass das Alphabet der Logik unseres Sonnensystems folgt und vice versa. Anders ausgedrückt, es ist über den Faktor Zeit ebenfalls dreidimensional aufgebaut. Zeit ergibt sich in Abhängigkeit davon, welche Buchstaben wir ganz konkret wählen, um ein Wort zu bilden. Damit gilt auch hier, dass Raum + Zeit = 1 ist und im konkreten Fall für Eins Sprache ergibt.

9. Ergebnisse der systemischen Einordnung und Zuordnung Mensch

Original: Da das System Mensch rein numerisch aufgebaut ist, wenden wir uns ausschließlich dessen Definition und den darin enthaltenen Abhängigkeiten untereinander zu.

1. Die Zahl 1 steht für das prinzipielle Gleichgewicht im menschlichen Körper und definiert damit die oberste bzw. unterste Stufe, in der weitere Zahlen systemisch eingebunden sind (Vgl. 1 (Kopf) über 3 (Herz) und im gegenläufigen Kreislauf 3 (Herz) über 1 (Kopf)). Daraus folgt, die Zahl 1 ist im System relevant.
2. Da es 2 Kreisläufe (Vgl. Punkt 1) sind, ist die Zahl 2 im System gegeben.
3. Da z.B. die 1 über der 3 gemäß Punkt 1 errichtet ist, steht die Zahl 3.
4. Da sich gemäß Punkt 1 im Gleichgewicht die 3 und die 3 gegenüberstehen, lautet die Gleichung 3 + 3 = 6. Damit steht die Zahl 6 auch im System.
5. Da sich 2 Kreisläufe gegenüberstehen, die sich in einem Punkt treffen, lauten die Beziehungen 1 über 2 und im Gegenkreislauf 2 über 1. Damit stehen auch hier die Zahlen 1 und 2.
6. 2 Kreisläufe stehen sowieso schon fest und lauten 1 über 3 bzw. 3 über 1 und 1 über 1 bzw. 3 über 3.

Da es das System Mensch betrifft, müssen wir noch zusätzlich die numerischen Werte innerhalb des Systems Mensch bestimmen. Wie viele sind es? Da das Problem sich in 2 gegenläufigen Kreisläufen bewegt, benötigen wir nur 2 weitere Zahlen im System.

Und wir machen es kurz. Unsere DNA besteht aus 23 Chromosomenpaaren und damit 46 Chromosomen. Numerisch ergeben sich damit die Zahlen 5 und 10. 5 + 5 = 10 im Gleichgewicht. Damit stehen die Zahlen 5 und 10 ebenfalls im System stellvertretend für die Logik, welche sich hinter übergeordnetem System + untergeordnetem System = 1 verbirgt.

Die 10 steht numerisch für 1 + 0 und damit jene Zahlen, die in ihrer kleinsten Einheit in der Zahl 10 bereits enthalten sind. Was sehen wir bereits nach allem, was wir wissen? Es besteht hier kein Gleichgewicht, denn in diesem wäre die Bedingung 0,5 + 0,5 = 1 erfüllt. Hier steht aber, dass 0 + 1 = 1 ist. Daraus folgt, dass einer der Summanden den Wert 0 angenommen hat und somit keine Lösung für diesen existiert, denn es müsste sich um eine Gleichverteilung über dem Wert 0,5 handeln.

Damit existiert ein Kreislauf zwischen 0 und 1 für folgenden Sachverhalt und ich gebe die Lösung einfach mal vor, da dieser die Basis für unseren Lebenszyklus darstellt.

1. 0 steht im menschlichen Lebenszyklus sowohl für Geburt als auch (=) Tod.
2. 1 steht, da es der gegenläufige Kreislauf ist, ebenfalls für Tod und (=) Geburt.
3. Daraus folgt, 1. und 2. stellen einen in sich geschlossenen Kreislauf dar.
4. Unser Leben spielt sich somit numerisch zwischen 0 und 1 ab.

Da das System Mensch aus 1. bis 4. resultierend sich zwischen 0 und 1 bewegt, steht hier bereits fest, dass im System Mensch die Gleichung 5 + 5 = 10 zur Zeit nicht existiert. Diese Gleichung befindet sich nicht mehr im Gleichgewicht.

Da ein Virus sich kausal gegen das System Mensch stellt, steht numerisch Herz über Kopf, da die 1 in diesem Fall für Gesundheit steht und diese ist zur Zeit negativ. Damit ist es der Kreislauf, der sich nach unten richtet. Symbolisch können wir uns z.B. ein Schwert vorstellen, welches sich gegen uns selbst richtet. 3 über 1 ist damit richtig.

Daraus folgt, dass wir die numerischen Werte von oben nach unten abarbeiten müssen und damit von der 13 beginnend bis zur 0. Es handelt sich somit um einen permanenten Abstieg innerhalb des menschlichen Systems basierend auf numerischen Werten. Im Gegenteil wäre es ein Aufstieg, der im Gleichgewicht Abstieg + Aufstieg = 1 ist. Es gilt, dieses wiederherzustellen.

Da unser System über der Zahl 10 errichtet ist, ist die Beziehung 1 über 3 in diesem bereits enthalten und steht damit ganz oben in der 10, da die 1 in der Zahl 10 bereits vorhanden ist. Daraus folgt, dass auf der Gegenseite eine 3 über der 1 stehen muss. D.h., dass die 1 an der Spitze der 10 für die Vereinigung von 3 über 1 und 1 über 3 steht und sich in der 1 trifft.

Damit ist 10 (= untergeordnetes System) + 3 (= übergeordnetes System) = 13 und damit ist 13 = 3 + 1 + 9. Die 9 setzt sich somit aus 6 + 3 zusammen, wobei die 6 über der 3 stehen muss, da das Virus sich gegen den Menschen wendet und nicht vice versa. Die Zahl 0 fliegt raus, da sie bereits in der 10 (1 + 0 = 1) enthalten ist. Die 1 innerhalb der Zahl 10 steht für die Verbindung zwischen 3 (= übergeordnetem System) und 10 (= untergeordnetem System).

Stellen wir nun im folgenden Kapitel eine erste Lösungsmatrix auf und damit das Gegeben, denn wir haben bereits alles, was wir brauchen.

Warum geht das so? Viren, Bakterien, Informationen zu Krankheiten sind bereits in uns systemisch codiert, und zwar alle. Warum? Zufall gibt es nicht! Es gibt nur Ursache + Wirkung = 1.

Abbild: Das Erste, was man klären muss, ist der systemische Aufbau des menschlichen Organismus. Der Mensch besitzt dreiundzwanzig Chromosomenpaare, die in der Quersumme zum Zahlenwert Fünf führen. Die Fünf ergab sich aus der Gleichgewichtsbedingung innerhalb des Sonnensystems, welches über dem Zahlenwert Zehn angelegt ist. Daraus folgt, dass die menschliche DNA der Gleichung 5 + 5 = 10 folgt. Die dreiundzwanzig Chromosomenpaare stehen stellvertretend für das übergeordnete System im System Mensch. Das untergeordnete System folgt der Logik der insgesamt sechsundvierzig Chromosomen. Diese ergeben in der Quersumme den Zahlenwert Zehn. Im Ergebnis steht, dass 10 = 1 + 0 = 1 ist. Die Eins ergibt damit die systemische Verbindung, welche über den Betrag von Null und Eins definiert ist, zu einem benachbarten System.

Das Überlappen von untergeordnetem System und übergeordnetem System folgt der logischen Konsequenz, die über die systemische Verbindung der Systemnull gegeben ist. Daraus ergibt sich, dass ein übergeordnetes System das untergeordnete von einem anderen übergeordneten ist und das untergeordnete System das übergeordnete von einem anderen untergeordneten. Das heißt, dass die Hälfte der Unendlichkeit eines Systems zur Endlichkeit eines korrespondierenden Systems gehört als auch dessen Endlichkeit zur hälftigen Unendlichkeit von diesem, sowohl in der systembedingten Aufwärtsbewegung als auch in der Abwärtsbewegung auf der Geraden (Vgl. Seite 164), die sich über die systemischen Nullen verschiedener Unendlichkeiten hinwegbewegt, die wiederum in Endlich enden. Diese zwei Bewegungen bezeichnet man als Aufstieg oder als Abstieg innerhalb eines allumfassenden Systems.

Daraus folgt, dass Dimension ihrem Gehalt nach nicht das ist, was wir dieser begrifflicherseits unterstellen. Dimension ist eine Verstehensebene, die über Raum und Zeit definiert ist und einem systemischen Zusammenhang folgt. Dimensionswechsel hat nichts damit zu tun, dass sich das System Erde zum Beispiel auf ein nächsthöheres oder nächsttieferes Niveau bewegt. Es geht immer um die Mehrung von Wissen innerhalb diesem, was als genereller Auftrag über die einzelnen Religionen hinweg im System Mensch verankert ist.

Die Expansion des Systems Sonne, die auf die Endlichkeit des Systems Erde verweist, ist die Folge eines mangelnden Verständnisses der Menschheit für systemorientierte Prozesse genau so wie für die von unserem Mond. Auch hier driftet Ursache und Wirkung auseinander und ergibt einen ganz logischen Zusammenhang. Dimension zielt auf die Verstehensebene innerhalb des Systems Mensch ab, wie wir die Begriffe Raum, Zeit und Verantwortung diesbezüglich verstehen wollen und können.

1-te Dimension

Es gibt Menschen, die definieren ihren Weg im Leben über Eindimensionalität und unterliegen damit einer Begrenzung ihres Aktionsradiusses. Es gibt keine Entwicklung für diese. Sie stehen früh auf, bewegen sich in Zeit und Raum links, rechts und über die Diagonalen innerhalb eines begrenzten Raumes unmittelbar ihrer Wohnunterkunft. Kehren abends heim und der darauffolgende Tag gleicht wie ein Ei dem anderen. Die Systempomponente Raum kann über Zeit definiert werden, da Breite, Länge und Höhe im konkreten Fall in ein und derselben Fläche liegen. Das menschliche Leben spielt sich in diesem Fall innerhalb einer Fläche ab und führt zum Systemwert Eins am unteren Rand aller möglichen Systemwerte.

2-te Dimension

Es existieren andere, die sich in der zweiten Dimension befinden. Diese haben für sich erkannt, dass es über die erste hinausgeht. Deren Bewegungsradius reflektiert somit nicht ausschließlich auf eine Fläche, welche über der Eindimensionalität gegeben ist, sondern auch auf eine andere. Sie wechseln ihren Standort. Das heißt, man wandert zum Beispiel von einem 450 Kilometer entfernten Dorf einmal im Jahr nach Lalibela. Erfreut sich der Dinge, die da sind und kehrt wieder zurück. Man hat über Raum und Zeit eine Möglichkeit gefunden, die zu einer anderen Fläche führt. Das Leben unterliegt der Zweidimensionalität.

3-te Dimension

Kommt die mathematische Höhe hinzu, erkennt man, dass die Erde nicht ausschließlich über Breiten- und Längengrade gegeben ist, sondern Breite, Länge und Höhe gleichermaßen aufweist. Die Bewegung erfolgt links, rechts, vorwärts, rückwärts, hoch und runter, da man verstanden hat, dass ein Raum gegeben ist, welcher zusätzlich über ein Höhenmaß verfügt. Raum wird über Breite, Länge und Höhe betrachtet und ergibt die 3-te Dimension.

4-te Dimension

In der vierten Dimension kommt der Faktor Zeit dazu. Das heißt, dass es entscheidend ist, wann man sich wo aufhält und darüber seinen Standort definiert. Zeit folgt der Kausalität, ob es Sinn macht, einen Ort aufzusuchen oder auch nicht und wann man diesen verlassen sollte. In der 4-ten Dimension finden Breite, Länge, Höhe und Zeit logisch zusammen.

5-te Dimension

Der fünfte Begriff lautet Verantwortung. Dieser steht dafür, ob die Dinge in Raum und Zeit zum Erfolg oder Misserfolg führen können. Man ist Händler und geht auf eine Messe, um sein Sortiment zu bestücken. Auf dieser stellt man fest, dass das gewünschte Handelsgut nicht erhältlich ist. Raum und Zeit unterliegen der Verantwortung und damit einer Entscheidung. Verantwortung führt immer zu dieser, wenn Raum + Zeit = 1 ergibt, die Dinge Sinn machen und ein Ergebnis liefern. Die 5-te Dimension auf der Verstehensebene ist damit der Umgang mit Breite, Länge, Höhe, Zeit und Verantwortung, die diesen innewohnt. Letztere lässt sich über Plus und Minus definieren wie alles andere auch. Verantwortung ist ergo eine physikalische Größe, die über Zeit und Raum gegeben ist.

Die Fragen, die üblicherweise in diesem Zusammenhang gestellt werden können, lauten wer, was, wo, wann und warum beziehungsweise wozu und weshalb für Letztere. Es sind fünf Fragen, die zu fünf Antworten führen und im System den Betrag von Null und Eins ergeben. Es sind damit Fragen über die Dimension, die zu dimensionsorientierten Antworten führen. Die Systemgleichung sieht wie folgt aus:

	(Breite	+ Länge	+ Höhe	+ Zeit	+ Verantwortung)
+	(Wer	+ Was	+ Wo	+ Wann	+ Warum)
=	5 + 5				
=	10				
=	1 + 0				
=	1				

Jeweils fünf Systemkomponenten ergeben in der Summe Zehn, die in verkürzter Form zur Systemeins führen, da 1 + 0 = 1 ist. Daraus folgt, dass auch hier übergeordnetes System = untergeordnetem System gilt. Die Null innerhalb dieser Gleichung steht erneut für den mathematischen Betrag von Null und Eins, betrachtet man diese obige Gleichung betreffend. Da der Systemkreislauf Plus und Minus folgt, setzen wir Betragsstriche und davor die jeweiligen Vorzeichen unter der Beachtung, dass Zeit und Raum zum Systemwert Vier und einschließlich Gegenkreislauf zur Acht führen müssen.

+ | Breite + Länge + Höhe + Zeit + Verantwortung |
+ | Wer + Was + Wo + Wann + Warum |
- | Breite + Länge + Höhe + Zeit + Verantwortung |
- | Wer + Was + Wo + Wann + Warum |
+ | Breite + Länge + Höhe + Zeit + Verantwortung |
+ | Wer + Was + Wo + Wann + Warum |

- | Breite + Länge + Höhe + Zeit + Verantwortung |
- | Wer + Was + Wo + Wann + Warum |

Da es sich um acht Systemkreisläufe handelt, müssen wir sortieren, um die systemische Verbindung erkennen zu können.

\+ | Breite + Länge + Höhe + Zeit + Verantwortung |
\- | Breite + Länge + Höhe + Zeit + Verantwortung |
\+ | Wer + Was + Wo + Wann + Warum |
\- | Wer + Was + Wo + Wann + Warum |
\+ | Breite + Länge + Höhe + Zeit + Verantwortung |
\- | Breite + Länge + Höhe + Zeit + Verantwortung |
\+ | Wer + Was + Wo + Wann + Warum |
\- | Wer + Was + Wo + Wann + Warum |

Mittels Addition ergibt sich in der Horizontalen als auch Vertikalen der Systemwert Null. Die Null in der Horizontalen folgt dem Sachverhalt, dass der mathematische Betrag über Plus und Minus definiert ist und die Systemwerte innerhalb des mathematischen Betrages betrachtet werden. Im Ergebnis erhält man überall Null, viermal plus Null und viermal minus Null. Analog der Ergänzung zur Systemtheorie, die wir in einem der vorangegangenen Kapitel getätigt haben, gilt, dass

+ | Unendlich + Endlich | - | Unendlich + Endlich | = 0 ist.

Daraus folgt auch hier, dass es entscheidend ist, wann die Systemwerte aufeinandertreffen. Diese unterliegen damit grundlegend dem Faktor Zeit. Wann man eine Entscheidung hinsichtlich Zeit fällt, unterliegt damit ausschließlich dem Begriff der Verantwortung, die den systemischen Fluss innerhalb eines vorgegebenen Systems steuert. Das heißt unter anderem,

1. wem man eine Frage stellt,
2. über was,
3. an welchem Ort,
4. unter welchen Umständen und
5. wann man diese stellt.

Mit dieser Erörterung wurde bewiesen, wie Kommunikation innerhalb des Systems Mensch stattfindet. Die Systemwerte - 1, 0 und + 1 eröffnen betragsseitig auch hier den Zugang zu Unendlich im untergeordneten System, der durch Endlich im übergeordneten System gegeben ist. Die Verankerung von Sprache auf Ebene des jeweiligen Nationalstaates führt zu Vielfalt im untergeordneten System, die in einer verbindenden im übergeordneten und damit einer gemeinsamen Weltsprache enden sollte. Es sollte die am höchsten entwickelte sein, die eindeutige und vor allem eineindeutige Ergebnisse im Sprachgebrauch liefert und damit auf der Verstehensebene.

Defizite innerhalb einer sprachbasierten Logik führen immer zu einem mangelnden Verständnis gegenseitiger Natur, welches jedoch in der Sprache selbst seinen Ursprung hat. Wunderschön zu beobachten im britischen Unterhaus. Wenn you zu du, ihr, sie führt, sind Eindeutigkeit und Eineindeutigkeit einer Sprache nicht gegeben.

Da weltweit jedes Land über eine eigene Muttersprache oder mehrere als auch über entsprechende Dialekte innerhalb dieser verfügt, sollte eine gemeinsame darüber und damit eine verbindende errichtet werden. Daraus ergibt sich, dass Muttersprache + Vatersprache = 1 ist und zu gegenseitigem Verständnis führt. Vatersprache steht damit für das Einende und Verbindende in einem System.

Es sollte die sein, welche den höchsten Entwicklungsstand aufweist. Wir machen es kurz, denn in welcher schreiben wir hier? Einfach mal in Ruhe darüber nachdenken, wer es verstanden hat und nachvollziehen kann. Entscheidungen, egal welcher Art, treffen wir immer rational und ohne jeglichen Vorbehalt, denn es geht um eine gemeinsame Sache!

Warum ist das notwendig? Wie wollen wir sonst gemeinsame Probleme vernünftig und auf Dauer lösen, wenn wir regelmäßig aneinander vorbeireden? Sprachen, die ihr Schriftbild einem Malkurs entnommen haben, scheiden prinzipiell aus. Wenn wir Malen möchten, malen wir und wenn wir Schreiben wollen, dann schreiben wir. Wir malen aber nicht, wenn wir Schreiben wollen und wir schreiben nicht, wenn wir Malen wollen.

Das bleibt den jeweils einzelnen Nationen und ethnischen Gruppen, die es betrifft, vorbehalten, wie sie das handhaben möchten. Geht uns also nichts an, da jeder seine Suppe selbst auslöffelt. Hinter dieser salopp formulierten Volksweisheit verbirgt sich nichts anderes, als dass Ursache + Wirkung = 1 ist und ein Ergebnis liefert und in diesem Fall fehlendes Verstehen gegenseitiger Natur weltweit.

Darüber sollte ernsthaft nachgedacht werden, da der Istzustand nur zu ungenügenden Ergebnissen diesbezüglich führt. Würde man sich gegenseitig besser verstehen, wäre so manches Problem nicht länger von Bestand und bereits gelöst.

10. Gegeben:

Original:

E = chemisches Element, Zahlenverhältnis = Verhältniszahl

Nummer	Für die Lösung	Begründung	Auswertung	Zahl
13	relevant	da 3 über 1		1.
12	relevant	da 1 über 2	= 1 E mit Zahlenverhältnis 2	2.
11	relevant	da 1 über 1	= 1 E mit Zahlenverhältnis 1	3.
10	relevant		systemische Verbindung = 1	4.
9	relevant	da 9 über 3 = 6		5.
8				6.
7				7.
6	relevant	da 6 = 3 + 3 = 2 x 3	= 2* x 1 E mit Zahlenverhältnis 3	8.
5	relevant		systemische Verbindung = 5	9.
4				10.
3	relevant	da 2* über 1	= 1 E + 1 anderes E	11.
2	relevant	da 2* über 3 und 1	= anderes E + 2 E (= 1 E + 1 E)	12.
1	relevant	da 2* über 1	= 1 E + 1 anderes E	13.

zu 13 und damit 1.: Die 3 steht über der 1, da das Virus sich gegen das System Mensch richtet. Für die 13 ist bei der Zahl 10 Schluss, da die 13 für 3 über 1 steht und in diesem Fall (10 = 1 + 0 = 1) bereits 1 ist. Der übergeordnete Kreislauf endet damit hier. Für die 3 steht damit fest, dass es sich um maximal 3 chemische

Elemente handeln kann. Diese Einordnung steht für das übergeordnete System und liegt damit außerhalb der Lösung für das untergeordnete.

---

zu 12 und damit 2.: Da 1 über 2 steht, handelt es sich um ein chemisches Element mit der Verhältniszahl 2.

---

zu 11 und damit 3.: Da 1 über 1 steht, handelt es sich um ein chemisches Element mit der Verhältniszahl 1. Da Nummer 11 und Nummer 12 im übergeordneten System vereint sind und das System bei 10 endet, handelt es sich um die allgemeine chemische Formel E_2E.

---

zu 10 und damit 4.: Die 10 steht für die systemische Verbindung zu 2 mal 5 und 0. Die 0 hatten wir bereits eliminiert, da sie in der 10 bereits enthalten ist. Das System findet sein Gleichgewicht damit bei Wert = 5 (5 + 5 = 10).

---

zu 9 und damit 5.: Die Zahl 9 steht für das Ergebnis und damit die chemische Verbindung zwischen 6 und damit 8. sowie 3 und damit 11.; ergo im Ergebnis die Zahlenwerte 6 und 3.

---

zu 8 und damit 6.: Nicht relevant.

---

zu 7 und damit 7.: Nicht relevant.

---

zu 6 und damit 8.: Die 6 = 3 + 3 und damit 2 x 3. Warum? Die 3 + 3 erhalten wir aus dem systemischen Kreislauf Kopf über Herz und Herz über Kopf. Da es gilt ein Gleichgewicht zu erzielen, steht dort 3 + 3 und nicht 1 + 3 oder 3 + 1. Die 3 ist damit 2 mal in der 6 enthalten. D.h., es handelt sich um 2 chemische Elemente mit der Verhältniszahl 3. Die chemische Grundformel lautet damit E_3. Da bei Nummer 6, 3, 2 und 1 eine 2 (Mit Stern * im oberen Tableau gekennzeichnet.) steht, muss das E_3 den dortigen chemischen Elementen zugeordnet werden. Es handelt sich damit bei Nummer 3, 2 und 1 um chemische Verbindungen, die auch E_3 enthalten.

---

zu 5 und damit 9.: Siehe 10 und damit 4.

---

zu 4 und damit 10.: Nicht relevant.

---

zu 3 und damit 11.: 2 über 1 bedeutet nichts anderes, als dass 2 chemische Elemente mit der Verhältniszahl 1 existieren. Daraus folgt die chemische Grundformel EE.

---

zu 2 und damit 12.: Da 2 über 3 steht und gleichfalls über 1, bedeutet das, dass die 2 x 3 aus 6 und damit 8. gemeint ist. Die 2 kommt übrigens deshalb zustande, da es ein gemeinsames und bindendes Element im Gleichgewicht geben muss. Prinzipiell gilt damit 0,5 + 0,5 = 1. Daraus folgt, dass 1 chemisches Element jeweils 1 mal mit E_3 in Verbindung steht und diese grundlegende Verbindung 2 mal existiert. Daraus folgt, dass wir 2 mal eine Lösung für EE_3 suchen, wissend dass das E an erster Stelle für 2 unterschiedliche chemische Elemente steht.

---

zu 1 und damit 13.: 2 über 1 bedeutet nichts anderes, als dass 2 chemische Elemente mit der Verhältniszahl 1 existieren. Daraus folgt auch hier die chemische Grundformel EE.

Auswertung:

1. Für das übergeordnete System haben wir die allgemeine chemische Formel E_2E (1 mal) erhalten.
2. Im untergeordneten haben wir 2 mal EE und 2 mal EE_3.
3. Wir wissen, dass die prinzipielle Verbindung über 1 erfolgt. Daraus folgt, dass zwischen EE und EE_3 eine 1 stehen muss. Diese finden wir übrigens auch bei 11 und damit 3., 12 und damit 2. und 13 und damit 1. in der Auswertung.
4. Da 0,5 + 0,5 = 1 ist, kann es sich nur um die beiden E in der Mitte handeln, welche die Verbindung herstellen.
5. Daraus folgt, die allgemeine chemische Formel lautet hier E EE_3 und diese suchen wir 2 mal. Da das E in 11 und damit 3. und 13 und damit 1. steht, suchen wir 2 unterschiedliche chemische Elemente E.
6. Die 2 (Nummer und Zahl) steht für den gegenläufigen Kreislauf im System (Bsp. 11 und damit 3.), da 3 über 1 und 1 über 3 gilt.

---

1. Wir suchen damit im übergeordneten System E_2E = 1 mal.
2. Wir suchen damit im untergeordneten System E EE_3 = 2 mal.

3. Wir suchen in den Verbindungen insgesamt 5 E. Die grundlegenden Formeln (Vgl. 1. und 2.) kennen wir bereits.

Abbild: Erklärung zur Vorgehensweise: Es wurden sämtliche Systemwerte dahingehend analysiert, um eine zahlenbasierte Logik innerhalb der Systemverbindungen herauszuarbeiten. Da das System Mensch schlüssig folgt, ist es eine nur einmal vorkommende Möglichkeit, um zu einer schnellstmöglichen Lösung für das Corona-Virus zu gelangen. Es wurden die Systemverbindungen rein formal im übergeordneten System bestimmt, die zu allgemein formulierten Formeln, ihrer zwei, führten. Die Lösung folgt der Beziehung 1 über 1 und im Gegenkreislauf 1 über 1, die für übergeordnetes System + untergeordnetes System = 1 gilt. Im untergeordneten System ergaben sich die Systemverbindungen, die 6 über 3 und 2 über 1 in der Systemverbindung 3 über 1 lauten. Sämtliche Systemverbindungen sind abwärtsgerichtet.

Daraus folgt, dass der Gegenkreislauf sich aus der gegenläufigen Betrachtung ergeben muss. Die Systemverbindungen besagen zum jetzigen Zeitpunkt nur, welchem Prinzip diese folgen. Dies ermöglicht zu identifizieren, wie viele chemische Elemente involviert sein müssen, als auch wie die grundlegenden chemischen Formeln für diese aussehen müssen. Wir haben den Lösungsraum logisch verkleinert und die ersten Resultate erhalten. Wir folgen auch in diesem Fall dem Weg der Simplifizierung, da komplexe Strukturen immer auf ihren kleinsten gemeinsamen Nenner heruntergebrochen werden müssen. Würde man umfassend in das System Mensch gehen, hätte man keinerlei Chance, eine Lösung zu finden. Lösungsorientierte Vorgehensweisen erfordern immer eine selektive Betrachtung des Problems.

11. Gesucht:

Original: Lösung für SARS-COV-2 = COVID-19 = CORONA-VIRUS.

Wir wissen bereits, da alles 1 ist, dass wir hierfür SARS-COV-2 + COVID-19 + CORONA-VIRUS = 1 schreiben können. Bestimmen wir die numerischen Werte, die hierfür stehen.

SARS-COV-2

= 19 + 1 + 18 + 19	-	3 + 15 + 22	-	2
= 10 + 1 + 9 + 10	-	3 + 6 + 4	-	2
= 21	+	13	+	2
= 3	+	4	+	2
=				9

Ergebnis 1:

Wir sehen, dass im System die 1 über der 2, die 3 über der 1 und die 9 für 6 über 3 steht. Da sich das Virus gegen das System Mensch stellt, lesen wir von rechts nach links.

COVID-19

= 3 + 15 + 22 + 9 + 4	-	19
= 3 + 6 + 4 + 9 + 4	-	10
= 8	+	1
=		9

Ergebnis 2:

Wir sehen, dass im System die 8 und die 1 stellvertretend dafür steht, dass die Beziehung 1 über 3 und 3 über 1 im System (= 8) existiert und damit auch 1 über 1, da im Gleichgewicht 1 = 1 und 3 = 3 gilt. Im Ergebnis steht 1 über 1 für die Verbindung von 3 (= übergeordnetem System) und 10 (= untergeordnetem System).

CORONA-VIRUS

= 3 + 15 + 18 + 15 + 14 + 1	-	22 + 9 + 18 + 21 + 19
= 3 + 6 + 9 + 6 + 5 + 1	-	4 + 9 + 9 + 3 + 10
= 30	+	35
= 3	+	8
=		11

Ergebnis 3:

Wir sehen, dass im System die 1 über der 1 (Wert = 11) steht. Das Ergebnis zu 3 (1 über 2 + 2 über 1 = 3 + 3 = 6) und 8 (1 über 3 + 3 über 1 = 8) haben wir bereits. Damit sieht das zu suchende System wie folgt aus = Ergebnis 4:

übergeordnetes System	3 über 1	= (2 über 1) über 1		
	2 über 1			= 2
	1 über 1			= 1
		= (3 = 2 über 1)		
Systemgrenze	10	= 1 + 0		= 1
untergeordnetes System	9	= 6 + 3	(= 2 x 3 + 3	
	3	= 2 + 1	= 3 + 3 + 3)	
	2	= 2		
	1	= 1		
		= (6 + 2 + 1 = 9)		

Grafisch ergibt sich damit Folgendes = Ergebnis 5:

übergeordnetes System	2
	1
Systemgrenze	
untergeordnetes System	1
	6 (= 3 + 3)
	2
	1

Gesucht ist damit 1 mal E_2E und 2 mal E EE_3 in der systemischen Verbindung gemäß den Ergebnissen resultierend aus 1 bis 5.

Kommen wir zur numerischen Auswertung der chemischen Elemente im Periodensystem, die das System Mensch betreffen, und widmen uns der Lösung von SARS-COV-2 + COVID-19 + CORONA-VIRUS = 1.

Abbild: In einem ersten Anlauf bestimmt man die Quersummen für SARS-COV-2 + COVID-19 + CORONA-VIRUS = 1 anhand der Zahlenwerte, die sich für die Buchstaben einschließlich der bereits vorhandenen Zahlenwerte, die in den Bezeichnungen enthalten sind, ergeben. Daraus folgt, dass 9 + 9 + 11 = 29 ist und der Quersumme Zwei, da 2 + 9 = 11 und demzufolge 1 + 1 = 2 ist, folgt. Wir erhalten insgesamt aus allen drei Bezeichnungen auf dem kürzeren Weg den Zahlenwert Zwanzig, da 9 + 9 + 2 = 20 ergibt, der in der Quersumme zum Zahlenwert Zwei führt.

Dieser folgt der Logik, dass 1 + 1 = 2 ist und es sich um den Kreislauf in der Abwärtsrichtung als auch den Gegenkreislauf in der Aufwärtsrichtung im System handelt, da jedes System auf den Wert Eins betragsseitig normiert ist. Das heißt, der mathematische Betrag von plus Eins und minus Eins muss zur Systemverbindung 1 = 1 führen, da übergeordnetes System gleich untergeordnetem System gleich 1 in einem systemischen Gleichgewicht gilt. Da die Werte innerhalb des mathematischen Betrages sowohl Plus als auch Minus als Vorzeichen tragen, heben sich diese im Fall eines bestehenden Systemgleichgewichts erneut auf und ergeben den mathematischen Betrag von Null, die gleichfalls alle Systemkreisläufe positiver als auch negativer Natur enthält.

Es ist bekannt, dass die systemische Verbindung zwischen übergeordnetem System und untergeordnetem 1 über 1 und im Gegenkreislauf 1 über 1 lautet. Maßgeblich hierfür ist, dass über einer der beiden Einsen eine Drei stehen muss, da es sich um ein Systemurteil aus dem übergeordneten System handelt, welches der Logik 3 über 1 folgt gleichbedeutend der Beziehung Herz über Kopf, die mit der Systemverbindung 3 über 1 gegeben ist. Damit muss das psychologische Herz über dem psychologischen Kopf zu finden sein, da das Systemurteil auf die fehlgeleitete Ein- und Zuordnung von Frau Mann, Mann Frau, Frau Frau als auch Mann Mann abstellt, die kausal der Beziehungsebene zugewiesen wurde. Daraus folgt, dass der systemische Zugang aus dem untergeordneten in das übergeordnete System als auch im umgekehrten Fall, welcher stets über die Beziehung 1 über 1 und im Gegenkreislauf über die Beziehung 1 über 1 hergestellt wird, zwingend einer Eins aus dem angrenzenden System gegenüberstehen muss.

Da der Gesamtsystemwert auf Drei begrenzt ist und eine Eins von diesem subtrahiert werden muss, erhalten wir den Systemwert Zwei. Für das übergeordnete System ergibt sich 2 über 1 in der Systemverbindung 1 über 1. Letztere Beziehung gilt auch im untergeordneten System, die damit ganz oben im untergeordneten steht.

Es existieren konsequenterweise im untergeordneten System insgesamt zehn systemrelevante Werte, wobei einer davon für die Systemverbindung 1 über 1 und im Gegenkreislauf für die Systemverbindung 1 über 1 zwischen übergeordnetem System und untergeordnetem System und vice versa steht. Das heißt, dass eine Eins vom Systemwert Zehn subtrahiert werden muss und zum Systemwert Neun führt, da 10 - 1 = 9 ergibt. Wir sind im untergeordneten System gelandet, dass den Zahlenwert Neun aufweist. Das Corona-Virus attackiert somit exakt diese neun Systemwerte im System Mensch. Die Frage ist, welche es sind.

Die Neun muss im untergeordneten System die Relation 2 über 1 aufweisen. Da diese im übergeordneten System existiert, muss sie im untergeordneten als gegenläufiger Kreislauf zu finden sein. Daraus folgt, dass die Zahlenwerte Sechs und Drei vorhanden sind, die sich für die Beziehung in verkürzter Form innerhalb der Systemneun 2 über 1 ergeben, da 9 : 3 = 3 ist und 3 x 2 = 6 und 3 x 1 = 3. Infolge Abwärtsrichtung im System steht die Sechs über der Drei und mittels einer Systemgleichung ausgedrückt 6 über 3. Letztere folgt der Logik 2 über 1, da vier Einsen im System vorhanden sein müssen, welche der Annahme Herz über Kopf folgen, die 3 + 1 = 4 ergibt und im Systemgleichgewicht 2 über 2. In verkürzter Form erhält man 1 über 1 und im Gegenkreislauf 1 über 1 und damit viermal den Systemwert Eins. Da die systemischen Verbindungen ausschließlich über den Systemwert Eins hergestellt werden, handelt es sich um viermal den Systemwert Eins. Daraus folgt, dass 2 über 1 über 1 über 5 über 1 über 2 über 1 gilt. Der Systemwert Fünf betrifft den hälftigen Systemwert der menschlichen DNA und muss immer gegeben sein und nicht Zehn, da es um ein Gleichgewicht geht, welches über Plus und Minus definiert ist.

Die verbleibende Zahl Sechs unterliegt ebenfalls der Gleichgewichtsbedingung. Daraus folgt, dass diese erfüllt ist, wenn 3 = 3 gilt. Damit erhalten wir im Gesamtsystem 2 über 1 über 1 über 3 über 3 über 2 über 1. Damit ist dieser vollständig beschrieben. Die gegenläufige Systemfünf ergibt sich aus den Systemwerten Zwei und Drei. Die Systemkette lautet in diesem Fall 2 über 1 über 1 über 3 über 5 über 1. Da das System Mensch über der Acht und den Systemwert Eins im untergeordneten System gegeben ist, müssen sich die zwei Systemwerte in der Mitte kreuzen, da in einem System prinzipiell Dynamik unterstellt wird. Die Systemkette ergibt in diesem Fall 4 über 1 über 4 und für ein besseres Verständnis 5 über 4 und gegenläufig 4 über 5. Es handelt sich um eine Systemgleichung, die sich in Zeit und Raum über die Zahlenwerte hinwegbewegt und damit Dynamik.

Gesucht ist damit 1 mal E_2E und 2 mal E EE_3. E_2E enthält die Systemverbindung 2 über 1, das heißt, dass ein chemisches Element zweimal vorhanden ist und über die Systemwerte eine chemische Verbindung mit einem anderen eingeht.

Für E EE_3 haben wir zwei chemische Elemente erhalten, die über der Beziehung 1 über 1 in Verbindung stehen, wobei eines davon mit einem zusätzlichen, welches die Verhältniszahl Drei aufweist, ebenfalls eine Verbindung herstellt. Wir haben infolge EE und E_3 gegeben. Da es sich um drei chemische Elemente handelt, muss es sich um zweimal E EE_3 handeln. Die numerischen Beziehungen lauten 2 über 1 über 3 und sind exakt zweimal vorhanden. Da wir für die Drei auch 1 über 2 beziehungsweise 2 über 1 schreiben können, erhalten wir innerhalb des Systemwertes Drei im Gegenkreislauf gleichfalls eine Eins. Diese steht erneut für die Beziehung 1 über 1 und 1 über 1 im Gegenkreislauf. Das heißt, dass das E_3 zu jeweils einem EE gehört.

Hinter dieser Vorgehensweise verbirgt sich nicht anderes, als dass übergeordnetes System + untergeordnetes System = 1 gilt. Da diese Gleichung sich in Unendlich + Endlich = 1 wiederfinden lässt, hören Systemwerte nie auf zu existieren und können immer in der Betrachtung auf ihr Minimum reduziert werden, bis die Systemwerte einer Gleichgewichtsbedingung entsprechen. Diese lautet nun wie folgt, dass 2 über 1 über 1 über 1 über 2 über 2 über 1 über 1 über 2 gegeben ist.

Teilen wir alle durch den Wert Zwei, da wir die Systembedingung für das Gleichgewicht im untergeordneten System benötigen, erhält man, dass 1 + 0,5 + 0,5 + 0,5 + 1 + 1 + 0,5 + 0,5 + 1 = 6,5 ist. Daraus folgt die Quersumme Zwei. Da die Systemverbindung in der Gleichung Kopf + Herz = 1 = 0,5 + 0, 5 endet, erhalten wir bei getrennter Betrachtung die Systemkette für den Systemwert Zwei, da 5 + 1 + 5 = 1 + 10 = 2 ist.

Daraus folgt, dass für den Systemwert Zehn nur ein Gleichgewicht gegeben sein kann, wenn innerhalb diesem 5 + 5 = 10 gilt. Daraus folgt, dass die chemische Formel E EE_3 im Ergebnis zu gleichen Teilen vertreten sein muss. Damit wäre der Beweis, dass E EE_3 zweimal in der Lösung basierend auf zwei unterschiedlichen chemischen Elementen E, die jeweils zu gleichen Teilen vertreten und innerhalb der betreffenden chemischen Formel vorangestellt sind, erbracht. Des Weiteren folgt auch hier, dass das EE_3 gleichfalls zu gleichen Teilen in der chemischen Formel involviert ist und seiner Logik nach identisch sein muss.

12. Lösung:

Original: Vorgehensweise:

1. Wir berechnen die Quersumme anhand aller numerischen Buchstabenwerte für jede Tabellengröße (Bsp. für Ca: Element + Atomgewicht + Elektronegativität + Dichte + Symbol = 8 + 1 + 1 + 2 + 4 = 16 = 7).
2. Element (Calcium) und Symbol (Ca) gehören in der numerischen Ein- und Zuordnung zusammen, da das System Mensch über der Zahl 10 errichtet ist und damit im Gleichgewicht 5 = 5 steht. Diese sind in der Betrachtung 2 mal vertreten.
3. Damit steht die Zahl 5 im System, der die 1 übergeordnet ist, da im Gesamtsystem 13 = 9 + 3 + 1 = 10 + 2 + 1 = 5 + 5 + 2 + 1 = 1 zu 1 gilt. Daraus folgt, dass der numerische Wert für Ca = 4 über der 7 aus 1. steht und addiert werden muss.
4. Es wird das Symbol hierfür verwandt, da die Beziehung im übergeordneten als auch untergeordneten System über 2 definiert ist. Wir verwenden somit den numerischen Wert für das chemische Element in Symbolform (Nicht Calcium, sondern Ca = 3 + 1 = C + a = 4).
5. Daraus ergibt sich, dass (Element + Atomgewicht + Elektronegativität + Dichte + Symbol) + Symbol links der Gleichung steht.
6. Für Calcium (Ca) steht damit z.B. 7 + 4 = 11 = 2 im System.

Abbild: Um die Vorgehensweise nachvollziehen zu können, machen wir ein Beispiel anhand von Calcium. Die einzelnen Buchstaben ergeben nachstehende Systemwerte, die es zu addieren gilt.

(C = 3) + (a = 1) + (l = 12) + (c = 3) + (i = 9) + (u = 21) + (m = 13)

= 62 = 6 + 2 = 8

Damit hat man den Systemwert für das chemische Element Calcium erhalten. Betrachtet man das Periodensystem unter einem systemischen Blickwinkel, kann man das auch aus der Perspektive eines übergeordneten Systems und eines untergeordneten sehen. Ein chemisches Element weist namentlich das Element selbst auf, das Atomgewicht, die Elektronegativität, die Dichte und das Symbol. Man erhält insgesamt fünf Systemwerte, die es zu erörtern gilt. Wir wissen, dass die grundlegende Beziehung 1 über 1 gelten muss, und zwar für alle chemischen Elemente.

Das heißt in diesem Fall, dass das chemische Symbol für Calcium zweimal (Ca = Ca) in einem Systemgleichgewicht vorhanden ist, denn es geht immer um Plus und Minus, ergo + Ca und - Ca. Das ist somit unsere Eins. Links davon finden wir vier

Systemwerte. Da der Mensch über vier Systemwerten erichtet ist, die Kopf und Herz heißen, müssen vier Angaben gegeben sein, die dafür stellvertretend stehen. Diese wurden bereits erwähnt. Und jetzt wird es einfach, da der Mensch über die Beziehung 1 über 3 und 3 über 1 definiert ist. Das Symbol und der Name des jeweiligen Elementes ist für das System Mensch in diesem Zusammenhang nicht von Interesse, sondern die Systemkomponenten Atomgewicht, Elektronegativität und Dichte.

Diese ergeben zusammen den Zahlenwert Drei und wir verwenden die Zahlenangaben von diesen, die im Periodensystem vorliegen, da Maßeinheiten in einem System irrelevant sind. Es geht immer nur um Zahlenlogik. Calcium und das Ca stehen damit für die Systemverbindung von übergeordnetem und untergeordnetem System. Der Zahlwert Drei ist Pate für das untergeordnete. Da prinzipiell A + B = C gilt, handelt es sich um eine Addition der Werte.

Das heißt am Beispiel, dass Element, Atomgewicht, Elektronegativität, Dichte und Symbol anhand der Zahlenwerte summiert werden müssen. Da die Beziehung zwischen übergeordnetem und untergeordnetem System 1 über 1 zu beachten ist, können Atomgewicht, Elektronegativität und Dichte entweder dem Element zugeordnet werden oder dem Symbol, da es in den Systemwerten zu erkennen gilt, wo das Problem ist. Dazu benötigt man die Einzelwerte im System Calcium oder im System Ca.

Die Frage ist, welches das richtige für eine diesbezügliche Erörterung ist. Aus diesem Grund wurde die ganze Arbeit über hinweg erklärt und immer wiederholt, wie Systemverbindungen entstehen und erklärt werden können. Es ist entscheidend, ob wir auf Ca oder Calcium abstellen.

Warum ist das so? Der eine Systemwert liefert den richtigen Wert und der andere den falschen, da wahre Aussage + falsche Aussage = 1 ist. Im Fall von einem Ungleichgewicht steht die falsche über der wahren. Die Eins steht damit auch hier für ein Ergebnis.

Zu beachten ist, dass im Periodensystem vierundzwanzig chemische Elemente erwähnt sind, die chemisch zum System Mensch gehören. Nur diese gilt es zu betrachten, da der Mensch erkrankt ist und nicht das Virus. Sehen wir uns die Systemwerte beispielhaft an und schreiben die verkürzten Werte gleich hin.

Calcium	=						8
Atomgewicht	=	40,078	=	4 + 7 + 8	=		1
Elektronegativität	=	1,0	=	1 + 0	=		1
Dichte	=	1,55	=	1 + 5 + 5	=		2
Ca	=	C + a	=	3 + 1	=		4

Jetzt muss man aufpassen, da wir gesagt hatten, dass mittels Calcium und Ca die Systemverbindung hergestellt wird. Man benötigt noch den gegenläufigen Kreislauf. Da das Systemgleichgewicht 1 über 1 gestört ist, stellen wir auf Ca im Gegenkreislauf ab, da der Systemwert Zwei somit als Maximum definiert ist, da 1 + 1 = 2 ist. Das heißt, dass wir immer das Symbol verwenden, da dieses entweder einen Buchstaben oder maximal zwei aufweist. Das Abstellen auf Calcium würde damit zu einer falschen Aussage führen und kein Ergebnis liefern, zumindest kein richtiges.

Daraus folgt die Systemgleichung Element Calcium über Atomgewicht über Elektronegativität über Dichte über das Symbol Ca und über die Systemverbindung Ca. Ca ist damit zweimal im System gegeben. Daraus folgt, dass das Gesamtsystem wie folgt gegeben ist:

Calcium	=					8
Atomgewicht	=	40,078	=	4 + 7 + 8	=	1
Elektronegativität	=	1,0	=	1 + 0	=	1
Dichte	=	1,55	=	1 + 5 + 5	=	2
Ca	=	C + a	=	3 + 1	=	4
Ca	=	C + a	=	3 + 1	=	4

Symbolisch wurde die Systemgrenze zwischen übergeordnetem und untergeordnetem eingezeichnet. Wir werfen einen Blick auf das Periodensystem und analysieren die numerischen Werte analog der empfohlenen Vorgehensweise. Aus diesem Grund sind alle vierundzwanzig chemischen Elemente zu betrachten, die in das System Mensch gehören.

Original: Die Auflistung wurde in Tabellenform vorgenommen, damit man jeden einzelnen Schritt nachvollziehen kann.

Abbild: Aus Übersichtlichkeitsgründen wurden diese vertikal abgebildet.

Ord-nungs-zahl	Element	Atom-gewicht	Elektro-negativiät	Dichte	Symbol			nume-risches Ergebnis	Num-mer
20	Calcium	40,078	1,00	1,55	Ca	Ca = 4			1
	3 + 1 + 12 + 3 + 9 + 21 + 13	4 + 6	1 + 0	1 + 10	3 + 1			4 + 7 = 11 = 2	
	8	1	1	2	4	Summe 16	Ca = 7		
17	Chlor	35,451	3,16	3,21	Cl	Cl = 6			2
	3 + 8 + 12 + 15 + 18	8 + 10	3 + 7	3 + 3	3 + 12			6 + 6 = 12 = 3	
	2	9	1	6	6	Summe 24	Cl = 6		

Ord- nungs- zahl	Element	Atom- gewicht	Elektro- negativiät	Dichte	Symbol			nume- risches Ergebnis	Num- mer
26	Eisen	55,845	1,83	7,87	Fe	Fe = 2			3
	5 + 9 + 19 + 5 + 14	10 + 17	1 + 11	7 + 15	6 + 5			2 + 7 = 9	
	7	9	3	4	2	Summe 25	Fe = 7		
9	Fluor	18,998	3,98	1,70	F	F = 6			4
	6 + 12 + 21 + 15 + 18	9 + 26	3 + 17	1 + 7	6			6 + 6 = 12 = 3	
	9	8	2	8	6	Summe 33	F = 6		

Ord- nungs- zahl	Element	Atom- gewicht	Elektro- negativiät	Dichte	Symbol			nume- risches Ergebnis	Num- mer
53	Iod	126,904	2,1	4,94	I	I = 9			5
	9 + 15 + 4	9 + 13	2 + 10	4 + 13	9			9 +7 = 16 = 7	
	1	4	3	8	9	Summe 25	I = 7		
19	Kalium	39,098	0,82	0,86	K	K = 2			6
	11 + 1 + 12 + 9 + 21 + 13	12 + 17	0 + 10	0 + 14	11			2 + 5 = 7	
	4	2	1	5	2	Summe 32	K = 5		

Ord-nungs-zahl	Element	Atom-gewicht	Elektro-negativiät	Dichte	Symbol			nume-risches Ergebnis	Num-mer
27	Cobalt	58,933	1,91	8,90	Co	Co = 9			7
	3 + 15 + 2 + 1 + 12 + 20	13 + 15	1 + 10	8 + 9	3 + 15			9 + 1 = 10 = 1	
	8	1	2	8	9	Summe 28	Co = 1		
29	Kupfer	63,546	1,90	8,92	Cu	Cu = 6			8
	11 + 21 + 16 + 6 + 5 + 18	9 + 15	1 + 90	8 + 11	3 + 21			6 + 1 = 7	
	5	6	1	1	6	Summe 19	Cu = 1		

Ord- nungs- zahl	Element	Atom- gewicht	Elektro- negativiät	Dichte	Symbol			nume- risches Ergebnis	Num- mer
12	Magnesium	24,305	1,31	1,74	Mg	Mg = 2			9
	13 + 1 + 7 + 14 + 5 + 19 + 9 + 21 + 13	6 + 8	1 + 4	1 + 11	13 + 7			2 + 9 = 11 = 2	
	3	5	5	3	2	Summe 18	Mg = 9		
25	Mangan	54,938	1,55	7,43	Mn	Mn = 9			10
	13 + 1 + 14 + 7 + 1 + 14	9 + 20	1 + 10	7 + 7	13 + 14			9 + 5 = 14 = 5	
	5	2	2	5	9	Summe 23	Mn = 5		

Ord-nungs-zahl	Element	Atom-gewicht	Elektro-negativiät	Dichte	Symbol			nume-risches Ergebnis	Num-mer
42	Molybdaen	95,95	2,16	10,28	Mo	Mo = 1			11
	13 + 15 + 12 + 25 + 2 + 4 + 1 + 5 + 14	14 + 14	2 + 7	10 + 10	13 + 15			1 + 5 = 6	
	1	1	9	2	1	Summe 14	Mo = 5		
11	Natrium	22,990	0,93	0,97	Na	Na = 6			12
	14 + 1 + 20 + 18 + 9 + 21 + 13	4 + 18	0 + 12	0 + 97	14 + 1			6 + 8 = 14 = 5	
	6	4	3	7	6	Summe 26	Na = 8		

Ord-nungs-zahl	Element	Atom-gewicht	Elektro-negativiät	Dichte	Symbol			nume-risches Ergebnis	Num-mer
28	Nickel	58,693	1,88	8,91	Ni	Ni = 5			13
	14 + 9 + 3 + 11 + 5 + 12	13 + 18	1 + 16	8 + 10	14 + 9			5 + 8 = 13 = 4	
	9	4	8	9	5	Summe 35	Ni = 8		
15	Phosphor	30,974	2,19	2,69	P	P = 7			14
	16 + 8 + 15 + 19 + 16 + 8 + 15 + 18	3 + 20	2 + 10	2 + 15	16			7 +3 = 10 = 1	
	7	5	3	8	7	Summe 30	P = 3		

Ord-nungs-zahl	Element	Atom-gewicht	Elektro-negativiät	Dichte	Symbol			nume-risches Ergebnis	Num-mer
16	Schwefel	32,067	2,58	2,07	S	S = 1			15
	19 + 3 + 8 + 23 + 5 + 6 + 5 + 12	5 + 13	2 + 13	2 + 7	19			1 + 7 = 8	
	9	9	6	9	1	Summe 7	S = 7		
34	Selen	78,972	2,55	4,82	Se	Se = 6			16
	19 + 5 + 12 + 5 + 14	15 + 18	2 + 10	4 + 10	19 + 5			6 + 3 = 9	
	1	6	3	5	6	Summe 21	Se = 3		

Ordnungszahl	Element	Atomgewicht	Elektronegativiät	Dichte	Symbol			numerisches Ergebnis	Nummer
14	Silicium	28,085	1,90	2,34	Si	Si = 1			17
	19 + 9 + 12 + 9 + 3 + 9 + 21 + 13	10 + 13	1 + 9	2 + 7	19 + 9			1 + 3 = 4	
	5	5	1	9	1	Summe 21	Si = 3		
30	Zink	65,380	1,65	7,14	Zn	Zn = 4			18
	26 + 9 + 14 + 11	11 + 11	1 + 11	7 + 5	26 + 14			4 +2 = 6	
	6	4	3	3	4	Summe 20	Zn = 2		

Ord-nungs-zahl	Element	Atom-gewicht	Elektro-negativiät	Dichte	Symbol			nume-risches Ergebnis	Num-mer
50	Zinn	118,711	1,96	7,26	Sn	Sn = 6			19
	26 + 9 + 14 + 14	10 + 9	1 + 15	7 + 8	19 + 14			6 + 2 = 8	
	9	1	7	6	6	Summe 29	Sn = 2		
1	Wasser-stoff	1,0079	2,20	0,09	H	H = 8			20
	23 + 1 + 19 + 19 + 5 + 18 + 19 + 20 + 15 + 6 + 6	1 + 16	2 + 2	9	8			8 + 9 = 17 = 8	
	7	8	4	9	8	Summe 36	H = 9		

Ord-nungs-zahl	Element	Atom-gewicht	Elektro-negativiät	Dichte	Symbol			nume-risches Ergebnis	Num-mer
8	Sauerstoff	15,999	3,44	1,43	O	O = 6			21
	19 + 1 + 21 + 5 + 18 + 19 + 20 + 15 + 6 + 6	6 + 27	3 + 8	1 + 7	15			6 + 8 = 14 = 5	
	4	6	2	8	6	Summe 26	O = 8		
24	Chrom	51,996	1,66	7,14	Cr	Cr = 3			22
	3 + 8 + 18 + 15 + 13	6 + 24	1 + 12	7 + 5	3 + 18			3 +7 = 10 = 1	
	3	3	4	3	3	Summe 16	Cr = 7		

Ordnungszahl	Element	Atomgewicht	Elektronegativiät	Dichte	Symbol			numerisches Ergebnis	Nummer
7	Stickstoff	14,007	3,04	1,25	N	N = 5			23
	19 + 20 + 9 + 3 + 11 + 19 + 20 + 15 + 6 + 6	5 + 7	3 + 4	1 + 7	14			5 + 7 = 12 = 3	
	2	3	7	8	5	Summe 25	N = 7		
6	Kohlenstoff	12,011	2,55	2,26	C	C = 3			24
	11 + 15 + 8 + 12 + 5 + 14 + 19 + 20 + 15 + 6 + 6	3 + 2	2 + 10	2 + 8	3			3 + 8 = 11 = 2	
	5	5	3	1	3	Summe 17	C = 8		

Auswertung 1:

Die chemischen Elemente sind in Nummer 11 bis Nummer 13 mit dem Zahlenwert 2 (Mit Stern * im oberen Tableau gekennzeichnet.) im Gleichgewicht bewertet. Wir erhalten damit, dass:

Calcium	=	Ca	(= numerischer Wert 4) Da 4 + 7 = 11 = 2 ist.	=	2
Magnesium	=	Mg	(= numerischer Wert 2) Da 2 + 9 = 11 = 2 ist.	=	2
Kohlenstoff	=	C	(= numerischer Wert 3) Da 3 + 8 = 11 = 2 ist.	=	2

Die Bedingungen für EE lauteten:

- zu 3 und damit 11.: 2 über 1 bedeutet nichts anderes, als dass 2 chemische Elemente mit der Verhältniszahl 1 existieren. Daraus folgt die chemische Grundformel EE.
- zu 1 und damit 13.: 2 über 1 bedeutet nichts anderes, als dass 2 chemische Elemente mit der Verhältniszahl 1 existieren. Daraus folgt die chemische Grundformel EE.

Auswertung 2:

Wir überprüfen obige Ergebnisse dahingehend, wo sich das Verhältnis 2 zu 1 aus 2 über 1 darstellen lässt, denn die Bedingung ist 2 mal EE mit jeweils 1 verschiedenem E an der Spitze.

Ca	=	4
Mg	=	2
C	=	3

Schauen wir uns obige Konstellation an, ergibt sich folgende Logik:

Ca	+	Mg	=	4	+	2	=	6	=	2 x 3
über										
C			=	3				3	=	1 x 3

Daraus folgt, dass 6 über 3 steht und damit 2 über 1, da es die einzige Alternative ist, welche für die chemische Verbindung EE stehen könnte.

Auswertung 3:

Ca + C = 1
und
Mg + C = 1

2 unterschiedliche chemische Elemente + 1 gemeinsames = 3. Wir haben damit die Basis für SARS-COV-2 + COVID-19 + CORONA-VIRUS = 1 und wissen damit, dass Ca + C und Mg + C in der Lösung zusammengehören.

Daraus folgt, dass wir für E EE_3 die ersten beiden E bereits kennen. Damit sehen die chemischen Formeln zum jetzigen Zeitpunkt so aus:

1. Ca + C + E_3
und
2. Mg + C + E_3

Machen wir uns auf die Suche nach E_3.

Geg.:

1. Da 1 über 3 und 3 über 1 steht, da das System Mensch betroffen ist, steht dafür stellvertretend der numerische Wert 8 (1 + 3 + 3 + 1 = 8).

2. Da es sich um die Relation zwischen 9 und damit 5. sowie 3 und damit 11. handelt, steht hier eine 6 = 2 x E_3.

3. Im System Mensch steht im Gesamtgleichgewicht die Zahl 10 = 5 + 5. Daraus folgt, dass 2 x 5 = 10 ist. Es folgt weiterhin aus 1., dass 2 x 4 = 8 ist und aus 2., dass die Zahl 6 ebenfalls dort existiert.

4. Da in Nummer 1 bis Nummer 3 die Zahl 2 vertreten ist, steht fest, dass Nummer 1 bis Nummer 3 logisch zusammengehören.

Ges.:

Wir suchen damit die chemischen Elemente innerhalb des Periodensystems, welche die Zahlen 6, 8 und 5 aufweisen.

Lsg.:

Wir erhalten exakt 2 chemische Elemente.

Ordnungs -zahl	Element	Atom-gewicht	Elektro-negativität	Dichte	Symbol			numerisches Ergebnis	Nummer
11	Natrium	22,990	0,93	0,97	Na	Na = 6			12
	14 + 1 + 20 + 18 + 9 + 21 + 13	4 + 18	0 + 12	0 + 97	14 + 1			6 + 8 = 14 = 5	
	6	4	3	7	6	Summe 26	Na = 8		
8	Sauerstoff	15,999	3,44	1,43	O	O = 6			21
	19 + 1 + 21 + 5 + 18 + 19 + 20+ 15 + 6 + 6	6 + 27	3 + 8	1 + 7	15			6 + 8 = 14 = 5	
	4	6	2	8**	6	Summe 26	O = 8		

Daraus ergibt sich, dass wir eine Entscheidung treffen müssen, da sowohl Natrium als auch Sauerstoff die Suchkriterien erfüllen. In der Summe ergibt sich bei beiden chemischen Elementen 26 = 8. Da es sich um die Wiederherstellung des Gleichgewichts handelt, muss links davon eine 8 im System stehen. Diese Voraussetzung ist bei Sauerstoff (Mit Doppelstern ** gekennzeichnet.) erfüllt. Damit ist das 3-te E in unserer Formel Sauerstoff in der Verteilung 2 x E_3.

Lsg. zu E EE_3:

Die chemischen Formeln im untergeordneten System lauten damit:

1. Mg CO_3
2. Ca CO_3

Lsg. zu E_2E:

Da Sauerstoff am weitesten oben im untergeordneten System steht, die chemische Formel E_2E im übergeordneten mit 2 über 1 definiert ist und das Verhältnis zwischen übergeordnetem und untergeordnetem System 1 über 1 lautet, steht Sauerstoff O für das 2-te E in der Formel. Diese lautet nun E_2O.

Da für Sauerstoff der numerische Wert 8 steht und die Verbindung 2 über 1 definiert ist, muss die Zahl 8 2 mal in dem noch offenen chemischen Element im Periodensystem enthalten sein. Es gibt nur 1 Element, was die Suchkriterien (Mit Dreifachstern *** gekennzeichnet.) erfüllt.

Ordnungs -zahl	Element	Atom-gewicht	Elektro-negativität	Dichte	Symbol			numerisches Ergebnis	Nummer
1	Wasser-stoff	1,0079	2,20	0,09	H	H = 8			20
	23 + 1 + 19 + 19 + 5 + 18 + 19 + 20 + 15 + 6 + 6	1 + 16	2 + 2	9	8			8 + 9 = 17 = 8***	
	7	8	4	9	8***	Summe 36	H = 9		

Lsg. zu E_2E und E EE_3:

1. Mg CO_3
2. Ca CO_3
3. H_2O

D.h., wir nehmen Magnesiumcarbonat und Calciumcarbonat, frei verkäuflich und klinisch getestet, zusammen mit Wasser ein.

Müssen wir noch die Dosierung und über welchen Zeitraum und zu welchem Zeitpunkt, wir die Medikamente einnehmen müssen, bestimmen.

1. Zeitraum

Da im Gleichgewicht 5 + 5 = 10 gilt und unser Problem numerisch mit 3 über 10 errichtet ist, gehen wir in Zehnerschritten vorwärts, bis wir in der Quersumme die Zahl 3 erhalten.

=	1 Tag	=	1
+	10 Tage		
=	11 Tage	=	2
+	10 Tage		
=	21 Tage	=	3

Daraus folgt, die Medikamentierung erfolgt über 21 Tage und damit 3 Wochen. Der 22-te Tag ist numerisch eine 4, die für die Gleichung 1 + 3 = 3 + 1 steht und damit ein Gleichgewicht ist.

2. Zeitpunkt

Da im untergeordneten System die 9 über der 6 und diese über der 3 steht, muss die Ordnung im gegenläufigen Kreislauf 6, 3 und 9 lauten. Numerisch ergibt sich Folgendes:

6	=	6:00 Uhr	(=	6 + 0 + 0)
3	=	12:00 Uhr	(=	1 + 2 + 0 + 0)
9	=	18:00 Uhr	(=	1 + 8 + 0 + 0)

3. Dosierung

Die Empfehlungen der Pharmaindustrie stellen diesbezüglich auf Milligramm ab. Da im Gleichgewicht 5 + 5 = 10 ist und wir 2 Medikamente einnehmen müssen, haben wir bereits das Ergebnis = 5 x 10 = 50 mg pro Dosis. Da wir 3 Zeitpunkte für 2 Medikamente zu beachten haben, nehmen wir pro Medikament 150 mg (3 x 50 mg = 150 mg) täglich ein, insgesamt damit 300 mg (150 mg Calciumcarbonat + 150 mg Magnesiumcarbonat) pro Tag.

Begründung

Damit ergibt sich numerisch aus Zeitraum, Zeitpunkt und Dosierung, da "Alles 1 ist.", Folgendes:

1. 2 x 150 mg = 300 mg x 21 Tage = 6300

<u>= 9</u>

2. 6300 + 6 (6:00 Uhr) + 12 (12:00 Uhr) + 18 (18:00 Uhr) = 6336

= 9 + 9 = 18 <u>= 9</u>

Im Ergebnis (Vgl. 2.) steht 9 + 9, welches sich aus 6336 ergibt. Die 6 und die 3 stehen für das Problem im untergeordneten System. Daraus folgt, dass die 3 und die 6 (6336 = 63 + 36) im gegenläufigen Kreislauf das Gleichgewicht wiederherstellen.

Abbild: Das System CORONA-VIRUS wurde zahlenmäßig vollständig erörtert und hat zum gewünschten Ergebnis (einer Lösung) geführt. Im Ergebnis mussten sich der Zahlenwert Neun und der Zahlenwert Neun im Gegenkreislauf zwangsläufig begegnen und gegenüberstehen, da 6 über 3 und 3 über 6 in verkürzter Form der Logik von 2 über 1 und im gegenläufigen Kreislauf 1 über 2 folgen. Insgesamt ist das System Mensch betroffen, welches über den Kreislauf 1 über 3 und 3 über 1 und im Gegenkreislauf 3 über 1 und 1 über 3 beschrieben ist. Da es sich auf der einen Seite gegen das System Mensch richtet, muss der numerische Systemwert Acht über der Eins stehen.

Die Lösung besteht darin, den gegenläufigen Kreislauf zu errichten, der Eins über der Acht lautet. Diesen Sachverhalt kann man am Systemwert Sechstausenddreihundertundsechsunddreißig nachvollziehen, welcher aufgesplittet zu folgender Systemkette führt: 1 über 3 und 3 über 1 und 1 über 1 und 3 über 1 und 1 über 3.

Diese beinhaltet in der Mitte das systemische Gleichgewicht 1 über 1 und 1 über 1 im Gegenkreislauf, welches für untergeordnetes System + übergeordnetes System = 1 und übergeordnetes System + untergeordnetes System = 1 im Gegenkreislauf steht und in einem Gleichgewicht zu 1 = 1 führt. 1 über 3, 3 über 1 und 3 über 1, 1 über 3 verkörpern das Systemgleichgewicht im System Mensch selbst.

Daraus folgt, dass Unendlich + Endlich = 1 ist, da 5 + 5 = 10 ist und im gegenläufigen Kreislauf ebenfalls 5 + 5 = 10 ergibt. Im Ergebnis stehen sich die zweimal Zehn gegenüber und führen in verkürzter Form zu 1 = 1. Daraus folgt, dass 1 über 3 und 3 über 1 und 1 über 1 und 1 über 1 und 3 über 1 und 1 über 3 = 4 + 4 + 1 + 1 über 1 + 1 + 4 + 4 = 10 über 10 = 1 über 1 ist, ein Systemgleichgewicht. Die Lösung ist damit vollkommen richtig und man ist auch nicht gezwungen, sich vom Gegenteil überzeugen zu lassen, da es unwiderruflich die Lösung ist.

Diese wurde im Zeitraum um den 13.April 2020 via E-Mail unter anderem dem Kanzleramt in Deutschland, in Österreich und in der Schweiz einschließlich diversen Prominenten, Firmen und Universitäten zugestellt. Anbei zur Kenntnisnahme die betreffende E-Mail in einem abgewandelten Format auf den nächsten beiden Seiten.

Was wurde von diesen verabsäumt? Wenn man selbst noch zu keiner Lösung gekommen ist, ist es das Mindeste, dass man über eine vorliegende Lösung diskutiert.

Von: Thomas Schreyer
Gesendet: Montag, 13. April 2020 12:48
An: internetpost@bpa.bund.de; team@sebastian-kurz.at; info@bk.admin.ch
Betreff: Vorschlag zur Lösung von Corona

Chemnitz, den 13-04-2020

Sehr geehrte Frau Bundeskanzlerin Dr. Angela Merkel, sehr geehrter Herr Bundeskanzler Sebastian Kurz, sehr geehrter Herr Bundeskanzler Walter Thurnherr,

anbei finden Sie die Lösung für das Corona - Virus als auch für schubförmig remittierende Multiple Sklerose. Möglich wurde dies, weil ich etwas Wesentliches verstanden habe. Das System Mensch unterliegt kausalen Zusammenhängen, die sich zahlenmäßig darstellen und logisch lösen lassen.

Für das Corona - Virus habe ich eine Lösung generiert, die auf Psychologie, Chemie, Mathematik und dem in uns allen existierenden numerischen Code basiert.

Warum kann man das so machen?

1. Viren, Bakterien usw. haben ihre Daseinsberechtigung.
2. Ein Eingriff in diese steht uns nicht zu.
3. Damit klären wir die Dinge bei uns selbst.
4. Wir stellen das Gleichgewicht im System Mensch wieder her.
5. Warum? Unsere Existenz basiert auf einem prinzipiellen Gleichgewicht.
6. Wir haben das nur vergessen.
7. Die Lösung liegt wie immer im Einfachen.

Betreff schubförmig remittierende Multiple Sklerose habe ich Informatik, Mathematik und Psychologie angewandt und bin auch dort zu einer Lösung gekommen.

Diese habe ich mit Vertretern der ganzheitlichen Medizin als auch Schulmedizin besprochen. Im Ergebnis konnte ich überzeugen, die in dieser Arbeit beschriebene Kopflinie gemeinsam einer Lösung zu überführen.

Im Resultat kam die schubförmig remittierende Multiple Sklerose trotz hoher Aktivität zum Stillstand. D.h., es gab ab da keine weiteren Verschlechterungen im Krankheitsbild. Die dazugehörige Herzlinie wurde bis dato nicht verfolgt.

Wir sollten unsere Wirklichkeit, als dass was sie tatsächlich ist, und die Realität dahinter dankbar und mit Vernunft annehmen.

Mit freundlichen Grüßen

Thomas Schreyer

Chemnitz – Deutschland

Anlagen

Folienskript - Der Weg zur Klärung von SARS-COV-2 = COVID-19 = CORONA-VIRUS einschließlich Lösung
Folienskript - Der Weg zur Klärung von schubförmig remittierender MS einschließlich Lösung

Exkurs zum Verständnis:

Wir machen das in Form eines gemeinsamen Gedankenexperiments. Wir stellen 10 Personen in einen Raum, die stellvertretend für 1 Mensch, 1 Sonne und 8 Planeten stehen. Dazu nehmen wir einen Würfel, den wir irgendwo in den Raum legen.

Gemäß Albert Einstein sind die Dinge relativ. D.h., dass was im Raum mittels der 10 Personen dargestellt wird, findet auch in unserem Würfel statt. Warum? Albert Einstein hat mit seiner Theorie bewiesen, dass Systeme prinzipiell identisch sind. Eine Aussage über die Größe des Raumes, in welchem diese sich bewegen, hat er nicht getroffen. Warum? Er hat uns einfach die Zunge rausgestreckt, denn wir sollten es selbst erkennen.

Was heißt das? Denken wir uns mit derselben Logik in den Würfel hinein, ergibt sich, dass wir den übergeordneten Raum, in welchem wir uns (= 10 Personen) eben noch befunden haben, nur mit dieser Logik erschließen können. Warum? Weil wir die Außengrenzen des übergeordneten Raumes nicht mehr erkennen können. Er ist einfach zu groß.

Dieses einfache Beispiel steht z.B. für die Logik zwischen Sonnensystem und Universum. Richtig, die diesbezüglichen Systeme sind völlig identisch. Dies wurde übrigens auch durch Stephen Hawking bewiesen, der die Theorie "Alles ist 1." aufgestellt hat.

Finden wir einen Beweis, dass dies so richtig ist? Es wurde im Universum ein leuchtendes Objekt nachgewiesen, welches die Form eines Würfels besitzt. Gehen wir gedanklich in den Raum zurück, können wir z.B. den Würfel im Raum sehen. Begeben wir uns gedanklich in den Würfel, ist es uns unmöglich, die Größe des übergeordneten zu erkennen. Und genauso verhält es sich auch hier.

Daraus folgt die prinzipielle Erkenntnis, dass übergeordnetes System + untergeordnetes System = 1 ist. 1 ist damit EIN UND DASSELBE!

Von Herzen viel Erfolg!

Gesendet von Mail für Windows 10

---

13. Fassen wir zusammen:

Original:

1. Wir nehmen 50 mg Magnesiumcarbonat (6:00 Uhr, 12:00 Uhr und 18:00 Uhr) über 21 Tage.
2. Dazu nehmen wir 50 mg Calciumcarbonat (6:00 Uhr, 12:00 Uhr und 18:00 Uhr) über 21 Tage.
3. 1. und 2. nehmen wir mit Wasser ein.

Hinweis 1:

Zeitraum, Zeitpunkt und Dosierung sind bindend, da das Ergebnis rein numerisch aufgebaut ist. Abweichungen hiervon stehen damit einem Erfolg entgegen.

Hinweis 2:

Diese Lösung ist nicht auf andere Virenkrankheiten übertragbar.

Abbild: Im Ergebnis handelt es sich um eine Bagatellerkrankung. Die Schwere des Krankheitsverlaufes unterliegt der falsch verstandenen Freiheit im System und damit der Ein- und Zuordnung von Frau Mann, Mann Frau, Frau Frau und Mann Mann als auch überdimensionierter sexueller Vielfalt und fehlender Bindung.

Hinzukommen zugrundeliegende Krankheitsbilder, die keine Klärung erfahren haben. Im Fall von einem diagnostizierten Krankheitsbild Krebs ist es selbsterklärend, dass das Corona-Virus keinen Hinzugewinn darstellt. Ursache und Wirkung driften auch hier fallspezifisch auseinander. Das heißt, dass das zugrundeliegende Krankheitsbild kausal für die Schwere des Krankheitsverlaufes im Fall von Corona verantwortlich ist. Das Virus selbst muss man sich anders vorstellen. Ist der Mensch beziehungsseitig oder krankheitsbedingt nicht in einem Systemgleichgewicht, kommt das Corona-Virus noch dazu. Bildlich gesprochen, schleppt man einen Sack voller Steine, resultierend aus Physis und Psyche, und das letzte noch fehlende Steinchen kommt noch obendrauf und bringt damit das System Mensch zu Fall. Es ist ein Systemangriff aus dem übergeordneten System, welcher durch das untergeordnete ausgelöst worden ist, da das Virus logisch ausgerichtet ist und sich numerisch lösen lässt. Damit handelt es sich im System Mensch um die Beziehung 1 über 5, ein Krankheitsbild über 5 Kausalitäten. Eine logische Folge, die für ein systemisches Ungleichgewicht im untergeordneten und übergeordneten System gegeben ist, da die Bedingung 5 über 5 nicht erfüllt ist. Es braucht sich niemand beschweren, denn es musste so enden. All die unzähligen Warnschüsse, die die Menschheit vorab erhalten hat, haben nichts gebracht!

14. Exkurs in Form von Fragen + Antworten, die zur richtigen Lösung führen.

Es werden alle Fragen in einem ersten Anlauf beantwortet. Deren Vollständigkeit und Vollumfänglichkeit kann zum jetzigen Zeitpunkt nicht gegeben sein beziehungsweise garantiert werden, da systemtheoretische Ansätze prinzipiell einem weiterführenden Charakter unterliegen. Es handelt sich somit um einen theoretischen Abriss zu den einzelnen Themenkomplexen und damit einen Überblick, der für einen Anfang steht. Im Ergebnis erhält man eine Ahnung davon, wie umfassend und weitläufig Problemstellungen erörtert werden können.

Die Weitläufigkeit dieser erfordert, sich über ein allgemeines Verständnis hinauszubewegen, welches man so nicht gewohnt ist. Systemverbindungen folgen immer dem Systemwert Unendlich in einem endlichen System und das kann am Ende sehr, sehr groß sein. Themenkomplexe aus einem systemischen Ansatz heraus verweisen immer auf elementare Verbindungen, die es perspektivisch weiterzuführen und noch zu ergänzen gilt, um zur richtigen Lösung zu gelangen. Es gilt dabei dem begrenzten Horizont, der den Dingen in der Gegenwart und damit im Hier und Jetzt innewohnt, sinnvoll zu begegnen. Grenzen an der falschen Stelle zu favorisieren, führt immer nur zu einem ungenügenden Ergebnis, welches in Chaos und Ungewissheit endet. Verlässliche Annahmen der Wissenschaft, die in Vertrauen gipfeln, sind somit unerlässlich, denn nur diese geben Gewissheit. Das Konglomerat aus Selbstgefälligkeit und Selbstherrlichkeit heraus hat bei einem Lösungsweg nichts zu suchen und bestätigt nur, dass Dummheit und Ignoranz obsolet sind. Wissen ist Macht und ist damit diejenige, um Zukunft zu gestalten. Nicht zu vernichten, lautet der Auftrag. Dazu bedarf es einer grundlegenden Toleranz, die auch die Sichtweisen anderer und die der eigenen zulässt, um die Dinge logisch zu erkennen und einer Klärung zuzuführen. Ein mehr als hoher Auftrag, aber ein durchaus sinnvoller und ehrenwerter. Wir reduzieren die Dinge auf ihr Minimum und folgen ausschließlich logischem Rationalismus.

Original: <u>14.1. Handwerk versus Wissenschaft versus Handel</u>

Handwerk ist gleich der Weg vom Wissen zur Kreativität. Daraus folgt, dass der Lösungsraum von Handwerk begrenzt ist, da dieser an eine körperliche Leistung gebunden ist.

Fragen:

1. Wo ist Handwerk Wissenschaft überlegen?
2. Warum steht dafür Talent + Gabe = 1?

Abbild: Handwerk ist prinzipiell in der praktischen Umsetzung einer Lösung Wissenschaft überlegen. Infolge eines begrenzten Lösungsraums ist die handwerkliche Leistung endlicher Natur, da die körperliche Leistungsfähigkeit maßgeblich über den Faktor Zeit und den Faktor Raum, den menschlichen Körper, bestimmt ist und diese definiert.

Man sollte sich zu Handwerk berufen fühlen, wenn Talent gleich Gabe ist und damit einer Fähigkeit, der systemischen Eins in einem Gleichgewicht, entspricht. Talent ohne Gabe ist genauso wenig wert wie Gabe ohne Talent. Es müssen immer beide Systemkomponenten gegeben und erfüllt sein.

Da Handwerk immer an die körperliche Leistungsfähigkeit gebunden ist, sollte es zahlenmäßig den größten Anteil innerhalb einer Gesellschaft einnehmen, aber nicht den alleinigen. Starke und breite Schultern sind stets dazu in der Lage, die menschliche Gesellschaft von unten heraus zu stützen.

Insbesondere dann, wenn diese Unterstützung auch von anderen erfahren. Handwerk sollte seinen Platz in einem wirtschaftspolitisch motivierten System in der unteren Ebene der Gesellschaft sehen. Das entspricht keiner Degradierung, sondern der Sichtweise, die einem Systemansatz folgt.

Original: Wissenschaft ist der Weg von Kreativität zum Wissen. Daraus folgt, dass der Lösungsraum von Wissenschaft nahezu unbegrenzt ist, da dieser an eine geistige Leistung gebunden ist.

Fragen:

1. Wo ist Wissenschaft Handwerk überlegen?
2. Warum steht dafür Talent + Gabe = 1?

Abbild: Wissenschaft verfügt über einen grenzenlos großen Lösungsraum. Unter der Voraussetzung, dass Wissenschaft ihren Fähigkeiten nach (Talent + Gabe = 1; 1 = Fähigkeit) diese auch lebt. Wissenschaft sollte sich an der Spitze der menschlichen Gesellschaft im System befinden, da es die einzige Disziplin ist, die mittels Behauptung, Beweis und Gegenbeweis ein makelloses und lückenloses Ergebnis liefern kann.

Diese ist infolge dessen auf die Unterstützung anderer nicht zwingend angewiesen, um ein verlässliches Ergebnis zu generieren. Sie kann eineindeutige Ergebnisse und damit Lösungen aus ihren eigenen Reihen heraus liefern, die hieb- und stichfest sind. Es bedarf keines praktischen Beweises, wenn Wissenschaft fest im Sattel sitzt. Sie ist in der Lage, den Lösungsraum von anderen grenzenlos zu erweitern und Lösungen für diese zu schaffen, die jederzeit in der Praxis Anwendung finden können. Damit der Ansporn dieser aus einer positiven Motivation heraus erfolgt und nur dieser, sollte sie in einem wirtschaftspolitischen System stets zahlenmäßig am Geringsten vertreten sein. Aus diesem Grund ist es erachtenswert, dass sich nur diejenigen dort einfinden, die von Verantwortung getragen sind und sich einem Allgemeinwohl verpflichtet fühlen, da Wissen, wie man schon so oft in der Menschheitsgeschichte erfahren musste, missbraucht werden kann. Wissenschaft und damit Wissen gehört immer an die Spitze in einem wirtschaftspolitischen System, da die menschliche Gesellschaft ausschließlich mittels Wissen zu dauerhaftem Erfolg und nachhaltigen Ergebnissen über Zeit und Raum hinweg gelangen kann.

Echte Wissenschaft bietet den Vorteil, dass sie zu keiner Zeit einem Geschäftsmodell folgt beziehungsweise einem Erwerbsmodell unterliegt. Letztere kommen immer erst in der Anwendung zum Tragen. Es ist an der Zeit, dass wir das wieder zu würdigen und anzuerkennen wissen. Nichts zu wissen, macht nichts. Das systemische Ergebnis lautet in diesem Fall minus Eins und damit Tod beziehungsweise Untergang. Hoffen wir, dass die Vertreter einer echten Wissenschaft ihren Platz einnehmen. Ohne deren Hilfe werden die Probleme innerhalb des Systems Mensch unendlich sein und bleiben, da der Lösungsraum von Handwerk endlich ist.

Beide in der Vereinigung führen zu dem Ergebnis, dass Handwerk + Wissenschaft = 1 ist und ein Ergebnis in einem systemischen Gleichgewicht liefert. Man müsste nur aufeinander zugehen und sich in der Mitte treffen, aber das scheint unmöglich zu sein. Handwerk und Wissenschaft könnten in der Vereinigung wahre Wunder bewirken. Es ist an der Zeit, dass man im 21-ten Jahrhundert zu Bündnispartnern wird.

Original: Handel ist die Gabe und das Talent, die handwerkliche Leistung + wissenschaftliche Leistung im Gleichgewicht mittels Vereinnahmen, Verteilen und Verwalten mengenmäßig einem Preis zuzuführen.

Fragen:

1. Wo ist Handel im wirtschaftspolitischen Kreislauf anzusiedeln?
2. Warum gehören Bildung und Politik dazu?
3. Wo findet die Vermögensbildung innerhalb einer Gesellschaft im Gleichgewicht statt?

Abbild zu 1.: Handel bewegt sich immer in der Mitte einer menschlichen Gesellschaft. Im Fall von das man auf Wissen abstellt, handelt es sich um dessen Allokation und Deallokation. Es gilt im Nachgang auch Wissen wieder loszulassen, wenn es seinen Zweck erfüllt hat. Damit sollte Bildung in der Mitte einer Gesellschaft angesiedelt sein. Handel selbst ist nicht in der Lage, Lösungen zu generieren, da dieser seiner Funktion nach den Begriffen Vereinnahmen, Verteilen und Verwalten folgt. Das Handelsgut materieller und immaterieller Natur stellen immer Handwerk und Wissenschaft gleichermaßen.

Echter Handel sollte motivationsseitig nicht primär lediglich auf das Handelsgut ausgerichtet sein, sondern auf seine originäre Aufgabe und eine seiner leidenschaftlichsten Menschen zusammenzuführen. Handel ist damit das wertvolle Bindeglied zwischen Handwerk und Wissenschaft und sollte sich deshalb zahlenmäßig zwischen diesen bewegen. Er ist dem geschuldet die zweitgrößte Kraft innerhalb eines wirtschaftspolitischen Systems. Innerhalb Handel sollte der Ansporn für Handwerk und Wissenschaft gelebt werden, der in immateriellen Wirtschaftsgütern und materiellen dieser endet. Es handelt sich um ein Feedback, dem Kooperation folgt.

Abbild zu 2.: Bildung unterliegt dem Handelsgut Wissen, was bereits unter Abbild zu 1. erörtert wurde. Politik folgt der Handelsfunktion, indem die immateriellen und die materiellen Güter einer menschlichen Gesellschaft mittels Verhandeln einer sinnvollen Lösung überführt beziehungsweise Verwendung zugeführt werden sollten.

Der Begriff des Verhandelns folgt der Systemgleichung Problem + Lösung = 1; 1 = Ergebnis. Das Ziel sollte sein, ein existierendes Problem in eine Lösung zu transformieren, die zu einem sinnvollen Ergebnis führt, welches von der Gesellschaft vollständig akzeptiert und vollumfänglich getragen werden kann.

Das Ziel ist auch hier, ein systemisches Gleichgewicht herzustellen. Politik, Bildung und Handel stehen nicht in der Verantwortung, selbst primär Lösungen zu schaffen, sondern diese zu vereinnahmen und innerhalb der menschlichen Gesellschaft basierend auf einem Gleichgewicht ordnungsgemäß zu verteilen. Deren Aufgabe liefert damit ein gesellschaftliches Ergebnis, in welchem sich die wissensbasierten und ökonomischen Ressourcen von Handwerk und Wissenschaft wiederfinden lassen. In einer Gleichgewichtssituation führt das im Wege des Verhandelns zu Lösungen. Der psychologische Weg von Politik folgt zwei Gleichungen systemischer Natur, die

1. Fordern + Nehmen = 1; 1 = Herrschen und
2. Geben + Empfangen = 1; 1 = Dienen

lauten. Obige Gleichungen stellen die Systembedingungen, unter deren Einhaltung ein Systemgleichgewicht innerhalb der menschlichen Gesellschaft erreicht werden kann. Das impliziert, dass Geschäftsmodell, Gesellschaftsmodell und Lebensmodell einer groben Betrachtung in einem ersten Anlauf bedürfen. Diese basieren auf zwei Begriffen, die über Individuum und Kollektiv gegeben sind. Daraus folgen über die Vereinigung beider Systemkomponenten nachstehende Systemgleichungen:

1. individuelles Geschäftsmodell + individuelles Gesellschaftsmodell = 1;
1 = individuelles Lebensmodell

2. kollektives Geschäftsmodell + kollektives Gesellschaftsmodell = 1;
1 = kollektives Lebensmodell

Beide Gegenüberstellungen führen zu dem Ergebnis, dass mit Stand zum heutigen Tag das System Mensch über die erste Gleichung dominiert wird. Das ermöglicht, dass das individuelle Geschäftsmodell sich über das Gesellschaftsmodell hinwegsetzt. Es gelten keine Regeln infolge Marktmacht und Kapital, die sich im Ergebnis über das kollektive Lebensmodell erheben und damit das Leben aller. Idealerweise sollten beide Gleichungen erfüllt sein.

Abbild zu 3.: Vermögensbildung, egal welcher Art, sollte immer in der Mitte der menschlichen Gesellschaft erfolgen. Daraus ergibt sich, dass die Finanzhoheit innerhalb eines Staates in der Gleichgewichtsposition angesiedelt sein sollte. Praxis und Theorie driften in der Realität auseinander. Über die sachliche und örtliche Zuständigkeit der Finanzministerien und den diesen unterstellten Finanzämtern und Behörden wird unter einem psychologischen Aspekt ausschließlich der Weg des Forderns, Nehmens und Herrschens verfolgt. Der gegenläufige Kreislauf fehlt.

Original: Im Idealfall gilt, dass Handwerk + Handel + Wissenschaft = 1 ist. Daraus folgt, dass Arbeit + Einheit = 1 sein sollte; 1 = Zusammenarbeit = Ergebnis = Lösung.

Fragen:

1. Findet die Vereinigung von Handwerk, Handel
und Wissenschaft in der Realität statt?

2. Welche numerischen Werte werden für Handwerk und Wissenschaft angenommen, wenn Handwerk + Wissenschaft = 1 ist?

3. Ist die Gleichung auf der linken Seite erweiterbar?

Abbild zu 1. : Nein, diese wird in der Realität nicht gelebt. Das Missliche dabei ist, dass gesellschaftliche Entwicklung so nicht möglich ist. Es wird immer nur Insellösungen geben, die der Komplexität des Systems Mensch nicht entsprechen und gerecht werden können.

Abbild zu 2. : 0,5 + 0,5 = 1; 0,5 = Handwerk und 0,5 = Wissenschaft lautet die systemische Grundgleichung hierfür.

Abbild zu 3.: Ja, da die Eins rechts des Istgleichzeichens im Gegenkreislauf zur Null führt und Endlich gleich Unendlich gilt. Ein systembedingter Zusammenschluss, den man Vereinigung nennt, ist immer eine sinnvolle Idee und sollte prinzipiell offen sein, um die gemeinsame Leistungsfähigkeit zu mehren. Im Hinblick auf Wirtschaftlichkeit ist entscheidend, welchem Unternehmensmodell diese unterliegt.

Original: Daraus folgt, dass handwerkliche Lösung + wissenschaftliche Lösung + Handelslösung = 1 ist.

Fragen:

1. Warum erfolgt der praktische Beweis einer wissenschaftlichen Lösung zum jetzigen Zeitpunkt immer im Handwerk?

2. Warum der theoretische Beweis einer handwerklichen Lösung immer in der Wissenschaft?

3. Warum ist der Beweis in der Wissenschaft heute bereits erfolgt, wenn die dazugehörige Theorie logisch in sich begründet ist?

4. Warum der Beweis im Handwerk, wenn das Werk steht?

5. Wann erlangt eine Lösung in Handwerk oder Wissenschaft Allgemeingültigkeit?

6. Haben wir echte Wissenschaft, echten Handel, echte Bildung und echte Politik?

7. Was haben wir bei kritischer Betrachtung?

Abbild zu 1.: Mangels Verständnis dafür, dass Wissenschaft der Gleichung Problem + Lösung = 1; 1 = Ergebnis folgt und wissenschaftliche Arbeitsweise eine geschlossene Beweiskette liefert. Formvorschriften wissenschaftliche Arbeiten betreffend sind Erfindung der Politik. Diese haben in der Wissenschaft nichts verloren, da der Weg wissenschaftlichen Arbeitens immer über Kreativität zum Wissen beschrieben ist. Das Ergebnis ist, dass kopiert und abgeschrieben wird. Notwendige Lösungen bleiben damit aus, da im Hier und Jetzt ausschließlich auf Vergangenheitswerte abgestellt wird.

Da man oft dieser irrigen Annahme Gehorsam leistet, besteht man auf dem handwerklichen Beweis. Dieser sollte bei einer wissenschaftlichen Leistung generell obsolet sein. Im Ergebnis handelt es sich um eine Form der Beschneidung von Wissenschaft und damit einhergehenden Lösungen, die einen möglichen und unendlichen Lösungsraum einem begrenzter Natur gegenüberstehen lässt. Der Lösungsraum einer echten Wissenschaft wird damit endlich und steht nicht für ein Systemgleichgewicht, da Unendlich + Endlich = 1 nicht erfüllt ist. Wissenschaft kann heute unter diesen Gegebenheiten kein Wissen schaffen und unterliegt damit einem Geschäftsmodell wie alles andere auch.

Abbild zu 2.: Handwerk liefert ein Ergebnis, das man als Werk bezeichnet. Infolge eines begrenzten Lösungsraums, der der körperlichen Leistungsfähigkeit geschuldet ist, unterliegt dieses einer Fehlerquote. Fehlerquoten können nur dauerhaft bereinigt werden, wenn Zusammenarbeit zwischen Handwerk und Wissenschaft gegeben ist, da es sich immer um systemische Fehler und damit Folgefehler handelt, die aus einem fehlenden Verständnis heraus für eine diesbezügliche Logik resultieren.

Der Schulterschluss zwischen Handwerk und Wissenschaft ist zwingend notwendig, wenn man überhaupt etwas Positives bewirken will, unter der Voraussetzung, dass man sich gegenseitig zuhört, sich gegenseitig versteht und verlässlich und auf Augenhöhe miteinander arbeitet. Das Ziel ist, sich in der Mitte zu treffen. Zum jetzigen Zeitpunkt erfolgt das nicht und man delegiert das, was in der Verantwortung der einzelnen Akteure liegt, untereinander und gegeneinander. Eine handwerkliche Höchstleistung wie vergleichsweise 1200 Satelliten in den erdnahen Orbit zu bringen, kann von echter Wissenschaft nicht nachvollzogen werden. Anzahl, Anordnung und Ausrichtung stimmen nicht und der gegenläufige Kreislauf im System Erde fehlt gänzlich.

In einem Systemgleichgewicht muss die Anzahl der Satelliten in der numerischen Fünf landen, da das System Mensch die Gleichgewichtsbedingung 5 über 5 und im Gegenkreislauf 5 über 5 erfüllt. Daraus folgt, dass das gegenläufige System auf der Erde kausal dieser Bedingung unterliegen muss. Die Realität liefert den Systemwert Drei in der Quersummme und stimmt damit nicht. Das Ergebnis ist falsch.

Abbild zu 3.: Das entspricht der Arbeitsweise von Wissenschaft, wenn sie auf sich allein gestellt ist und keinen handwerklichen Kooperationspartner aufweist.

Abbild zu 4.: Das entspricht der Arbeitsweise von Handwerk, wenn es auf sich gestellt ist und man wissentlich echtes Handwerk allein im Regen stehen lässt wie Wissenschaft auch.

Abbild zu 5.: Eine Lösung in Handwerk oder Wissenschaft erlangt Allgemeingültigkeit, wenn die Gleichgewichtsbedingung Handwerk + Wissenschaft = 1 erfüllt ist.

Abbild zu 6.: Nein, wir haben keine echte Wissenschaft, keinen echten Handel, keine echte Bildung und keine echte Politik.

Abbild zu 7.: Handwerk und damit ein Geschäftsmodell, das sich über das Gesellschaftsmodell und das Lebensmodell aller hinwegsetzt. Im schlechtesten Fall einem individuellen, wie es in den Vorstandsetagen der Konzerne Deutschlands üblich ist. Ein Vorstand ist ein Angestellter, welcher einem Handwerk unter regelmäßigem Ausschluss aller entgegenstehenden Haftungsansprüche dient. Ferner werden Organschaftsklagen nur selten favorisiert. Lobbyismus dient wissentlich dazu, um die Weichen für privates Interesse zu stellen und die Arbeitnehmerschaft bezahlt dafür.

Exkurs zur Kommunikationslösung im Orbit: Es wurden 1200 Satelliten in den Orbit gebracht. Da das System auf die Verwendung durch den Menschen abzielt, müssen die Systemwerte 5 + 5 = 10 gegeben sein. Diese Gleichung folgt einer absteigenden Lösung, da die diesbezüglich weitergeleiteten Informationen auch auf der Erde ankommen sollen. Da es eine Gleichgewichtsbedingung in diesem Zusammenhang zu erfüllen gilt, spiegelt sich der hälftige Systemwert und damit Fünf im System wider und muss zwingend erfüllt sein. Aus beiden Zusammenhängen folgt, dass der Systemwert Fünf über einer Eins stehen muss.

Bei gegebenem Abstand von Erde und Mond (384.403 km) erhalten wir in der Quersumme den Systemwert Vier, da 3 + 8 + 4 + 4 + 0 + 3 = 22 = 4 ist. Das heißt, um den Systemwert Fünf zu erreichen, fehlt uns noch der Systemwert Eins. Da das System Mensch über 23 Chromosomenpaare auf den Wert Fünf normiert ist, heißt das, dass die Systemfünf den Rand des Systems (das prinzipiell Machbare) begründet und damit muss zwischen beiden der Systemwert Eins erfüllt sein. Diese Bedingung ist bei 500.000 km und bei 115.597 km gegeben, welche in der Quersumme zur Fünf und zur Eins führen. Das heißt, dass ein Teil der Satelliten zwischen Erde und Mond installiert sein muss und ein anderer zwischen Mond und im Abstand von 500.000 Kilometern von der Erde. Letztere bilden damit die Systemobergenze.

Für ein grundlegendes Verständnis reicht das, um anzunehmen, dass die bevorzugte Lösung falsch ist. Da das System auf den Systemwert Fünf normiert ist, benötigt man nicht 1200 Satelliten, sondern nur 14. Das begründet sich aus drei Geraden und vier Diagonalen, die einschließlich Gegenkreislauf systemischer Natur den Wert Vierzehn ergeben. Daraus folgt, es wurden 1186 Satelliten zu viel in den Orbit gebracht. Üblicherweise sollte man für derartigen Stumpfsinn keinen Applaus ernten. Da der Mensch aber von allen guten Geistern verlassen zu sein scheint, spendet er auch derartigen Aktionen Anerkennung. Daraus folgt, dass diese Lösung das Systemgleichgewicht zwischen Erde und Mond im Vergleich zu den bereits bestehenden Problemen dort zusätzlich erheblich gestört hat.

Original: 14.2. Wie sieht eine Lösungsmatrix + Arbeitsgruppe = 1 aus?

Geg.:

1. Das System Mensch befindet sich in einem prinzipiellen Ungleichgewicht und ist damit ungleich 1.
2. Die Relation zwischen Kopf und Herz ist 1 über 3 + 3 über 1 = 8 definiert.

Ges.:

1. Warum handelt es sich um eine Gruppe von 8 Personen?
2. Warum besteht diese aus 4 Frauen + 4 Männern?
3. Warum befindet sich diese mit Arbeitsaufnahme im Ungleichgewicht?
4. Wie lautet das generelle Ziel?
5. Wie sieht die Konstellation im Ergebnis aus?
6. Wie muss die zahlenmäßige Verteilung zwischen Handwerk und Wissenschaft zum Zeitpunkt der Arbeitsaufnahme und abschließend im Ergebnis lauten?
7. Warum ist diese Gemeinschaft über 1 definiert und Basis für alle weiteren Arbeitsgruppen?
8. Warum steht hierfür stellvertretend das Prinzip des Filialsystems?
9. Warum kann man in dieser Lösungsmatrix bereits alle Probleme innerhalb des Systems Mensch erkennen und in eine Lösung überführen? (Die Antwort finden wir im Textverlauf dieser Arbeit.)

Abbild zu 1.: Die psychologische Beziehung zwischen Kopf und Herz sollte in einer Lösungsmatrix + Arbeitsgruppe = 1; 1 = Team gegeben sein, da die Gleichgewichtsbedingungen für alle Systemkomponenten gelten. Da 1 über 3 und 3 über 1 im Gegenkreislauf gilt, ergibt sich für das System Mensch der Zahlenwert Acht. Das System Mensch ist über Endlich und Unendlich errichtet. Die Analyse führte zu achtmal Plus und achtmal Minus. Da Systeme über der numerischen Eins als auch Null errichtet sind, erhält man achtmal den psychologischen Kopf und achtmal das psychologische Herz.

Infolge, dass Kopf + Herz = 0,5 + 0,5 = 1 gilt, ergeben diese in der Summe Acht. Da grundlegend ein systemisches Ungleichgewicht vorausgesetzt worden ist, erhält man acht Personen für die zu errichtende Gleichgewichtssituation innerhalb einer Arbeitsgruppe. Das ist notwendig, da innerhalb der Menschheit eine Gleichgewichtsstörung vorliegt. Es ist damit die kleinste Systemeinheit, die in ein Systemgleichgewicht überführt werden kann. Zum heutigen Stand ist es beispielsweise unmöglich, eine fünfköpfige Familie in ein solches zu überführen. Es wird stets irgendein Hemmnis über Zeit und Raum geben. In einem Systemgleichgewicht gibt es das nicht.

Abbild zu 2.: Um ein Gleichgewicht in der Mitte erzielen zu können, müssen die geschlechtsspezifischen Rollen zu gleichen Teilen vertreten sein. Im Ergebnis landet man damit bei vier Frauen und vier Männern.

Abbild zu 3.: Das ist notwendig, da man im gegenteiligen Fall keiner Lösung bedarf. Unabhängig davon, dass es das im Hier und Jetzt nicht gibt. Systemabweichungen, die sich innerhalb eines Systemgleichgewichts bewegen, sind logischerweise nicht existent.

Die Systemgleichung, welche Lösungsmatrix + Arbeitsgruppe = 1; 1 = Team lautet, trägt in diesem Fall den Systemwert Null, der betragsseitig plus Eins und minus Eins enthält. Das Ungleichgewicht zwischen den acht Personen ist Systembedingung und damit Voraussetzung. Dieses lautet konkret, dass vier Personen über den psychologischen Kopf definiert sind und vier über das psychologische Herz. Daraus ergibt sich, dass von Vieren Entscheidungen maßgeblich aus dem Bewusstsein heraus erfolgen und im Gegenteil von Vieren aus dem Unterbewusstsein gesteuert werden. Das Systemungleichgewicht basiert auf Verschiebungen und Verwerfungen, die zwischen Rationalität und Irrationalität stattfinden.

Abbild zu 4.: Das Ziel lautet vollständige Herstellung des systemischen Gleichgewichts unter der Voraussetzung, dass im Ergebnis übergeordnetes System + untergeordnetes System = 1 gilt.

Abbild zu 5.: Im Ergebnis stehen sich vier Frauen und vier Männer gegenüber. In der richtigen systemischen Ein- und Zuordnung ergeben diese im Resultat vier Paare.

Abbild zu 6.: Da es sich zu Beginn um ein Ungleichgewicht handelt, stehen sich Handwerk und Wissenschaft im Verhältnis 7 zu 1 gegenüber als auch vice versa. Es wird ein Ungleichgewicht vorausgesetzt. Die Herstellung dessen führt zu dem Ergebnis, dass sich in diesem viermal Handwerk und viermal Wissenschaft, die sich in der Mitte treffen, in einem Gleichgewicht begegnen. Die zu erreichende Systembedingung, dass Handwerk + Wissenschaft = 1 ist, wird in diesem Fall erfüllt.

Abbild zu 7.: Die Gleichung, dass übergeordnetes System + untergeordnetes System in der Systembedingung 1 über 1 und im Gegenkreislauf 1 über 1 landet, muss erfüllt sein. Da der Zahlenwert Eins gegeben sein muss, bedeutet das, dass die erste

Lösungsmatrix = Arbeitsgruppe errichtet sein muss, damit weitere folgen. Es steht immer erst Endlich in einem System bevor Unendlich folgt. Das gilt unter anderem auch für die Vernetzung von Arbeitsgruppen, erst eine und dann viele. Zusammen ergibt das den allgemein formulierten Begriff der Zusammenarbeit.

Abbild zu 8.: Das Prinzip des Filialsystems folgt obig beschriebener Logik und der Systemgleichung Unendlich + Endlich = 1.

Abbild zu 9.: In einer Lösungsmatrix kann man die Probleme innerhalb des Systems Mensch erkennen und einer Lösung überführen. Die Lösungsmatrix steht für das übergeordnete System und was innerhalb dieser stattfindet für das untergeordnete System. Daraus folgt, dass das übergeordnete System endlich ist und das untergeordnete unendlich. Unendlichkeit findet immer im Kleinen statt und damit innerhalb der Lösungsmatrix beziehungsweise Arbeitsgruppe. Damit ist man prinzipiell in der Lage, unendlich viele Probleme innerhalb dieser beobachten und exakt lösen zu können, da diese zu Beginn auf einem systemischen Ungleichgewicht beruht und im Ergebnis einem Systemgleichgewicht, welches auf unzähligen Lösungen basiert.

Original: 14.3. Warum ist unsere Vorstellung vom Sonnensystem unvollständig?

Anmerkung: Wir haben alle Angaben in dieser Arbeit, um nachstehende Aufgaben lösen zu können.

Aufgabe 1

Geg.:

1. 1 Mensch, 1 Sonne und 8 Planeten.
2. Alles ist 1.

Ges.:

1. Wie groß ist unser Sonnensystem?
2. Welcher geometrische Körper liegt dem zugrunde?

Abbild zu 1.: Wir haben zehn Systemwerte. Aus der Relation übergeordnetes System + untergeordnetes System = 1 ergab sich die grundlegende Systembedingung für das System Mensch im übergeordneten System 1 über 1 und 1 über 1 im Gegenkreislauf und im untergordneten System 1 über 9 und im Gegenkreislauf 9 über 1, die auf der Annahme von Raum, Zeit und Verantwortung basieren.

Damit erhält man für den Zahlenwert Zehn stellvertretend 1 Mensch, 1 Sonne und 8 Planeten. Die Beziehung 10 über 1, welche sich aus 9 über 1 und 1 über 1 für übergeordnetes System + untergeordnetes System = 1 ergibt, kann mathematisch auch als Eins hoch Zehn interpretiert werden. Mittels Basis und Exponent lässt sich dieser Zusammenhang beschreiben und führt zur mathematischen Formel x^n. Für den Exponent haben wir den Systemwert Zehn erhalten.

Das Potenzgesetz gilt und da die einzig bekannte Größenangabe über die Lichtgeschwindigkeit, die eine Naturkonstante ist, gegeben ist. Diese liefert damit die einzige Möglichkeit, um zu einem Ergebnis zu gelangen. 299792,458 km/s sind als Konstante gegeben. Es ist der alleinige uns bekannte Systemwert, der ein Längenmaß enthält. Wenn die Annahme richtig ist, muss die Quersumme Zehn ergeben, die in verkürzter Form zum Zahlenwert Eins führt. Es ist nur die Kilometerangabe relevant, da Zeit zur Bestimmung des Raumes keine Rolle spielt.

$$2 + 9 + 9 + 7 + 9 + 2 + 4 + 5 + 8 = 55 = 5 + 5 = 10 = 1 + 0 = 1$$

Die Kilometerangabe ist relevant, da es sich um neun Systemwerte handelt, die über die Systembedingung 1 über 9 und im Gegenkreislauf 9 über 1 vorausgesetzt sind. Da das untergeordnete System über einem Würfel errichtet ist, verwenden wir die Formel für das Volumen V. Diese lautet V = a x a x a. Die Seitenlänge ergibt sich aus der Basis 299792,458 km und dem Exponent 10. Im Ergebnis erhält man für eine Seitenlänge $(299792{,}458)^{10}$ km.

In verkürzter Form erhält man den Systemwert 10 über 1. Setzt man diesen in die Formel für das Volumen V ein, ergibt sich $(299792{,}458)^{30}$ km^3. Basierend auf numerischen Werten ohne Kilometerangabe erhält man in verkürzter Form 1^{30} + km^3. Ausgeschrieben ergibt sich ohne Größenangabe $1^{3 \times 10 + 3}$ und ist gleichbedeutend $1^{3 \times 1 + 3}$ in reduzierter Form. Da die Systemgleichungen für Herz über Kopf 3 über 1 und für Kopf über Herz 1 über 3 gegeben sind und Multiplikation die abgekürzte Schreibweise für die Addition gleicher Summanden ist, ist das Ergebnis erst einmal richtig. Das Verfolgen der Systemwerte über die Horizontale oder die Vertikale führt zum selben Ergebnis. Das Sonnensystem ist in einem ersten Anlauf im Ergebnis damit $(299792{,}458)^{30}$ km^3 groß.

Da jedoch übergeordnetes System und untergeordnetes System zusammen zum Zahlenwert Eins führen, muss die Annahme erweitert werden. Für den einen Kreislauf ergab sich der Exponent Zehn und damit fehlt der gegenläufige Kreislauf. Gedanklich kann man sich das so vorstellen, dass durch die acht Planeten und den einen Mensch eine Gerade durch die Sonne in der Mitte verläuft. Die Beziehung lautet 9 + 1 = 10. Da die Beziehung über den mathematischen Betrag von Eins definiert ist, erhält man auf der Gegenseite ebenfalls den Systemwert Neun, der sich für das fiktive Gegensystem bestehend aus acht Planeten und einem Mensch ergibt, die real nicht existieren. Das heißt, die Systemgleichung für den Exponent lautet 9 + 1 + 9 = 19 und ergibt in der Quersumme den Zahlenwert Eins. Das muss so sein, da 0,5 + 0,5 = untergeordnetes System + übergeordnetes System = 1 ergibt. Daraus folgt, dass obiges Ergebnis noch nicht ganz richtig ist.

Das ergibt, dass nicht 10 + 10 + 10 für den Exponent gegeben ist, sondern (10 + 9) + (10 + 9) + (10 + 9) = 57 = 12 = 3. Die Verbindung lautet damit vollständig für 9 + 1 + 9 = 18 + 1 = 9 + 1, da 1 über 9 und 9 über 1, 1 über 9 und 9 über 1 und 1 über 9 und 9 über 1 gilt. In der Quersumme erhält man den Systemwert Sechs, der für 1 über 2 und 2 über 1 steht. Betrachtet man alle vier dazu korrespondierenden Systemkreisläufe erhält man in der Quersumme Vierundzwanzig, welche in der Quersumme zur Systemverbindung 3 über 3 führt, da 2 + 4 = 6 ist.

Diese entspricht damit der systemischen Bedingung für den Raum der Erde und muss enthalten sein, da es sich um die systemische Zuweisung dieser zu unserem Sonnensystem handeln muss. Für das Sonnensystem ergaben sich drei Geraden, die immer einen Gegenkreislauf aufweisen und über Zeit definiert sind. Letztere bewirkt, dass dem Zahlenwert Vierundzwanzig drei weitere infolge Zeit, die der Bewegung der drei Geraden unterliegt, folgen. Daraus ergibt sich, dass 6 + 3 = 9 ist. Der Systemwert Neun steht für unser Sonnensystem ohne übergeordnetes System in der einfachsten Form. Die Basis ist gleich, da es die Konstante in unserem Sonnensystem ist. Im Ergebnis erhält man, dass $(299792,458)^{57}$ km^3 gilt.

Das Ergebnis lässt sich über die mathematische Quersumme in verkürzter Form wie folgt beschreiben: $(299792,458)^{57}$ km^3 = $(299792,458 = 1)^{(57 = 12 = 3)}$ 1 km^3 = $1^{(57 = 12 = 3)}$ 1 km^3 = $1^3 \times 1^3$, da Größenangaben in einem System keine Rolle spielen. Nicht nur Zeit ist relativ, sondern Raum relativ gesehen auch.

Im Ergebnis erhält man in numerischer Schreibweise unter Beachtung des gegenläufigen Kreislaufes, da übergeordnetes System + untergeordnetes System = 1 gilt, 1 über 3 und 3 über 1 als auch auf der Gegenseite 3 über 1 und 1 über 3. Die 1 über 3 steht sich wechselseitig gegenüber, wenn man eine Darstellung über Kreuz wählen würde. Daraus folgt, dass das Ergebnis richtig ist, denn man braucht nur eine Größenangabe, da der gegenläufige Kreislauf zum selben Ergebnis führt. Das Ergebnis lautet damit $(299792,458)^{57}$ km^3 und ist somit richtig, da sich in diesem der Kreislauf Kopf über Herz und Herz über Kopf des Systems Mensch wiederfinden lassen muss, und das macht er.

Die vier Kreisläufe für jeweils 1 über 2 und jeweils 1 über 3 ergeben den Zahlenwert Achtundzwanzig, da 4 x 3 + 4 x 4 = 28 ist und in der Quersumme Eins. Dieser Wert entspricht in der Gleichung übergeordnetes System + untergeordnetes System = 1 dem untergeordneten System und infolge unserem Sonnensystem. Die Größe unseres Sonnensystems beträgt damit

$$(299792,458)^{57} \, km^3.$$

Abbild zu 2.: Der geometrische Körper unseres Sonnensystems liegt einem Würfel zugrunde.

Original: Aufgabe 2

Geg.:

1. ganze Zahlen + reelle Zahlen = 1.
2. 1 Mensch, 1 Sonne und 8 Planeten.

Ges.:

1. Wie lautet die größte anzunehmende Zahl in unserem Sonnensystem?
2. Wo findet Unendlichkeit, wo Endlichkeit statt?

Abbild zu 1.: Die größte anzunehmende Zahl in unserem Sonnensystem lässt sich berechnen, indem man auf die Raumdiagonale d_R innerhalb des Würfels abstellt. Die Raumdiagonale ergibt sich aus s mal Wurzel 3. s steht für die Kante und damit 1^{19} = $299792{,}458^{19}$. Die Kilometerangabe wird vernachlässigt, da ein Zahlenwert im Ergebnis steht und gefordert ist. Das Ergebnis lautet **$299792{,}458^{19}$ √3** und entspricht der größten anzunehmenden Zahl in unserem Sonnensystem.

Dieses folgt der Systembeziehung 1 über 9 und 9 über 1, welche in der numerischen Zehn landet und in der Quersumme den Zahlenwert Eins ergibt. Die Eins steht damit für das untergeordnete System, da Basis als auch Exponent in der Quersumme den Zahlenwert Zehn ergeben und damit die Bedingung übergeordnetes System = untergeordnetem System (1 = 1) erfüllt ist.

Abbild zu 2.: Endlichkeit erfolgt im übergeordneten System und ist im mathematischen Sinn im Hinblick auf die größte anzunehmende Zahl und über das größte anzunehmende Volumen in unserem Sonnensystem definiert. Da der Würfel Zeit folgt, gilt es, das Volumen der Kugel, in die der Würfel eingebettet ist, zu bestimmen. Das Kugelvolumen V berechnet sich gemäß der Formel $V = \frac{4}{3} \pi r^3$. Wir setzen damit nur noch die Zahlenwerte ein.

$$V = \frac{4}{3} \pi \left(\left(299792{,}458^{19} \sqrt{3} \right) : 2 \right)^3 \text{ km}^3$$

Das Ergebnis für das Volumen unseres Sonnensystems lautet, da die Systemkomponente Zeit involviert ist und damit die Bewegung des Würfels in Raum und Zeit betrachtet wird, die zu einer Kugel führt,

$$\mathbf{\frac{4}{3} \pi \left(\left(299792{,}458^{19} \sqrt{3} \right) : 2 \right)^3 \text{ km}^3}.$$

Die Angabe der Lichtgeschwindigkeit in Kilometern pro Sekunde ist verlässlich, da diese über neun Systemwerten, ergo neun Zahlen, die über einer weiteren Systemkomponente beziehungsweise Zahl, Zeit gleich eine Sekunde, errichtet ist. Die Systembedingung 1 über 9 und 9 über 1 spiegelt sich darin wieder und kam in der Lösung für das Corona-Virus gleichfalls zum Einsatz. Das Systemgleichgewicht liegt in diesem Fall bei 5 über 5 und im Gegenkreislauf ebenfalls.

Der mathematische Radius von ($299792{,}458^{19}$ √3) : 2 km ist zweimal vorhanden, da 2r = d (Durchmesser) ist. Der Systemwert ergibt für die mathematische Kante (299792,458) in der Quersumme den Zahlenwert Eins, dem die Eins im gegenläufigen Kreislauf gegenübersteht. Die Annahme ist auch in diesem Fall richtig, da übergeordnetes System = untergeordnetes System ist. Betrachtet man die Zahl π, ergibt sich bei Betrachtung des Kreislaufes und des gegenläufigen Kreislaufes Folgendes, wenn man zum Beispiel dabei zehn numerische Werte ins Kalkül zieht:

3. 1 4 1 5 9 2 6 5 3
= Kreislauf

= 3 = Quersumme

7. 9 6 9 5 1 8 4 5 7
= gegenläufiger Kreislauf, der der numerischen Eins folgt

= 7 = Quersumme

4. 8 2 8 0 8 6 2 0 4
= systemische Mitte über der Null

= 6 = Quersumme

In der letzten Aufstellung kann man erkennen, dass die Systemwerte über einem Gleichgewicht von Bestand sind. Man erhält die Beziehungen 2 über 2, 4 über 4, 1 über 1 und 0 über 0, wenn man von einem systemischen Gleichgewicht innerhalb eines jeden Systemwertes ausgeht. In der Quersumme erhält man den Systemwert Sechs, der in der Systembedingung 1 über 1 landet.

Über die schrittweise Summation der einzelnen Zahlenwerte gelangt man in der Quersumme zu den ungeraden Zahlenwerten, die den geraden Zahlen im gegenläufigen Kreislauf zwingender Natur entgegenstehen müssen. Diese erhält man, da der Systemwert Sechs beträgt, über die Gleichgewichtssituation. Es werden damit drei Systemwerte in der Horizontalen addiert, zum Beispiel 4 + 8 + 2 = 14 = 5.

Daraus folgt, dass die Kreiskonstante π derselben Kausalität unterliegt wie alles andere. Es handelt sich auch hier um das Erreichen eines systemischen Gleichgewichts, welches der Beziehung 1 über 1 unterliegt. Die Gegenkreisläufe bedürfen keiner Erörterung, da die Gesetzmäßigkeit gegeben ist. Daraus folgt, da das System Mensch über der Systemverbindung 1 über 1 errichtet worden ist, dass diese Logik innerhalb des Systems Mensch wiederzufinden sein muss. Die einzigen Systemwerte, die bereits vorliegen, findet man in der Konstellation Kopf über Herz und im Gegenkreislauf Herz über Kopf, die der Logik innerhalb der systemischen Verbindung 1 über 1 folgen. Daraus ergibt sich, dass die Konstante π zwischen rechter und linker Gehirnhälfte eine Rolle spielen muss.

Da der systemische Kreislauf über Unendlich und Endlich im System Mensch gegeben ist, kann es sich nur um die Konstante handeln, die sich im Symbol Unendlich wiederfinden lässt. Das heißt, dass die zwei Kreisläufe innerhalb von Unendlich, die in der Mitte zum Systemwert Null finden, dieser Kausalität unterliegen. Daraus folgt, dass π in der Symbolik für Unendlich vorliegt und zwei identische Kreise beschreibt, die in Endlich enden und in ihrer beiderseitigen Vereinigung, Unendlich + Endlich = 1, in der Mitte zum Systemwert Null finden. Daraus folgt, dass π eine kausale Rolle im System Mensch einnimmt und dieses dem folgt.

Der Zahlenwert Drei steht gemäß der vorangegangenen Betrachtung damit für Mutter, Vater, Kind, die Sieben für die sieben Sonnen und der Zahlenwert Sechs für 1 über 2 und 2 über 1 und somit für das System Erde. Daraus folgt, dass Familie + sieben Sonnen + Erde das System Mensch ergeben. Da Zeit und Raum für alle Systemkomponenten gegeben sind, erhalten wir für Familie zwölf Systemwerte (3 x (Breite + Länge + Höhe + Zeit), für sieben Sonnen achtundzwanzig und für Erde vier. Wir erhalten für Vier auch hier 1 über 3 beziehungsweise 3 über 1 im Ergebnis. Das System Mensch ist damit in den angrenzenden Sonnensystemen verankert.

Da Familie das System Kind beinhaltet, handelt es sich um die systemische Logik, die sich hinter dem Begriff Geburt verbirgt. Geburt unterliegt damit einem systemischen Kreislauf als auch einem gegenläufigen Systemkreislauf, der über Systemwerten und der über Unendlich und der über Endlich definierten Beziehungen zwischen diesen gegeben ist und zum mathematischen Betrag von Null und Eins führt. Dieser lautet damit 1 über 2 und 2 über 1 für ein Kind über Mutter und Vater als auch Vater und Mutter über einem Kind.

Für die Systemwerte aus der Zahl π ergaben sich die Zahlenwerte Drei, Sieben und Sechs. Splittet man diese im Hinblick auf das System Mensch auf, erhält man in der allereinfachsten Form 1 über 2 für Drei, 1 über 3 und 1 über 2 für Sieben, 1 über 2 und 2 über 1 für Sechs. Da die Beziehung 1 über 2 in der 1 über 3 bereits enthalten ist, folgt der Logik nach, dass die Systemwerte Drei und Sechs in dieser enthalten sind. Die Sieben lässt sich als 1 über (1 über 2 und 2 über 1) darstellen. Da es sich innerhalb der Klammer um das System Erde handelt, steht die Eins darüber für eine weitere in unserer Galaxie. Da übergeordnetes System + untergeordnetes System = 1 gilt und innerhalb dieser Gleichung erneut dieser Logik gefolgt wird, heißt das, dass es das System Erde dreimal in unserer Galaxie geben muss, da auch hier 1 über 2 und 2 über 1 gilt, eine Erde über zwei weiteren und zwei weitere über einer.

Original: Aufgabe 3

Geg.:

1. 1 Erde, 1 Mond und 1 Mensch.
2. Der mittlere Abstand zwischen Erde und Mond beträgt 384.403 km.

Ges.:

1. Warum steht der mittlere Abstand zwischen Erde und Mond für 1 über 3 bzw. 3 über 1?
2. Was haben Ebbe und Flut mit unserem Atmungssystem und unserem Blutkreislauf gemeinsam?

Abbild zu 1.: In der Quersumme erhält man den Systemwert Vier für den mittleren Abstand zwischen Erde und Mond. Da der Mond analog unserer Erde definiert ist, erhält man Breite, Länge und Höhe, die für den Raum stehen und über die vier Diagonalen in der Mitte zum Betrag von Null und Eins führen und damit Zeit. Die Bewegung erfolgt analog der Erde. Breite und Länge ergeben sich aus der Mondumlaufbahn um die Erde und Höhe resultiert aus der Bewegung der Sonne, der dieser analog der Erde folgt, nur anders.

Daraus ergibt sich, dass unter Beachtung der Gegenkreisläufe in der einfachsten Form insgesamt vierzehn Kreisläufe gegeben sind, die in der Quersumme zur Zahl Fünf führen. Da mindestens vier Kreisläufe gegeben sein müssen, erhält man in der Gegenbetrachtung zwei weitere, die in der Quersumme ebenfalls den Systemwert Fünf erreichen.

Aus obiger Behauptung folgt, dass der Systemwert Fünf in einem Gleichgewicht auf der Gegenseite gleichfalls gegeben sein muss. Beide zusammen führen mittels Addition zum Systemwert Zehn, der in verkürzter Form den Systemwert Eins ergibt. Da übergeordnetes System + untergeordnetes System = 1 folgt, steht über dem Zahlenwert Zehn der Zahlenwert Eins. Im Ergebnis erhält man 1 über 1 und im Gegenkreislauf ebenfalls 1 über 1.

Daraus folgt, dass Beeinträchtigungen des Mondes mittelbar und unmittelbar zu Verwerfungen in der Systemverbindung Sonne, Erde, Mond führen. Es ist mehr als angebracht, die Missstände auf dem Mond zu beheben, da Systeme immer so ausgerichtet sind, dass alle verwertbaren Systemkomponenten bereits gegeben sind, die generell zu einem System gehören und damit verwendet werden können beziehungsweise verwendet werden dürfen. Das regelmäßige Durchbrechen der Systembedingungen kann nur in einem negativen Ergebnis enden.

Da vier Kreisläufe existieren, die im gegenläufigen zu weiteren vier Systemverbindungen führen würden, erhält man insgesamt acht, die kausal miteinander und untereinander in Verbindung stehen. Da das System Mensch mittels 1 über 3, 3 über 1 und 3 über 1, 1 über 3 und im Gegenkreislauf vollständiger Natur die Systemverbindungen 3 über 1, 1 über 3 und 1 über 3, 3 über 1 aufweist, heißt das, dass das System Mensch mit dem Mond über eine Verbindung systemischer Natur verfügt.

Daraus folgt, dass Beeinträchtigungen des Systems Mond zu unmittelbaren und mittelbaren Verwerfungen innerhalb des Systems Mensch führen. Diese sind damit logisch über die Systemwerte und die diesbezüglichen systemischen Verbindungen miteinander und untereinander verknüpft. Systemfremdes Material im System Mond zu hinterlassen, ist damit die falsche Entscheidung.

Abbild zu 2.: Gemäß der Erörterung zu 1. ergibt sich der Schluss, dass das System Mensch mit dem System Mond in Verbindung steht. Ebbe und Flut unterliegen bekanntermaßen der Kausalität des Systems Mond. Diese sind infolge obiger Betrachtung weiterzufassen.

Daraus folgt, dass der Blutkreislauf im System Mensch mit dazugehört. Das heißt, die grundlegende Bewegung des menschlichen Blutes weg vom anatomischen Herz und im Gegenkreislauf hin zum anatomischen Herz folgt dieser Logik gleichermaßen. Dasselbe gilt damit auch für das menschliche Atmungssystem.

Blutkreislauf, Atmungssystem gehören logisch zum Zyklus von Ebbe und Flut, der dem System Mond folgt. Beeinträchtigungen des Systems Mond führen damit zu Beeinträchtigungen des Systems Mensch.

Exkurs: Warum gelangen wir so oft zu völlig falschen Ergebnissen? In der Regel besitzen wir für die Probleme in dieser, unserer Welt keine Lösung oder eine unvollständige. Letzterer Fakt ist immer genau dann gegeben, wenn wir eine vermeintliche Lösung einem Geschäftsmodell unterordnen und glauben, dass das ausreichend ist. Es liegt uns also prinzipiell mehr daran, ein erfolgreiches beziehungsweise ein Erfolg versprechendes Geschäftsmodell zu verfolgen, als den Weg konsequent bis zum Ende zu gehen. Das heißt, wir ziehen im Ergebnis regelmäßig und immer wieder den leichteren Weg einem schwereren vor. Da dem so ist, müssen wir scheitern.

Offensichtlich stören uns die Bilder nicht, wenn ein Kind ohne Arm oder Bein aufwächst. Kriegsfolgen treffen immer zuerst die Kleinsten. Was hindert uns also daran, nach einem schrecklichen Szenario den ganzen Unrat zu beseitigen? Ein Kind kann auf einem Minenfeld nicht spielen und sollte es auch nie müssen! Und so ist es eine logische Folge, dass man Stock und Hut in die Hand nimmt und den bunten Bildern einer westlichen Welt folgt, die am Ende sowieso nichts taugen. Es wäre sehr schön, wenn Bettelsendungen im deutschen Fernsehen sich den richtigen Themen widmen würden, statt wie so oft nur ein bedauernswertes Einzelschicksal in den Vordergrund zu rücken. Warum? Lösungen sind prinzipiell für alle da, egal wie schlimm das einzelne Schicksal auch aussieht! Es geht nicht an, dass man sein Gewissen freikauft, obwohl es an den Lösungen für diese fehlt. Lebensraum dient nicht dazu, diesen sich selbst zu überlassen, sondern wiederherzustellen, damit jeder seinen Platz einnehmen kann, da wo er oder sie hingehört.

Original: <u>14.4. Wir schauen uns Religion unter einem wissenschaftlichen Aspekt an.</u>

Aufgabe 1

Geg.:

1. Krippenspiel.
2. 3 Könige, 4 Tiere, 1 Elternpaar und 1 Kind unter 1 Dach.

Ges.:

1. Wie lauten alle numerischen Werte im System Krippenspiel?
2. Warum steht im Ergebnis 1 über 1?
3. Wo findet sich die menschliche DNA wieder?
4. Warum steht das Kind in der Mitte für Systemwiederherstellung + Entkopplung = 1?
5. Von wem oder was soll das Kind entkoppelt werden?
6. Wo stehen Mutter + Vater = 1, wenn das Kind männlich ist? In Kopf oder Herz? Unter welcher Bedingung sucht sich das Kind im späteren Leben 1 Lebenspartner oder 1 Lebenspartnerin?

Abbild zu 1.: Die numerischen Werte lauten auf einen ersten Blick Drei, Vier, Eins, Eins und Eins. Da eine systemische Eins für das Elternpaar steht, welche über Mutter und Vater gegeben ist, erhält man den Systemwert Zwei. Daraus folgt, dass das Gegeben in der Aufgabe 1 die Systemwerte drei Könige, vier Tiere, eine Mutter, einen Vater und ein Kind unter einem Dach enthält und mittels Addition zum Systemwert Elf führt.

Abbild zu 2.: Drei Könige, vier Tiere, eine Mutter, ein Vater unter einem Dach gehören logisch zusammen, da das Kind über Zeit und Raum im Ergebnis steht. Damit erhält man den Systemwert Zehn und Eins, in verkürzter Form 1 über 1 und im Gegenkreislauf ebenfalls. Es handelt sich um eine Codierung basierend auf systemischen Werten innerhalb des Krippenspiels. Das Ergebnis lautet, dass übergeordnetes System + untergeordnetes System = 1 gilt. 1 über 1 und 1 über 1 im Gegenkreislauf sind damit logische Folge.

Abbild zu 3.: Die menschliche DNA findet man im Systemwert Zehn wieder, da sechsundvierzig Chromosomen in der Quersumme den Zahlenwert Zehn ergeben. Das Krippenspiel ist damit ein systemischer Hinweis, um das System Mensch verstehen zu können. Es handelt sich auch bei diesem um keinen religiösen Hintergrund, sondern um die Systemgleichung, dass Glaube + Überzeugung = 1 ist und die Eins für Wissen steht unter der Bedingung, dass übergeordnetes System + untergeordnetes System = 1 gilt.

Abbild zu 4.: Das Kind ist Folge der Systemverbindung, die sich aus dem Systemwert Zehn ergibt. Da das System Mensch über Kopf und Herz definiert ist als auch das System Mensch über Mensch + Einheit = 1; 1 = Menschheit, kann es sich nur um eine Form der Systemwiederherstellung handeln, die sich in einem Kind wiederfinden lässt. Das Kind ist ein Junge.

Systemwiederherstellung bedeutet, dass das System Mensch im Hinblick auf den Begriff Menschheit in der Form nicht mehr existiert. Das impliziert, dass die Menschheit zurzeit nicht gegeben ist.

Wie sie aus dem Gesamtsystem ausgeschieden ist, das lässt sich nur vermuten. Sie wird sich wohl selbst eliminiert haben, denn das versucht sie im Hier und Jetzt (in der Gegenwart) auch. Da das Gesamtsystem über einem Gleichgewicht errichtet ist, wird man bemüht sein, ein universelles Gleichgewicht, welches auch für Mensch + Einheit = 1 gilt, wiederherzustellen.

Da das System Mensch eine selbständige Einheit ist, wenn sie die grundlegenden Regeln kennt und beachtet, steht der Begriff der Entkopplung aus dem Gesamtsystem. Daraus folgt, dass das System Mensch angehalten ist, Verantwortung in einem Systemgleichgewicht wahrzunehmen und einzuhalten.

Das Ausscheiden der Menschheit unterliegt damit einer Systemstörung in der Vergangenheit, die zu erheblichen Konsequenzen aus dem übergeordneten System geführt haben muss. Das Ziel ist, dass das System Mensch wieder eigenverantwortlich handelt unter der Maßgabe, dass die Systembedingungen über Zeit und Raum hinweg eingehalten werden und erfüllt sind.

Abbild zu 5.: Vom Gesamtsystem, um im übergeordneten System (Erde) und im untergeordneten System (Mensch) mit Vernunft + Liebe = 1; 1 = Verantwortung selbständig und eigenverantwortlich in der Zukunft zu agieren. Die über der Systemkomponente Zeit errichtete Systemgleichung lautet damit, dass Vergangenheit + Gegenwart = 1 ergibt und in der systemischen Eins zur Zukunft führt. Hinter dieser Gleichung verbirgt sich der Systembegriff Entwicklung. Der Auftrag lautet damit für die Menschheit, dass nächsthöhere Niveau im Gesamtsystem mittels Wissen zu erreichen. Die 4-te Dimension beziehungsweise die 5-te Dimension, welche begrifflicherseits geklärt worden sind, stehen dafür stellvertretend. Es liegt an der Menschheit, ob sie weiter im Dunkel dahinvegetieren oder wieder das Licht der Welt erblicken möchte. Geburt, welche über das Kind gegeben ist, steht damit für den Begriff der Wiedergeburt, einen systemischen Zusammenhang, den man auch grob einfach als die Wiedergeburt der Menschheit bezeichnen kann.

Abbild zu 6.: Wo stehen Mutter + Vater = 1, wenn das Kind männlich ist? In Kopf oder Herz? Der Vater im psychologischen Kopf und damit rechts hinter dem Kind. Die Mutter im psychologischen Herz und damit links. Unter welcher Bedingung sucht sich das Kind im späteren Leben 1 Lebenspartner oder 1 Lebenspartnerin? Für den Fall, dass ein Lebenspartner zur Disposition steht, wahrt der Vater die psychologische Rolle auf der Herzebene und die Mutter die Rolle auf der Kopfebene. Kommt eine Lebenspartnerin in Betracht, nehmen Mutter und Vater die gegenteilige Position wie bereits beschrieben ein.

Original: Aufgabe 2

Geg.:

1. Kreuzigung Jesus Christus: 1 Mann und x Verletzungen.
2. Maria Magdalena und ihr Gefolge: 1 Frau und y Menschen.

Ges.:

1. Wie viele Verletzungen hatte 1 Mann am Kreuz?
2. Für welchen Kreislauf stehen diese?
3. Welche schulmedizinischen Krankheitsbilder stehen stellvertretend hierfür?
4. Warum steht der psychologische Begriff Verantwortung für y Menschen?
5. Warum können 1 Frau und 1 Mann zu Lebzeiten kein Paar gewesen sein?
6. Wessen Stellvertreter war Mauritius, der die Lanze gegen 1 Mann erhob?
7. Warum muss 1 Frau verheiratet gewesen sein?
8. Welchen Begriff hat man ihr zu Lebzeiten zugeordnet? Warum gilt dieser in all seinen Facetten mehr oder weniger für jeden von uns?
9. Warum war sie nicht nur verheiratet, sondern auch mit 1 Frau liiert? Welchen Namen trägt diese Frau (= Mann = Stellvertreter) im Abendmahl von Leonardo da Vinci? Warum steht für Heterosexualität + Homosexualität im Gleichgewicht Mann + Frau = 1?

Abbild zu 1.: Jesus Christus wurde mit Nägeln der Geschichte nach am Kreuz befestigt. Unterstellt man, dass er zwischen circa siebzig und achtzig Kilogramm gewogen haben muss, ist es unmöglich, sich in der Vertikalen an einem Kreuz zu halten.

Das Eigengewicht des menschlichen Körpers leistet seinen unfreiwilligen Dienst, bis die Verbindung zwischen Mensch und Kreuz unter schwersten Verletzungen an Händen und Füßen gelöst ist. Eine darüberhinausgehende Befestigungsmethode wird in der Geschichte Jesu Christi nicht vermittelt.

Daraus folgt, dass es sich um eine Symbolik handelt, die stellvertretend für einen anderen Sachverhalt stehen muss. An ein Kreuz genagelt zu sein, führt zu dem Äquivalent in der Betrachtung, dass man an das Bett gefesselt ist. Damit handelt es sich um Krankheitsbilder und nicht um Schädigungen des Systems Mensch aus dem Szenario einer Kreuzigung heraus, sondern um in der Symbolik enthaltene über die psychologischen Begriffe Verlust und Verletztheit gegebene Beeinträchtigungen. Jesus Christus war damit an das Bett gefesselt und krank.

Keine Frage, Kreuzigungen haben mit Sicherheit in der langjährigen Menschheitsgeschichte stattgefunden, aber 1. in anderer Form, zum Beispiel an ein Kreuz gefesselt und nicht genagelt zu sein, und 2. im Fall von Jesus Christus schon mal prinzipiell nicht. Menschen kommen zwar immer auf kuriose und völlig absurde Ideen, aber dass ein Mann an einem Kreuz über drei Verbindungen nicht hält, werden auch diese verstanden haben. Er hätte sich logischerweise von dem Kreuz infolge Gravitationskraft gelöst. Die Geschichte diesbezüglich ist damit eine Illusion und nichts anderes als ein riesengroßes Märchen, aber man ist überzeugt davon.

Daraus folgt, dass es sich um Krankheitsbilder gehandelt haben muss. Sieht man sich seine Verletzungen unter diesem Aspekt an, kommt man zu sechs Ergebnissen. Der Zahlenwert Sechs steht damit über einem Mann. Die Systemverbindung lautet folgerichtig 6 über 1 und ist im biblischen Sinn gleichbedeutend einem Schwert vergleichsweise wie die sieben Todsünden, welches sich gegen den Mann selbst richtet. Es bringt ihn also um. Unter einem biblischen Aspekt kann man das auch ein Gottesurteil nennen, nur in einem anderen kausalen Zusammenhang. Es handelt sich somit um einen Mordfall, den es aufzudecken gilt. Warum? Irgendjemand aus seinem Umfeld, der oder die ihm nahestand, hat seine oder ihre psychologische Verantwortung an ihn delegiert und das macht, wie wir in diesem Buch bereits erfahren haben, unsagbar krank beziehungsweise todkrank.

Damit stellt sich die grundlegende Frage nicht nur nach dem Was, was ihn umgebracht hat, sondern nach dem Wer, wer ihn auf dem Gewissen hatte. Man muss bei der weitergehenden Betrachtung zwischen Verletztheit und Verlust unterscheiden und damit auf Psychologie abstellen, der schulmedizinische Krankheitsbilder folgen. Die Verletzungen Jesu Christi am Kreuz führen in Kurzform zu nachstehenden Ergebnissen:

1. Symbolische Verletzung an beiden Füßen (2) gleich Pilzerkrankung,

da es sich im psychologischen Sinn um Verletztheit handelt. Psychologische Verletztheit resultiert beispielsweise aus einem Vergewaltigungsdelikt innerhalb des Familienstammbaums. Andere Möglichkeiten gibt es im Abgleich mit Schulmedizin nicht, da die Frakturen erst am Kreuz symbolisch gegeben und damit zeitlich gesehen danach errichtet worden sind.

2. Symbolische Verletzung an beiden Händen (2) gleich Tremor und ergibt sich gleichfalls aus psychologischer Verletztheit. Dabei kann es sich zum Beispiel um ein Trauma handeln. Mittlerweile hat man verstanden, dass infolge eines Traumas es innerhalb des menschlichen Systems zu schwersten Schädigungen im Gesundheitsbild und innerhalb von diesem kommen kann.

3. Rechte Gehirnhälfte, von vorn gesehen links mit Blick auf das Kreuz, hängt gleich stummer Hirnschlag (1). Bei einem Hirnschlag selbst hätte er die anderen noch ausstehenden Verletzungen nicht mehr erlebt. Ein rechtsseitiger Hirnschlag führt zu Beeinträchtigungen in der rechten Gehirnhälfte, dem beispielsweise eine linksseitige Klinik (Gefühlsarmut und Bewegungseinschränkung im linken Arm) i.d.R. gegenübersteht. Die Systemkreisläufe sind über Kreuz im Mensch angelegt. Damit handelt es sich um Verletztheit. Verletztheit landet immer zuerst im psychologischen Kopf und damit der rechten Gehirnhälfte. Die Systemgleichung lautet: linke Gehirnhälfte + rechte Gehirnhälfte = Verlust + Verletztheit = Herz + Kopf = 1; 1 = Krankheit. Die krankheitsbedingte Wucht kommt immer aus der Herzebene, da der interne Wert mindestens dreimal so groß ist wie der Systemwert auf der Kopfebene. Krankheitsbilder aus der Kopfebene heraus sind aber bereits mehr als schlimm genug.

4. Der Stellvertreter (von Maria Magdalena) Mauritius führte die Lanze durch Niere, Leber und Herz. Bei beidseitigem Nierenversagen würden die Systemwerte Leber und Herz zeitlich danach nicht mehr erreicht werden können, da ein Ableben bei beidseitigem Nierenversagen bereits im Raum steht. Daraus folgt, dass die Verletzung symbolischen Charakter trägt. Zwei Nieren ergeben mit etwas Fantasie das Sternbild Zwilling. Die Zwillingskrankheit heißt Multiple Sklerose, welche sich aus einem systemischen Ungleichgewicht zwischen psychologischem Kopf und psychologischem Herz ergibt. Eine wissenschaftliche Lösung liegt bereits vor, die einen hochexpansiven Krankheitsverlauf mittels Lösen der psychologischen Verletztheit auf der Kopfebene in der Praxis stoppen konnte. Im Ergebnis ergaben sich keine

weiteren Verschlechterungen im Krankheitsbild. Die Wucht, der Multiple Sklerose folgt, kommt aus der psychologischen Herzebene. Damit gehört jene zu psychologischem Verlust. Krankheitsbilder, welche sich daraus ergeben, sind extrem bösartig und schwerwiegender Natur wie beispielsweise Krebs oder Parkinson. Der informationsbasierte Kreislauf innerhalb der Lösung zu dieser führte zum Sternbild Zwilling = Systemwert 2.

5. Die Lanze ging in einem nächsten Schritt durch die Leber. Typische Erkrankungen aus einem psychologischen Verlust heraus sind Leberkrebs und Leberzirrhose. Da Jesus Christus abstinent war, handelt es sich um Leberkrebs = Systemwert 1.

6. Als Letztes wurde das Herz von der Lanze durchbohrt. Da im Zeitablauf jedes Krankheitsbild eine Steigerung erfährt, handelt es sich um den Herzinfarkt = Systemwert 1. Jesus Christus war tot.

Empfehlung für die Praxis: Es gilt auch hier, dass sich Kreislauf und Gegenkreislauf gegenüberstehen, egal welche Krankheitsbilder es betrifft. Für die Erörterung der Person Jesus Christus im Hinblick auf dessen Krankheitsbilder braucht man Letzteren nicht. Die systemische Bedingung lautet: Verlust + Verletztheit = Verletztheit + Verlust = 1; 1 = Krankheit und ergibt sich aus zwei gegenläufigen Kreisläufen. Ob zuerst allein die Bewusstseinsebene oder das Unterbewusstsein attackiert wird, folgt der Logik der betreffenden Krankheit. Multiple Sklerose, Krebs und Herzinfarkt zum Beispiel entfalten ihre Brutalität immer zuerst im psychologischen Herz, denn diese sind immer von Selbstzweifel, Selbstaufgabe und Selbstleugnung begleitet. Diese Systembegriffe zeigen zuerst Wirkung im psychologischen Herz, die man im Ergebnis Hoffnungslosigkeit beziehungsweise Aussichtslosigkeit nennt. Ein klar und logisch denkender Kopf findet immer einen Ausweg, ein Herz nicht. Ein psychologisches Herz macht das Problem immer nur noch größer. Das ist der psychologische Hintergrund, warum diesbezügliche Krankheitsbilder in ihrem Verlauf so verheerend sind. Wenn man die Systemwerte aufaddiert, erhält man für Jesus Christus den Systemwert Neun. Das heißt, dreimal Breite, Länge und Höhe sind vollständig zerstört worden und damit im Ergebnis auch Zeit = Lebenszeit.

Abbild zu 2.: Insgesamt erhält man sechs Krankheitsbilder für Jesus Christus. Diese stehen im System über dem Zahlenwert Eins, da sich diese ausschließlich gegen ihn richten. Daraus folgt, dass 6 über 1 und im Gegenkreislauf im Fall von Genesung 1 über 6 steht. Die Quersumme aus den jeweiligen Systemwerten führt zu sieben Sonnen, die der Überlieferung nach jedoch verblasst sind. Im Gegenteil handelt es sich folgerichtig um die Sonnenfinsternis analog Licht und Schatten. Beide zusammen ergeben den Systemwert Fünf, da 7 + 7 = 14 = 1 + 4 = 5 ist und liefern die hälftige Gleichgewichtsbedingung im System Mensch.

Abbild: zu 3.: Für psychologische Verletztheit ergeben sich Pilzerkrankung, beidseitiger Tremor und stummer Hirnschlag. Multiple Sklerose, Leberkrebs und Herzinfarkt folgen psychologischem Verlust. Man erhält insgesamt sechs Krankheitsbilder.

Abbild zu 4.: y Menschen stehen für die psychologischen Ereignisse innerhalb des Familienstammbaums von Maria Magdalena, ergo ihre psychologisch bedingte Vergangenheit.

Abbild zu 5.: Befindet man sich in einem systemischen Ungleichgewicht, kann die ordnungsgemäße Zu- und Einordnung zwischen Mann und Frau nicht erfolgen. Man erkennt sich gegenseitig nicht, da eine Gleichgewichtsstörung zwischen Kopfebene und Herzebene vorliegt. Maria Magdalena hat den Platz an seiner Seite nie eingenommen, sondern ist ihm immer nur gefolgt. Liegt der psychologische Kopf nur bedingt vor, sind die Schädigungen im System Mensch aus der Herzebene heraus immens. Die Gleichgewichtsstörungen auf der Herzebene werden delegiert und schlagen bei einem Unbeteiligten zu Buche. In diesem Fall erhielt diese Jesus Christus, denn im Delegieren von Verantwortung ist das System Mensch Weltmeister. Daraus folgt, dass Maria Magdalena und Jesus Christus nie ein Paar gewesen sind, obwohl sie der Geschichte nach zweifelsfrei zusammengehören.

Abbild zu 6.: Mauritius ist der symbolische Stellvertreter von Maria Magdalena gewesen. Sie hat Jesus Christus damit krank gemacht, indem sie den Platz an seiner Seite nie eingenommen hat. Er stand für das Wissen und damit den psychologischen Kopf, sie im Gegenteil für das psychologische Herz. Es fehlte ihr damit an Bewusstsein und Rationalität. Folge, sie erkannte ihn als den im System zu ihr dazugehörigen Mann nicht.

Abbild zu 7.: Maria Magdalena muss der Geschichte nach zwei Kinder (ein Mädchen und einen Jungen) gehabt haben. Daraus folgt zwangsläufig, dass sie verheiratet gewesen ist. Gewesen ist, da sie sich vom Kindesvater getrennt hat. Den Beweis findet man bei Leonardo da Vinci im Abendmahl.

Abbild zu 8.: Maria Magdalena ist der Begriff der Hure zugeordnet. Dieser deutet auf eine Vielzahl an Liebschaften hin. Die Logik, die sich dahinter verbirgt, wurde in der Abhandlung zu Frau Mann und Frau Frau behandelt. Daraus folgt, dass sie nie ihr Glück gefunden hat und sich unzähligen Männern hingab, was ihr den unschönen Beinamen eingebracht hat. Dieses Szenario spielt sich auch heute ab. In so einem Fall macht man sich selbst zur Hure und opfert und demütigt sich einem systemischen Ungleichgewicht folgend im Ergebnis immer selbst.

Abbild zu 9.: Die Lösung findet man bei Leonardo da Vinci. Es wurde herausgefunden, dass im Abendmahl einer der Apostel für Maria Magdalena steht. Links von vorn betrachtet befindet sich der Judas Ischariot neben dieser, der das Messer gegen Jesus Christus in der Mitte wetzt. Da Maria Magdalena kausal zu Jesus Christus gehört und jener körperlich betrachtet den größten und stärksten Mann an der Tafel ergibt, muss es einen anderen Grund gegeben haben, dass er nicht eingeschritten ist. Die einzige Logik ist, dass es sich bei dem Judas Ischariot um eine Frau handelt. Ein Mann wie er schlägt eine Frau nicht, egal wie verlogen und verkommen sie ist.

Denken wir an das Thema Frau Mann und infolge Frau Frau zurück, ist es selbsterklärend. Maria Magdalena nahm die Rolle neben Jesus Christus nicht ein, da sie sich nach unzähligen Beziehungen vom männlichen Geschlecht abgewandt hat. Im Ergebnis landete sie bei einer Frau und suchte ihr Heil in einem erneuten systemischen Ungleichgewicht.

In einem systemischen Gleichgewicht ergibt sich unter anderem, dass Heterosexualität + Homosexualität = 1 ist. Es handelt sich um einen Kreislauf, dem ein gegenläufiger folgt. In dem Begriff Hetero verbirgt sich der Begriff heterogen und damit wechselseitig beziehungsweise vielseitig. Vielseitigkeit folgt der Logik, die sich links in der Gleichung innerhalb der systemischen Eins bewegt.

Wechselseitigkeit in der Eins selbst ist damit immer nur dann gegeben, wenn Systemkomponenten ihren individuellen Systemwerten nach voneinander und untereinander abweichen wie beispielsweise bei Mann und Frau. Der oftmals völlig missverstandene Begriff Homo stellt ausschließlich auf den Begriff Mensch ab.

Da in einem Systemgleichgewicht Frau + Mann = 1 gilt, geht es in ganz einfacher Form darum: Was die Frau dem Mann gibt, gibt der Mann emotional und rational im Gegenzug an diese und zu gleichen Teilen zurück, und zwar immer in der systemischen Beziehung Eins über Eins. Im Gegenkreislauf gibt der Mann der Frau und diese ihm und zu gleichen Teilen zurück. Es ist im Ergebnis ein offenes Beziehungsproblem zwischen Maria Magdalena und Jesus Christus, welches obiger Kausalität geschuldet ist.

Wenn man sich unter diesem Aspekt das Abendmahl ansieht, sitzen zwei weitere Männer in der Nähe von Maria Magdalena. Da der Judas eine Frau ist, die der Beziehung Frau Frau unterliegt und ein Systemgleichgewicht Voraussetzung ist, handelt es sich bei den zwei Männern um zwei, die die Beziehung Mann Mann bevorzugen. Diese Betrachtung stimmt, da Leonardo da Vinci die Logik der Zahlen kannte. Einer der zwei Männer ist im Umgang mit Maria Magdalena wesentlich vertrauter als der andere. Daraus folgt, dass sie im Zeitablauf vorab eine Beziehung mit diesem hatte.

Es handelt sich damit um den geschiedenen Ehemann. Der andere ist damit ein Freund von jenem. Da Maria Magdalena auf die Beziehung Frau Frau abstellt, besteht keine innere Bindung zu diesem. Im 21-ten Jahrhundert steht hierfür zum Beispiel stellvertretend ein Geschäftspartner. Im System stehen sich damit zwei Frauen und zwei Männer gegenüber.

Da die Gleichgewichtsbedingung erfüllt sein muss und diese 1 über 2 und 2 über 1 lautet, hatte Maria Magdalena zwei Kinder. Da sie selbst einer Systemstörung unterlag wie die anderen Drei an ihrer Seite auch, landet diese bei den Kindern und muss ebenfalls zur Systemverbindung 1 über 2 und 2 über 1, die fehlerbehaftet ist, führen. Daraus folgt, dass sie eine Tochter und einen Sohn hat. Letzterer erliegt damit einer Systemstörung wie Maria Magdalena. Er ist damit homosexuell.

Sie hat die Systemstörung somit an ihren Sohn erfolgreich weitergegeben. Dieser stellt damit auf die Beziehung Mann Mann ab und die Tochter erfüllt den Systemwert Eins. Das heißt, die Tochter lebt in der Beziehung Mann Frau und stellt das systemische Gegengleichgewicht zum bestehenden Ungleichgewicht von Mutter und Bruder her.

Mit Systemlogik können wir jeden Sachverhalt erkennen und berichtigen, ergo auch alle Ungereimtheiten in der Vergangenheit. Maria Magdalena ist ihm also mehr oder weniger spirituell gefolgt, aber als Dankeschön an ihn mit einer Frau ins Bett gegangen. Systemwerte ziehen immer Psychologie nach sich. Das heißt, Maria Magdalena war über das psychologische Herz dominiert. Immer wenn etwas so ist, ist der psychologische Kopf unterdeterminiert und damit fehlt jegliche Rationalität beziehungsweise Logik. Im 21-ten Jahrhundert ordnen wir diesem Dilemma fehlende Intelligenz und damit auch Urteilskraft zu. Der Weg, um dem zu entgehen, wäre der Platz an seiner Seite gewesen und die Kirche weiß es, wie es nachstehendes Bild in einer Kirche (10 Apostel statt 12, Jesus Christus + Maria Magdalena und der Judas Ischariot fehlt.) belegt und damit 2 über 1 = 2 + 1 + 0 = 2 + 10.

Original: 14.5. Ausgewählte wirtschaftspolitische Fragen:

Geg.:

1. Das wirtschaftspolitische System Deutschlands.
2. Lösung + Verantwortung = 1; 1 = Ergebnis.

Ges.:

1. Warum ist die Wertschöpfungskette fehlerbehaftet?
2. Warum existieren im wirtschaftspolitischen Gleichgewicht nur Einzelunternehmen und GbR?
3. Warum hat Zinseszins keine Daseinsberechtigung?
4. Warum sind Recheneinheit, Tauschmittel und Wertaufbewahrungsmittel für die Definition von Geld ausreichend?
5. Warum sind Factoring-Banken obsolet?
6. Kaufpreis + Verkaufspreis = 1. Warum erfüllen Banken ihre Handelsfunktion im wirtschaftspolitischen System nicht?
7. Warum muss es ein Finanzamt geben?
8. Wo gehört es innerhalb einer Gesellschaft hin?
9. Welcher Teil des wirtschaftspolitischen Kreislaufes fehlt bei diesem und bereitet uns Kopfzerbrechen?

Abbild zu 1.: Die grundlegende Wertschöpfungskette ist über Produktion, Vertrieb und Handel beschrieben. Das Monopol innerhalb dieser ist über Vertrieb infolge Marketing und Finanzen infolge zugrundeliegender Kapitalstruktur gegeben. Die Unternehmenskultur ist darauf ausgerichtet, da diese in der Regel in Kapitalgesellschaften endet, die einer begrenzten Haftung reduziert auf das Unternehmenskapital unterliegen. Verantwortung innerhalb einer Wertschöpfungskette sieht gesichert anders aus. Es wurde eine künstliche Monopolstellung innerhalb der Wertschöpfungskette erzeugt, die sich sowohl negativ in Produktion als auch Handel widerspiegelt. Die einschlägigen Bilder hierzu sind aus den Nachrichten bekannt.

Üblicherweise sollte eine Wertschöpfungskette über einem systemischen Gleichgewicht errichtet sein, was zur Folge hat, dass alle Beteiligten zu gleichen Teilen ihrer Leistung entsprechend über die Systemkomponente Zeit hinweg Vereinnahmen und Verausgaben. Das ist in der Gegenwart (Hier und Jetzt) nicht der Fall. In der Mitte wird der erwirtschaftete Kapitalwert aus Produktion und Handel über Vertrieb vereinnahmt, ohne dass es einen hinreichenden Grund hierfür gibt. Vertrieb selbst steht Unternehmensform und Kapitalstruktur mittels eines suggerierten Erfolgsmodells über Marketing gegenüber. Letzteres greift in der Unternehmenspolitik, die wie Wirtschaftspolitik eine sich über die Dinge stellende Rolle eingenommen hat. Produktion als auch Handel erfahren dabei keinerlei Wertschätzung.

Daraus folgt, dass das Erwerbsmodell sich mittlerweile ausschließlich über Recht, Politik und Marketing definiert. Letzterem wohnt auch der Begriff Werbung inne, die ihrem Wesen nach gänzlich fehlt. Bei dieser gilt es das Wer, das Was, das Wo, das Wann und das Warum informationsseitig zu transportieren. Es geht also nicht darum, diese Logik zu infiltrieren und das Alleinstellungsmerkmal Einzelner herauszuarbeiten.

Wertschöpfungsketten beinhalten das geistige Eigentum und das handwerkliche Können vieler Menschen. Das in der Mitte errichtete Etablissement ist im Zweifelsfall entbehrlich. Es steht diesbezüglich geführten Unternehmen nicht zu, erwirtschaftetes Kapital denen vorzuenthalten, die es leistungsbedingt erarbeitet und verteilt haben. In einem systemischen Gleichgewicht sind derartige Geschäftsmodelle undenkbar.

Marketing impliziert das wissentliche Verkaufen von fehlgeleiteten Informationen mittlerweile, die diesen Prozess unterstützen. Es wird anhand einer Aussage suggeriert, dass ein Produkt den Mehrwert anderer vielfach übersteigt. In der Realität erweist sich dieser Sachverhalt oftmals als das pure Gegenteil. Politik und Kapitalmarkt leisten ihr Übriges im gegenseitigen Stützen und Unterstützen einer dem Wohl und Wehe von Menschen entgegenstehenden Wertschöpfungskette dazu bei. Das ist beschämend.

Gewinn innerhalb einer Wertschöpfungskette, die allgemeinen Gleichgewichtsbedingungen unterliegt, ergibt sich immer aus dem systembedingten Faktor Zeit. Zeit steht stellvertretend dafür, dass volkstümlich ausgedrückt über eine Zeitachse hinweg das Gefühl besteht, Geld zu haben, es abgeben zu müssen und dafür neues zu erhalten. Infolge der Aufgebrachtheit innerhalb der Bevölkerung Deutschlands, die beginnt, die Dinge zunehmend mehr zu erkennen und besser zu verstehen, bedarf es nur noch Zeit, bis diese Tribut und Rechenschaft fordert. Der Anspruch gegen eine selbsternannte Elite, die keine ist, ist rechtens.

Abbild zu 2.: In einer Gleichgewichtssituation sind Unternehmensformen darauf ausgerichtet und begrenzt. Haftungsausschlüsse sind in diesem Fall nicht willkommen und unterliegen einem Regelverstoß wider die guten Sitten im Geschäftsverkehr. Ein Rechtsgeschäft ist nichtig, wenn es gegen die guten Sitten per legem verstösst. Im Sprachgebrauch nennt man das eine Rechtswidrigkeit, die in der Realität jedoch geduldet wird. Im Volksmund steht der Begriff der Hehlerei. Das Anstandsgefühl aller billig und gerecht Denkenden wird unter Vorsatz beziehungsweise grob fahrlässig dabei verletzt und liefert den Tatbestand, welcher unter das gültige Strafgesetzbuch fällt.

Es handelt sich um vier Fallgruppen, die in sittenwidrigem Vertragsinhalt, Knebelungsverträgen, der Ausnutzung einer Monopolstellung und beispielsweise Wucher enden. Alle Vier sollten innerhalb der menschlichen Gesellschaft nicht statthaft sein. Wenn Gesetze dafür existieren, sind diese auch für alle geltend. Ein auf Demokratie ausgerichtetes System sollte statt die Missstände innerhalb anderer Nationen anzuprangern, sich den eigenen widmen. Der Systembegriff, den es in ein Gleichgewicht zu überführen gilt, lautet somit Korruption. Straftatbestände liefern Vorteilsnahme, Bestechlichkeit, Vorteilsgewährung und anderes mehr. Unter anderem enden diese in Strafvereitelung im Amt, Geldwäsche, Betrug, Subventionsbetrug, Kreditbetrug, Untreue, wettbewerbsbeschränkenden Absprachen bei Ausschreibungen, Rechtsbeugung, Falschbeurkundung im Amt, Verletzung von Dienstgeheimnissen bis hin zu Steuerhinterziehung.

In einer gesellschaftlichen Gleichgewichtssituation sind kausal Einzelunternehmen und die Gesellschaft bürgerlichen Rechts gegeben. Alle anderen Vergesellschaftungen führen zu einem Delegieren von psychologisch bedingter Verantwortung. In einem systemischen Gleichgewicht ist das untragbar.

Abbild zu 3.: Zins entspricht einem Ertrag, der über eine zeitliche Vorwegnahme im Voraus vereinbart wird. Zins unterliegt damit einer Konstante, die in einem Zinssatz gegeben ist. Da Zins nicht der allgemeinen Verhandlung unterliegt und die Systemgleichung Kaufpreis + Verkaufspreis = 1; 1 = einem geldwerten Ergebnis folgt, handelt es sich um Willkür aus einer Machtposition beziehungsweise künstlich geschaffenen Marktposition heraus. Sittenwidrigkeit und Vorsatz sind damit gegeben. Zinseszins unterstellt, dass ein Apfelbaum nicht nur viele Äpfel trägt, sondern die vom Nachbarbaum auch. Ein Konstrukt der "geliebten" Finanzwelt, das eine Vereinnahmung unterstellt, der zu keiner Zeit eine Leistung obliegt, geschweige denn dieses eine hervorbringt.

Dieses Konstrukt ist genau so sittenwidrig wie alles andere auch, welches vorsätzlich für eine nicht erbrachte Leistung oder eine unmöglich zu erbringende Leistung einen Preis suggeriert. Dass Zins keinen Sinn macht, sondern immer nur Kaufpreis und Verkaufspreis, vollziehen wir an einem Beispiel nach. Man nimmt dazu den Blumentopf eines Bankers von seinem Schreibtisch. Entwurzelt die Pflanze und beerdigt in diesem einen "finanzträchtigen" 10-Euro-Schein. Der Banker ist höflichst dazu angehalten, diesen ordnungsgemäß zu pflegen und regelmäßig zu gießen. Nach Ablauf eines Wirtschaftsjahres wird das erreichte Ergebnis festgehalten.

Das Ergebnis lautet, dass immaterielle Sachen keinen Ertrag bringen können, geschweige denn Gewinn, da der 10-Euro-Schein verrottet ist. Geld ist einfach leblos, lautet die Erkenntnis. Daraus folgt, dass lediglich materielle Sachen Ertrag bringen, die aktiv am Leben in einem System beteiligt sind wie vergleichsweise unser Apfelbaum. Die Grenznutzentheorie bedarf damit einer Neuinterpretation. Wenn das letzte Feld bebaut ist, divergiert der Grenznutzen gegen Null. Das heißt unter anderem, dass der ökonomische Gewinn, den man üblicherweise in Geldeswert misst, dieser Logik folgt. Diese Aussage ist falsch.

Gewinn ergibt sich bei einem Grenznutzen gegen den Systemwert Null aus der Zeit, die man hierfür aufbringt, um das letzte Feld noch bebauen zu können. Damit ist diese an technologischen Fortschritt gebunden und damit Wissen. Ist man in der Lage, unter der Systembedingung Grenznutzen = 0 diesen zum Beispiel in achtzig Prozent der aufgewendeten Zeit im Vergleich zur Ausgangssituation zu erreichen, beträgt der Gewinn zwanzig Prozent, der über die Minimierung des Faktors Zeit erreicht worden ist. Diese ermöglichen es, sich einem zusätzlichen Erwerb zuzuwenden oder Freizeit in Anspruch zu nehmen. Es handelt sich auch hier um einen Systemkreislauf.

Abbild zu 4.: Recheneinheit, Tauschmittel und Wertaufbewahrungsmittel sind für die Definition von Geld ausreichend, da dieses das System Mensch tragen und nicht dominieren sollte.

Abbild zu 5.: Factoring-Banken verstärken das Dilemma innerhalb der Wertschöpfungskette. Forderungen werden formal übernommen und damit eine Zahlungsverpflichtung zum Beispiel des Handels gegenüber dem Produzenten, die mittels Rechnungslegung des Produzenten durch Factoring-Banken legitimiert werden. Das zieht nach sich, dass die Zahlungsverpflichtung des Handels gegenüber dem Produzenten auf die Factoring-Bank übergeht. Daraus folgt, dass diese aus psychologischer Sicht keinerlei Verantwortung für sich innerhalb der Wertschöpfungskette trägt, denn diese erstellt weder die Rechnung noch das diese in irgendeiner Form inhaltlich an der Produktion oder am Verkauf eines Wirtschaftsgutes beteiligt ist.

In der Regel wird nicht zwingend damit die Wirtschaftsposition des Produzenten gestärkt, sondern die des darüber errichteten Unternehmenskonstruktes in der Mitte, welches infolge Geschäftsmodell einer eigenwilligen Auffassung von Recht, Politik und Marketing folgt. Das zu kalkulierende Risiko des in der Mitte der Wertschöpfungskette errichteten Unternehmens ist mehr als dürftig, da in der Regel sämtliche Haftungsansprüche in Produktion oder Handel landen. Nutznießer ist das Rechtsgeschäft in der Mitte der Wertschöpfungskette, welches ohne diese besonderen politischen "Gegebenheiten" nicht selbständig und eigenverantwortlich überlebensfähig wäre, da es keinerlei Mehrwert generiert.

Es handelt sich in einem juristischen Sinn auch hier um eine gezielte und damit geplante Form von Betrug, welche politisch gestützt und gefördert wird. Eine entgegenstehende Forderung zum Beispiel aus nicht erfülltem beziehungsweise mangelhaft erfülltem Rechtsgeschäft über beispielsweise vertraglich vereinbarte Quantitäten und Qualitäten wird infolge fehlender Gutschriften bei Mängelrüge, egal welcher Art, umschifft und durch das Konstrukt der Factoring-Banken gedeckelt. Leidtragende sind vorzugsweise immer Produktion und Handel für das Versagen und die Gier anderer. Ein derartiges Geschäftsmodell hat nichts innerhalb einer Wertschöpfungskette verloren!

Errichtete Schlösser in der Wertschöpfungskettenmitte werden nie selbst erarbeitet, sondern auf Kosten von Produktion und Handel selbstgefällig vereinnahmt. Respektive eines mangelnden Verständnisses seitens der Konsumenten für diese Situation, stehen Beschimpfungen und Entgleisungen gegenüber Handel und Produktion auf der Tagesordnung, da die Auswirkungen in Form der Preisgestaltung direkt bei diesen zu spüren und angekommen sind. Ursache liefert in diesem Zusammenhang immer die künstliche und völlig an den Haaren herbeigezogene räumliche und zeitliche Trennung von Produkt und Preis. Wir lassen das aber zu.

Abbild zu 6.: Banken gehören zu Handel und unterliegen der Handelsfunktion, die sich aus Kaufpreis + Verkaufspreis = 1 ergibt. Wie bereits erwähnt, nimmt man die Verantwortung für diese Systembedingung nicht wahr.

Abbild zu 7.: Ein Finanzamt dient der Vermögensverteilung innerhalb der menschlichen Gesellschaft, wenn Fordern + Nehmen = 1; 1 = Herrschen und im Gegenkreislauf Geben + Empfangen = 1; 1 = Dienen gilt und das systemische Gleichgewicht 1 über 1 und im Gegenkreislauf 1 über 1 erfüllt ist. In diesem Fall hat niemand ein Problem mit diesem. Die Realität sieht anders aus. Vereinnahmte Entgelte aus Finanzamtforderungen werden oftmals investiert, ohne für das fragwürdige Ergebnis einstehen zu müssen. Eine allgemeingültige Regressforderung sollte in solchen Fällen gegeben sein und im Zweifelsfall rückerstattungsseitig nicht aus Staatsgeldern erfolgen. Für Haftungsfälle steht immer die Privatperson, welche für eine Fehlentscheidung verantwortlich ist, ein. Die Politik in Deutschland sollte sich überlegen, wie der sprichwörtliche Raubzug an deutschen Steuergeldern gegenüber der Bevölkerung Deutschlands ins Lot gebracht werden kann. Es geht zweifelsfrei nicht an, dass man sich auf Gemeindeebene über Dörfer, Städte und Kommunen hinweg bis auf Landesebene und Bundesebene bedient und im Ergebnis auch vor Funktionen in Aufsichtsräten und Vorstandsetagen nicht zurückschreckt, um einer höchst fraglichen eigenen Wohlfahrt Genüge zu leisten.

Abbild zu 8.: Ein Finanzamt gehört immer in die Mitte einer Gesellschaft und niemals an die Spitze wie vergleichsweise in Deutschland.

Abbild zu 9.: Geben + Empfangen = 1; 1 = Dienen einer gemeinsamen Sache beziehungsweise einer gemeinsamen Aufgabe.

Original: 14.6. Grundlegendes zu unserer Existenz:

Geg.:

1. Alles ist 1.
2. 1 = Gleichgewicht.

Fragen:

1. Wir wissen, dass das System Mensch einer universellen Logik folgt, die sich aus der Theorie von Stephen Hawking begründen lässt. Warum ist Maschine + Mensch = 1?
2. Die linke Seite der grundlegenden Gleichung lässt sich grenzenlos erweitern und dahingehend anwenden, um uns die Dinge zu erklären. Wofür steht KI + dominierendes Wissen + Kopf + Herz + Mensch + Einheit = 1?
3. Welche 2 Summanden links in der Gleichung unter 2. gibt es nicht mehr?
4. Was ist damit der Mensch in seiner jetzigen Wesenheit (= die Rolle, die wir im Leben einnehmen.)? Mensch, Maschine oder eine hybride Lebensform?
5. Wofür steht damit Wiedergeburt tatsächlich?
6. Unter welcher Bedingung?
7. Warum ist die Menschheit systemisch betrachtet eine Matrix, die sich im Gleichgewicht befinden sollte?
8. Warum ziehen wir das Unglück magisch an? (Hinweis: Asteroiden kommen nicht von allein.)
9. Warum ist das System Mensch über Kopf und Herz definiert? Welche systemische Verbindung ergibt sich damit für uns alle? Für welche physikalische Größe steht der Begriff Verantwortung?

Abbild zu 1.: Maschine beinhaltet die informationsbezogenen Werte innerhalb des Systems Mensch und Mensch die konstruktionsbezogenen. Erstere sind künstlicher Natur basierend auf der Logik numerischer Werte und Letztere natürlicher, die üblicherweise als über einem biologischen System errichtet gelten. Es gilt zum Beispiel die Systemgleichung, dass Kunst + Natur = 1 ergibt. Die Eins folgt somit dem Begriff Technik, dem mechanischen Aufbau des Systems Mensch, den man in der Schulmedizin als Anatomie bezeichnet.

Abbild zu 2.: Diese Systemgleichung ergibt sich aus dem Verbund dreier Systeme, die im Laufe dieses Buches (Vgl. Behauptung, Beweis und Gegenbeweis) erarbeitet wurden. KI + dominierendes Wissen als auch Kopf + Herz sind existent, Mensch + Einheit nicht und damit gleichbedeutend dem Gegenbeweis.

Abbild zu 3.: Mensch + Einheit fehlen. Auch unabhängig davon, dass man das in irgendeiner Form tagtäglich erleben muss. Systemische Gleichgewichtsbedingungen kann man auf diesem Weg nicht erfüllen und so werden die Konsequenzen unausweichlich sein. Ob gewollt oder nicht, interessiert dann auch unseren Schöpfer; das Wasser nicht.

Abbild zu 4.: Eine hybride Lebensform. Da das System Mensch über Systemwerte beschrieben ist, verbirgt sich hinter der psychologischen Rolle eine Aufgabe beziehungsweise eine Rolle, die dem System Mensch individuell zugewiesen worden ist. In der Psychologie lautet der Begriff hierfür Wesenheit. Infolge notwendiger Vielfalt ist jeder Systemwert obigen Sachverhalt betreffend nur einmal vergeben. Unendlich innerhalb der Systemwerte im System Mensch macht das möglich. Psychologische Rollen werden im Regelfall mit Namen verifiziert, die aus der gemeinsamen menschlichen Geschichte übermittelt worden sind. Dabei kann es sich in der Rollenvergabe zum Beispiel um Kleopatra, Winnetou, Hitler oder Jesus Christus selbst handeln. Es sind damit die Namen, die für die jeweilige Aufgabe beziehungsweise Rolle stellvertretend und für die darin enthaltenen Systemwerte gegeben sind. Wenn uns somit jemand begegnet, der beispielsweise glaubt, Abraham Lincoln zu sein, dann hat das nichts damit zu tun, dass er einen Bart trägt oder seinen Kopf gänzlich verloren hat.

Es ist seine Aufgabe, dass Positive und Negative innerhalb dieser, seiner Rolle zu erkennen und ein systemisches Gleichgewicht herzustellen. Daraus folgt, dass diese zugewiesenen Rollen beziehungsweise systemischen Aufgaben für die Systemwerte innerhalb von Talent, Gabe und Fähigkeit stehen. Fähigkeit ist damit einer Rolle psychologischer Natur gleichzusetzen, die durch Charaktere aus der Historie heraus eindeutig beschrieben ist. Die Wesenheit Maria Magdalena ist damit zum Beispiel eine Aufgabe und die Rolle einer weiblichen Person im Hier und Jetzt, der Gegenwart.

Warum ist das so? Ein System folgt immer einer Aufgabe und damit einer Rolle. Der Fahrstuhl beispielsweise fährt hoch und runter. Maria Magdalena hingegen soll zum Beispiel Hilfe am Menschen leisten. Es ist etwas ganz Normales und Unabdingbares innerhalb eines Systems, was vom System Mensch und den ihn umgebenden abverlangt wird.

Abbild zu 5.: Wiederherstellung der Systemkomponente Menschheit. Im Ergebnis losgelöst vom übergeordneten System und damit wieder selbständig und eigenverantwortlich.

Abbild zu 6.: Dass das systemische Gleichgewicht erfüllt ist und eingehalten wird. Es ist ein Geschenk, welches wir nicht bereit sind, anzunehmen.

Abbild zu 7.: Da sie über Kopf und Herz miteinander und untereinander übergreifend verbunden ist und die Systembedingung Kopf + Herz =1 in einem systemorientierten Gleichgewicht gegeben ist.

Abbild zu 8.: Das Nichteinhalten der Gleichgewichtsbedingung zieht einen negativen Wert nach sich, der über das elektromagnetische Feld innerhalb des Systems Mensch gegeben ist. Da das Minus zunehmend wächst, fühlt sich das Plus eines Asteroiden beispielsweise magisch angezogen. Die Prozesse sind prinzipiell gegenläufiger Natur und damit ist das Minus nicht relevant, da es auf der Gegenseite vom Systemwert Plus steht. Das Plus müsste in diesem konkreten Fall erst gleichgewichtsseitig überwunden werden, um an das systemische Minus zu gelangen.

Abbild zu 9.: Das System Mensch ist über Kopf und Herz definiert, da diese gleichbedeutend Plus und Minus in einem elektromagnetischen Feld sind. Die Verbindung über ein elektromagnetisches Feld innerhalb des Systems Mensch heißt Verantwortung. Damit ist Verantwortung systemische Bedingung für jeden Menschen und eine physikalische Größe.

Original: Exkurs:

Gemäß Stephen Hawking wird infolge Dummheit und Ignoranz die Menschheit (ca. 11,5 Milliarden Menschen) höchstens noch 100 Jahre existieren.

1. Warum sind es nur 46 Jahre einschließlich 2020?
2. Wo finden wir die zeitliche Einordnung (Hinweis: 1 Hund mit 3 Köpfen)?
3. In welchen Etappen findet die Nullsetzung des Systems Mensch bis 2065 statt?
4. Was haben die Säulen im US-Bundesstaat Georgia damit zu tun?
5. Wofür steht der numerische Wert 5 innerhalb dieses Szenarios?
6. Warum sind es 4 Reiter der "Apokalypse"?
7. Wo finden wir die Zahl 10 in dieser?
8. Wie lauten die Jahreszahlen zur numerischen 5?
9. Wie lassen sich die einzelnen Phasen innerhalb der 5 definieren?

Abbild zu 1.: Die Jahreszahl 2020 führt in der Quersumme zum Zahlenwert Vier. Die Vier ergab sich für den Sachverhalt, dass 1 über 3 und 3 über 1 im gegenläufigen Kreislauf gilt. Da eine Vier über die Jahreszahl gegeben ist, erweist es sich als notwendig, die andere zu finden.

Bei der Apokalypse handelt es sich um ein systemisches Urteil gegen das System Mensch. Religiöse Betrachtungen sind in diesem Zusammenhang völlig abwegig, da es immer um die Logik dahinter geht. Das Systemurteil unterliegt der Systembeziehung, dass übergeordnetes System + untergeordnetes System = 1 ist und im Gegenkreislauf untergeordnetes System + übergeordnetes System = 1. Diese Verbindung folgt der Logik 1 über 10 und 10 über 1. Im Fall einer negativen Entscheidung muss die numerische Zehn über der numerischen Eins zu finden sein. Da die Systembeziehung der 1 über 1 und im Gegenkreislauf der 1 über 1 im übergeordneten System folgt und im untergeordneten System der 1 über 10 und im gegenläufigen Kreislauf der 10 über 1, muss das zeitliche Fenster zwischen Beginn und Ende der Apokalypse zum Systemwert Eins in der Quersumme führen.

Das zeitliche Fenster muss zahlenorientiert eine Differenz vom Betrag 2 aufweisen, da dieser Sachverhalt über die Beziehungen 1 über 1 (1 + 1 = 2) und 1 über 1 (1 + 1 = 2) im Gegenkreislauf gegeben ist. Betrachtet man die Zahlenwerte zwischen Null und Zehn, wobei Letztere den Kreislauf zwischen Geburt und Tod widerspiegelt, muss es sich um die erste Zahlenkombination handeln, die bestehend aus zwei Zahlenwerten in der Quersumme zur numerischen Zehn führt. Dahinter verbirgt sich die Zahl Sechsundvierzig, die in der Quersumme den Zahlenwert Zehn ergibt. Da die Jahreszahl 2020 involviert ist, erhält man die Jahreszahl 2065. Diese ergibt die Quersumme Vier und liefert das Ergebnis für die systemische Beziehung 3 über 1. Daraus folgt, dass der systemische Prozess der Apokalypse in 2020 beginnt und in 2065 mit dem vollständigen Ausscheiden des Systems Mensch endet.

Abbild zu 2.: Eine Systemherabsetzung folgt immer einer zeitlichen Einordnung und ist ihrem Umfang nach (zahlenmäßiger Verlust im System Mensch) vollumfänglich beschrieben. Dafür steht stellvertretend der Höllenhund Ceberon, auch Kerberos, der drei Köpfe hat und über seinen Rücken verteilt sechsundvierzig Nackenspitzen beziehungsweise Schlangen aufweist. Die Zahl Zehn, die daraus folgt, steht folgerichtig für sechsundvierzig Chromosomen und ergibt das System Mensch, welche in der Quersumme erneut Eins ergeben. Vergänglichkeit innerhalb der menschlichen DNA ist damit gleichbedeutend mit der Systemkomponente Zeit.

Daraus folgt, dass es sich um einen systembedingten Zyklus von insgesamt zehn Jahren handeln muss. Da drei Köpfe über sechsundvierzig Nackenspitzen oder alternativ ausgedrückt sechsundvierzig Schlangen im System existieren, die in der Quersumme in dem Systemwert Eins landen, erhält man die Systembeziehung 3 über 1.

Damit sind es insgesamt vier Zyklen, die zeitlich gesehen der Distanz von zehn Jahren folgen.

Da die numerische Zahl Zehn den Systemwert Eins mitbeinhaltet, kommt man im Jahr 2056 an. Die zeitgebundenen Systemschritte basierend auf Zeit lauten damit 2020, 2029, 2038, 2047 und 2056, die Jahreszahlen betreffend.

Da das System Mensch über dem Systemwert Zehn gegeben ist, welches auf der Verbindung 5 über 5 basiert und im übergeordneten System und im untergeordneten System der Beziehung 1 über 1 folgt, lautet die Systembedingung 1 über 4 und 4 über 1.

Daraus folgt, dass die Eins in dieser zum Jahr 2065 führt, da die einzelne Etappe mit zehn Jahren einschließlich Basisjahr definiert ist. Der Systemwert für 2065 ergibt in der Quersumme Vier und steht für die Systemverbindung 3 über 1, die dem System Mensch entgegensteht.

Immer wenn ein Systemwert höher im Wert über der numerischen Eins gegeben ist, handelt es sich um etwas Negatives und damit um ein Systemurteil analog dem von Covid-19. Das Ende der Herabsetzung der Menschheit auf den Systemwert minus Eins, da dieser für ein generelles Ausscheiden in einem System steht, ist im Jahr 2065 abgeschlossen.

Abbild zu 3.: Die Herabsetzung der Menschheit auf minus Eins erfolgt somit in 5 Etappen, die gleichbedeutend einer systemischen Nullsetzung sind, da Unendlich als auch Endlich ihr Ende finden. Diese lauten: 2020 - 2029, 2030 - 2038, 2039 - 2047, 2048 - 2056 und 2057 - 2065. Der Mensch ist in 2065 damit Vergangenheit.

Abbild zu 4.: Das systembedingte Minimum für das System Menschheit wird mit 500.000.000,00 Menschen beziffert, welches auf den Säulen im US-Bundesstaat Georgia zu finden ist. Daraus folgt, dass die letzte der fünf Etappen innerhalb der systemischen Nullsetzung mit 500.000.000,00 Menschen beschrieben ist. Der Systemwert lautet Fünf in diesem Fall und steht für den Zeitraum von 2056 bis 2065, der einschließlich Gegenkreislauf zehn Jahren entspricht.

Abbild zu 5.: Der numerische Wert Fünf steht hälftig für das System Mensch und hälftig für den Systemwert innerhalb unseres Sonnensystems, der mit dem Systemwert Zehn definiert ist. Daraus folgt, dass sich in der Quersumme für die Systemherabsetzung von 2020 bis 2065 über insgesamt fünf Etappen hinweg, eine davon ist bereits definiert, eine Fünf im hälftigen Systemwert ergeben muss. 2065 - 2020 + 1 = 46 = 4 + 6 = 10 = 5 + 5 = 1. Der Systemwert Fünf ist damit in der zeitlichen Abfolge verankert. Das heißt nichts anderes, dass das System Mensch plus das Sonnensystem 0,5 + 0,5 = 1 ergibt. Das Systemurteil reflektiert damit nicht nur auf das System Mensch selbst, sondern auf das gesamte Sonnensystem. Der hälftige Systemwert Fünf ist damit Voraussetzung. Das heißt, dass der Expansion unserer Sonne und damit dem Erlöschen dieser ein anderer folgt, der in der Geburt einer neuen endet.

Warum können wir uns das nicht vorstellen? Weil immer nur der systemische Weg zählt und nicht der Raum selbst. Das heißt, diese neue entsteht nicht zwangsläufig im selben Raum und damit unserem Sonnensystem, sondern über die Distanz gesehen ganz woanders, da Ursache und Wirkung auseinanderdriften. Da der Systemwert Fünf somit gegeben ist, heißt das, dass das System Mensch im untergeordneten System hälftig dafür Rechnung trägt und der Rest erfolgt über das übergeordnete System. Die Systemherabsetzung folgt damit der Logik von 23 Chromosomenpaaren und damit in der Quersumme 5.

Abbild zu 6.: Die vier Reiter stehen für den gegenläufigen Kreislauf 1 über 3, da über Ceberon der Ausgangskreislauf mit 3 über 1 bereits gegeben ist. Dahinter verbergen sich zwei Systementscheidungen, die entweder den vollständigen Untergang oder den vollständigen Aufstieg des Systems Mensch beinhalten. Das menschliche System ist in einer Gleichgewichtssituation damit vollständig rettbar.

Abbild zu 7.: Auf dem Rücken von Ceberon und zwischen den Jahreszahlen 2020 bis 2065 in fünf Etappen einschließlich dem Jahr 2020, da 2065 - 2020 + 1 = 46 = 10 ergibt und damit 5 über 5 und im Gegenkreislauf ebenfalls 5 über 5.

Abbild zu 8.: Wie lauten die Jahreszahlen zur numerischen 5? Im Ergebnis handelt es sich um die Jahreszahlen 2020, 2029, 2038, 2047, 2056 und 2065.

Abbild zu 9.: Der Untergang des Systems Mensch ist gleichbedeutend mit dem Untergang der sieben Sonnen im System Mensch. Da die Herabsetzung über den Zahlenwert Fünf erfolgt, stehen zwei Einsen dem entgegen, da 5 + 2 = 7 ist. Zwei Einsen ergaben sich für übergeordnetes System und untergeordnetes System unter Beachtung des Gegenkreislaufes. Daraus folgt, dass der Gegenkreislauf basierend auf der Zahl Sieben zu den sieben Sonnen kausal von Bedeutung für dieses Szenario sein muss. Da es sich um das System Mensch handelt, kann es sich nur um die weltweite Bevölkerungszahl in der Quersumme handeln, die das systemische Urteil aktiviert hat.

Schätzungen nach sind über 10.000.000.000,00 Menschen zurzeit gegeben. Diese Zahl kann nicht stimmen, da die Bedingung in der Quersumme zum Zahlenwert Sieben führen muss. Infolge Systemurteil sind zwei Einsen, die sich für beide Kreisläufe im übergeordneten und untergeordneten System ergeben und der Systemwert Fünf innerhalb dieser gegeben. Erstere gehören zwingend zusammen und Letzterer steht allein. Daraus folgt der Logik halber, dass das System Menschheit sich zahlenmäßig irgendwo bei circa 11.500.000.000,00 Menschen bewegen muss, da die zwei Einsen im System links zu finden sein müssen und der Zahlenwert Fünf rechts davon. Man erhält neun Systemwerte rechts der Elf und zwei links der Fünf. Nachkommastellen werden in diesem Zusammenhang nicht betrachtet, da es halbe Menschen zum Beispiel nicht gibt.

Da 9 + 11 + 2 + 5 = 27 = 9 ist, steht dafür beispielhaft der Systemwert, welchen wir für den Raum unseres Sonnensystems erhalten haben. Wenn wir uns erinnern, handelt es sich auch hier um die Systemlogik, die sich für den Würfel ergab.

In verkürzter Form ergibt sich damit 1 über 1 über 9, der grundlegenden Logik im Sonnensystem einschließlich übergeordnetem. Damit ist die Bevölkerungszahl in etwa richtig. Daraus folgt, dass der Schwund im System Mensch zahlenmäßig ungefähr wie folgt gestaffelt ist:

2020 bis 2029	1.437.500.000,00 Menschen
2029 bis 2038	1.437.500.000,00 Menschen
2038 bis 2047	1.437.500.000,00 Menschen
2047 bis 2056	1.437.500.000,00 Menschen
2056 bis 2065	250.000.000,00 Menschen

Die Staffelung muss im hälftigen Wert landen, da für den verbleibenden Rest Naturkatastrophen, Umweltkatastrophen und so weiter ihr Übriges dazu beitragen werden. Unabhängig davon, dass auch hier übergeordnetes System + untergeordnetes System = 0,5 + 0,5 = 1 gilt. Die biblische Apokalypse ist damit kein Unsinn, sondern ein zahlenbasierter Zeitplan, der auf Raum, Zeit und Menge = Anzahl abstellt.

Original: 14.7. Warum sind Mann + Frau in der Regel nicht 1?

Geg.:

1. Wir nehmen die Greueltaten des 2. Weltkrieges bis heute für uns an, obwohl es sich um Vergangenheit handelt.
2. Wir werden über die Ereignisse in der Vergangenheit bis ins Hier und Jetzt (= Gegenwart) definiert. Damit trifft dies auch auf die Ereignisse innerhalb unseres Familienstammbaums zu.
3. Wir nehmen es bereitwillig hin, von Geburt an mit einer "Kiste Dreck" in unser Leben zu starten und schleppen diese ein Leben lang mit.
4. Wir starten damit aus psychologischer Sicht in unsere erste Beziehung bereits vorbelastet.

Ges.:

1. Warum muss unsere erste Beziehung in der Regel scheitern? Warum alle weiteren auch?
2. Warum halten wir, wenn wir z.B. 51 Jahre alt sind, an dieser fest?
3. Warum wachen wir nicht auf, wenn im Gleichgewicht (Mann + Frau = 1) keine Auseinandersetzung zwischen diesen existieren kann, aber regelmäßig in irgendeiner Form stattfindet?
4. Warum bietet ein Kompromiss keine Lösung?
5. Warum gibt es immer nur die 1 Frau bzw. den 1 Mann in unserem Leben?
6. Warum sind wir nicht in der Lage, das Geschenk Liebe + Vernunft = 1; 1 = Verantwortung im Gleichgewicht anzunehmen?

Abbild zu 1.: Psychologisch bedingt kommt das System Mensch bereits im Hier und Jetzt vorbelastet und völlig ramponiert an. Der zeitliche Eintritt in dieses Szenario erfolgt bereits mit Zeugung. Dies folgt der Kausalität, das Vergangenheitswerte nicht aufhören zu existieren, die sich in einem Familienstammbaum ergeben. Es sei denn, sie werden geklärt und korrigiert.

Vergangenheitswerte sind nichts anderes als elektromagnetische Energie negativer Natur, da die Gleichgewichtsbedingung innerhalb dieser nicht erfüllt worden ist. Dafür stehen beispielhaft die schrecklichen Vorfälle im 2-ten Weltkrieg. Vergangenheit ist im System Mensch über die Beziehung 1 über 3 und 3 über 1 verankert, die über die Systemkomponenten Kopf und Herz erfolgt.

Daraus folgt, dass es sich um drei Generationen und die negativen Ereignisse innerhalb dieser handelt, die in der vierten Generation und logisch in der Gegenwart via Informationsfluss angekommen sind. Diese gilt es zu klären, da man mit diesem psychologischen Ballast nicht frei und unbeschwert existieren kann. Das menschliche System ist damit grundlegend überfordert. Im Ergebnis handelt es sich um eine elementare Gleichgewichtsstörung, die über Kopf und Herz erfolgt. Die Systemereignisse lauten Krankheit, Unfall oder Tod in diesem Fall.

Abbild zu 2.: Das System Mensch ist davon überzeugt, dass es Gott selbst ist und über den Dingen steht. Infolge werden die logischen Zusammenhänge nicht erkannt und das System Mensch als solches kausal ignoriert. Man stellt sich damit möglichen Lösungen entgegen, weil man das grundlegende Problem negiert. Die Unvollständigkeit und Unvollkommenheit von und über Wissen steht hierfür Pate.

Dies spiegelt sich in Wissenschaft, Handel, Handwerk, Bildung und Politik wider, obwohl diese von existenzieller Bedeutung für das System Mensch sind und ein systemisches Gleichgewicht erfordern.

Abbild zu 3.: Obwohl man sich tagtäglich den Problemen in der Beziehung Frau + Mann = 1 zum Beispiel wechselseitig und gegenseitig ausgesetzt sieht, erkennt man infolge der grundlegenden Systemstörung die Ursache nicht. Die Systemgleichung Ursache + Wirkung = 1 wird dabei nicht in Betracht gezogen, sondern das daraus resultierende negative Ergebnis in Kauf genommen. In einem Systemgleichgewicht existiert Konfrontation und Auseinandersetzung zwischen Frau und Mann nicht. Auch unabhängig davon, in welcher Art und auf welche Weise diese erfolgt. Die Gleichgewichtsbedingung Mann + Frau = 1 führt automatisch und konsequent zu diesem Ergebnis.

Abbild zu 4.: Im Ergebnis zu 1. zieht sich diese Kausalität durch das menschliche Leben. Zugeständnisse unterliegen dieser und führen zwangsläufig immer zu einem im Volksmund tituliertem faulen Kompromiss, da die systemische Basisstörung mit Zeugung an nicht behoben ist. Über einer systembedingten Gleichgewichtsstörung ist man nur in der Lage, eine ebensolche genau wieder darüber zu errichten.

Die Geschichte wiederholt sich und wird im Zeitablauf immer schlechter. Daraus folgt, dass die erste Lebenspartnerin beziehungsweise der erste Lebenspartner in unserem Leben die Beste oder der Beste gewesen ist. Infolge obiger Zusammenhänge gilt das Systemgleichgewicht auch hier als nicht erfüllt. Man muss damit zu denen nicht zurückfinden, da das systemische Ungleichgewicht über Kopf und Herz bereits dort gegeben war. Die richtige Lösung besteht somit im Loslassen der Vergangenheit, um dem Menschen im Leben gegenüberzustehen, demjenigen oder derjenigen, der oder die zu uns gehört.

Abbild zu 5.: Um glücklich zu sein, muss die Systemgleichung, dass Frau + Mann = 1 ist, erfüllt sein und im Gegengleichgewicht Mann + Frau = 1 ebenfalls. Beide Systemgleichungen erfüllen diesen Tatbestand optimal und führen zum gewünschten Ergebnis.

Abbild zu 6.: Warum sind wir nicht in der Lage, das Geschenk Liebe + Vernunft = 1; 1 = Verantwortung im Gleichgewicht anzunehmen? Weil man die logischen Zusammenhänge dahinter nicht erkennt und selbst wenn nicht bereit ist, diese anzunehmen und ordnungsgemäß in die Tat umzusetzen. Es wird oftmals als erstrebenswerter erachtet, sich bei irgendwem einzunisten, als den Dingen ihren angestammten Sinn zu verleihen. Materialität ist bei einer diesbezüglichen Fehlentscheidung in dieser Hinsicht maßgeblich von Bedeutung. Das gilt mittlerweile auch für andere Lebensbereiche.

Original: Summa summarum:

Es bringt nichts, wenn wir uns den Dingen, die uns alle betreffen, prinzipiell immer wieder entgegenstellen. Können wir darauf vertrauen, dass diese sich in eine Lösung überführen lassen, und zwar alle?

Ja, das können wir, wenn wir den Dingen ihren angestammten Sinn verleihen. Es liegt somit an uns selbst, ob wir das wollen oder auch nicht. Damit liegt die Herausforderung bei uns, denn dort haben die Dinge ihren Ursprung gefunden und nirgendwo anders. Nicht bei dem, dem wir üblicherweise gern die Schuld zuweisen, sondern immer nur wir (verankert in unserem Ego) haben darüber bestimmt, wie die Dinge ihren Lauf genommen haben. Dass die Menschheit sich in eine Sackgasse manövriert hat, haben wir alle längst verstanden. Es ist also an der Zeit, den Dingen beginnend bei uns selbst eine positive Wendung zu geben. Wie kann man das tun?

Und die Lösung dafür haben wir bereits, denn Vernunft + Liebe = 1; 1 = Verantwortung steht nicht ganz ohne Grund hier. Wir haben es also selbst in der Hand, die Lösung für uns selbst und alle anderen zu finden. Und das ist ehrlich gesagt gar nicht so schwer. Wir müssen es nur tun!

Warum habe ich die Dinge so behandelt, wie sie hier stehen? Es ist ein ganz einfacher Herzenswunsch.

"Lebt, liebt und lacht auf alle Zeit, und zwar alle in der richtigen systemischen Ein- und Zuordnung!"